Wenn das Meer das Land zerstört: Moschee in Banda Aceh auf Sumatra, einer Stadt in der am schlimmsten verwüsteten Region am Indischen Ozean

INHALT

DIE FOLGE

Noch während Helfer Reis einfliegen, gehen in Indonesie
bereits wieder Bürgerkriegssoldaten in Stellung. Selb
Experten sind uneins darüber, wie sich die Katastrophe auf d
Konflikte der Region auswirken wird, auf die Wirtschaf
den Tourismus – und auf die Art und Weise, wie die Weltge
meinschaft in Zukunft auf globale Desaster reagier

Seite **12**

DER WEG DER WELLE

Als am 26. Dezember 2004 vor Sumatra die Erde so heftig bebt wie kaum jemals zuvor in der Geschichte, rast ein Tsunami durch den Indischen Ozean – mehr als acht Stunden lang. An seinen Gestaden, etwa in Thailand, werden Hunderttausende von der Riesenwelle überrascht, 300 000 sterben. Und während an den Stränden die Menschen um ihr Leben laufen, versuchen Wissenschaftler zunehmend verzweifelt, den Weg der Woge vorherzusagen. Die Rekonstruktion eines dramatischen Tages.

Seite **46**

AUGENZEUGEN

Schwarze Wogen, so hoch wie Häuser. Verwüstete Strände und Städte. Das Leid der Opfer. Das Werk der Retter. Bilder aus einer gezeichneten Region – von jenen, die im entscheidenden Moment die Kamera zur Hand hatten.
Seite **10**

Titelbild: Hotelangestellter, von der Woge überrascht, Bang-Tao-Bucht, Thailand. (Der Mann überlebte.) Foto: Hellmut Issels

Redaktionsschluss: 11. Februar 2005

Offiziell unterscheiden Regierungen und Hilfsorganisationen in ihren Statistiken zwischen „Toten" und „Vermissten". Da nach zwei Monaten leider davon ausgegangen werden muss, dass auch die Letzteren verstorben sind, wird in diesem Heft, sofern nicht ausdrücklich anders angegeben, stets die aus Toten und Vermissten zusammengerechnete Zahl der Opfer genannt.

DIE HELFER

Zehntausende Freiwillige, wie diese chinesischen Sanitäterinnen, fliegen binnen Tagen in die betroffene Region. Uno, Rotes Kreuz und andere Institutionen organisieren die erste wahrhaft globale Rettungsaktion.
Seite **88**

DOSSIER

Vom Beben in der Erdkruste bis zur Riesenwelle am Strand: Wie Wissenschaftler die Katastrophe rekonstruiert haben.
Seite **140**

Die **Suche** nach dem **Sinn**

VON ALEX RÜHLE

Welchen Sinn hat es, dass eine Naturkatastrophe Leid in die Welt bringt? Seit jeher versuchen Geistliche und Philosophen Antworten zu geben auf diese Frage. Der Tsunami, der im Jahre 1755 Lissabon heimsuchte, läutete eine geistige Epochenwende ein. Das Unglück von heute dagegen löst eher globale Beschwörungsrituale aus

Auf den ersten Blick sind die Ähnlichkeiten frappierend: Die Flutwellen rollten in den Stunden danach über alle näheren Küsten hinweg. Erst allmählich realisierten die Europäer, dass diese Wellen erste Sendboten einer riesigen Naturkatastrophe gewesen sein mussten; dazu kam schnell die Angst darüber, wie viele der eigenen Landsleute wohl in der Ferne gestorben sein mochten; und als dann tatsächlich klar war, was sich da ereignet hatte, gab es über Wochen kein anderes Thema mehr in den Medien, samt *people stories* und unendlich vielen Augenzeugenberichten: „Das Handelshaus und der Königspalast sind vollständig zerstört, die Warenhäuser der Überseehändler verloren und, um die Zerstörung der Stadt zu vervollkommnen, wurde sie von schwefligen Eruptionen aus den Gedärmen der Erde in Brand gesetzt. Mehr als die Hälfte der Gebäude sind zerstört und ungefähr 100 000 Menschen haben ihr Leben verloren. Der König und seine Familie entkamen halbnackt aus dem Palast."

Nun ist ein reges Interesse an einer solchen Katastrophe natürlich verständlich. Durch das Erdbeben von Lissabon am 1. November 1755 war die glänzend stolze Hauptstadt einer Seemacht getroffen worden, eine der großen Metropolen jener Zeit, die mit allen europäischen Nationen in regen Handelsbeziehungen stand, weshalb denn auch viele Nationen Opfer zu beklagen hatten. Und dann schien es den Zeitgenossen, dass die Natur diese Katastrophe geradezu bestialisch „inszeniert" habe: Erst legte ein zehnminütiges Beben die Stadt in Schutt und Asche, darauf folgte eine Feuersbrunst, die die Menschen an die Ufer des Tejo fliehen ließ, wo sie am Ende ein Tsunami wie Ameisen von den Steinen spülte.

Wie aber kam es, dass es über Monate hin europaweit kein anderes Thema gab, ja dass dieses Beben das gesamte tektonische Gefüge der damaligen philosophischen Landschaft so stark verschob, dass manche Philosophen heute den Anfang der Neuzeit auf jenen 1. November datieren, an dem einige hundert Kilometer vor der Küste Portugals die Afrikanische und die Eurasische Kontinentalplatte ineinander knirschten? Erdbeben hatte es schließlich immer wieder gegeben.

Der alte Geheimrat Goethe erinnert sich in „Dichtung und Wahrheit", dass selbst ihn als sechsjährigen Jungen im fernen Frankfurt dieses Erdbeben durcheinander geschüttelt habe: „Durch ein außerordentliches Weltereignis wurde jedoch die Gemütsruhe des Knaben zum ersten Mal im tiefsten erschüttert. Am 1. November 1755 ereignete sich das Erdbeben von Lissabon und verbreitete über die in Frieden und Ruhe schon eingewohnte Welt einen ungeheuren Schrecken." Goethe malt das Unglück in grellen Farben aus und führt dann fort: „Hierauf ließen es die Gottesfürchtigen nicht an Betrachtungen, die Philosophen nicht an Trostgründen, an Strafpredigten die Geistlichkeit nicht fehlen."

Das ist weiß Gott nicht übertrieben. Bis dahin hatte die Theodizeefrage – also das Problem, wie Gott zu rechtfertigen sei angesichts des Übels in der Welt – nur Philosophen und Theologen umgetrieben. Das Beben aber löste in ganz Europa eine kaum vorstellbare Flut von Veröffentlichungen aus. Dieses philosophische Nachbeben war auf seine Art genauso zerstörerisch wie das wirkliche Beben, sollte es doch den damaligen Glauben an einen wohligen Sinnzusammenhang, in dessen Mitte der Mensch herumwerkelt, für immer erschüttern.

Das Weltbild der frühen Aufklärung glich einer heiteren Rokoko-Kantate, alles darin war wohltemperiert und harmonisch, man stellte sich die Natur als verlässlich dienenden Freund und Gott als ehrenvoll ergrauten Geschäftspartner vor, der mit freundlichem Stolz auf das expansive Treiben der von ihm geliebten Menschen schaut. Gottfried Wilhelm Leibniz

1755 wurde Lissabon zerstört – und der Optimismus der Philosophen

hatte in seinem 1710 veröffentlichten Werk „Die Theodizee von der Güte Gottes, der Freiheit des Menschen und dem Ursprung des Übels" argumentiert, der allgütige Gott habe in seiner weisen Allmacht ja nur eine Welt erschaffen können, die sich schließlich als die beste aller Welten erweisen musste.

In ihr hat alles, selbst eine Naturkatastrophe, seinen sinnvollen Platz. Sein britischer Kollege Alexander Pope schrieb in seinem großflächigen Poem „An Essay on Man" (1732/33) gar den an Optimismus nicht mehr zu überbietenden Satz: „Whatever is, is right." Kurzum: Die Denker und Theologen der frühen Aufklärung lagen in ihrem metaphysischen Optimismus so elegant gepolstert wie auf einer Pariser Chaiselongue.

Das Erdbeben schmiss sie allesamt vom Sofa auf den harten Boden der Tatsachen: 30000 bis 60000 Tote. Totale Verwüstung. Trümmer, Schlamm und rauchende Ruinen. Wie konnte das sein in dieser besten aller Welten?

Die Theologen, von alters her auf Du und Du mit den Ratschlüssen Gottes, wussten natürlich jeweils genau, was es mit dieser Katastrophe für ein Bewenden hatte. Die katholischen Priester donnerten europaweit von den Kanzeln, mit dem Beben habe Gott die Lasterhaftigkeit der Menschen bestrafen wollen. Deutsche Protestanten sahen den Untergang des Katholizismus gekommen. Als Beweis dafür, dass das ein rein katholisches Erdbeben gewesen sei, führten sie in ihren Predigten an, unter allen Gotteshäusern sei einzig eine protestantische Kirche der Zerstörung entgangen – dass auch die Straße der Bordelle verschont geblieben war, verschwiegen sie. In Großbritannien hieß es, Portugal sei für die Inquisition bestraft worden. Die portugiesischen Jesuiten wiederum wetterten auf den noch kokelnden Trümmern von Lissabon, dass ja jetzt wohl hoffentlich dem Letzten klar geworden sei, wie sehr Gott dem König zürne, weil der die Protestanten im Land dulde.

Im fernen erdbebensicheren Preußen schrieb der junge Privatdozent Immanuel Kant für die „Königsbergischen Anzeigen" drei Texte, in denen er den „sträflichen Vorwitz" geißelte, mit dem die Geistlichen aller Konfessionen in das Beben „göttliche Ratschlüsse" hineininterpretierten. Der große Nutzen von Lissabon bestehe vielmehr in der Erkenntnis, dass die Welt nicht zu unserem Vorteil eingerichtet ist. Katastrophen wie das Lissaboner Erdbeben passierten einfach, und der Mensch sollte schlicht und pragmatisch lernen, sich darauf einzurichten.

Ganz ähnlich, aber viel wirkmächtiger argumentierte in Genf der Aufklärer Voltaire, der allen Theologen sein „Poème sur le désastre de Lisbonne" vor die Füße schleuderte, eine beißende Anklageschrift gegen alle Verfechter eines metaphysischen Optimismus: „Betrogene Philosophen, ihr schreibt: ‚Alles ist gut!' / Kommt her und seht die grässlichen Ruinen!"

Wie, so fragte Voltaire, könnte ein allmächtiger, allgütiger Gott so etwas je zulassen? Anders gefragt: Wie können sich die Menschen anmaßen, nach solch einem Beben weiterhin von einer prästabilisierten Harmonie und sinnhaften Einrichtung der Welt zu faseln?

Voltaire ekelte sich geradezu vor all den metaphysierenden Philosophen, diesen „geruhsamen Zuschauern am Rande des Trümmerfelds". Vier Jahre später legte er den „Candide" nach, eine aberwitzige Romansatire auf all die freundlichen Welterklärer, deren Optimismus hier nurmehr eine Art geistige Kuhäugigkeit ist, mit der sie stumpf auf alle Katastrophen glotzen und ihre Sätze von der besten aller Welten wiederkäuen. Candide taumelt von einer Katastrophe in die nächste, begleitet von seinem Lehrer Pangloss, der ihm im Angesicht eines jeden Unglücks beweist, dass diese Katastrophe, nun ja, ein ganz wunderbares Gottesgeschenk sei.

In Lissabon erlebt Candide das Erdbeben von 1755 und entkommt mit knapper Not einem Autodafé, seiner Verbrennung auf Geheiß der Inquisition, die damit weitere Beben verhindern will: „Entsetzt, bestürzt, seiner Sinne nicht mächtig, über und über blutend und zitternd, sagte Candide sich: ‚Wenn dies die beste aller möglichen Welten ist, wie müssen dann erst die anderen sein?' "

Am Ende lernt Candide, dass der Mensch das Übel als solches hinnehmen muss, statt zu versuchen, es durch spitzfindige Erklärungen in sein kleines Weltbild zu zwängen.

Kants Zeitungstexte, Voltaires „Poème" und der „Candide" zeigen am deutlichsten den irreversiblen Riss auf, den das Erdbeben von Lissabon durch das Weltbild jener Zeit schlug. Sie leiteten das Rückzugsgefecht ein, mit dem sich die Vernunft von den großen Fragen der Philosophie verabschiedete, und sind insofern Gründungstexte der Moderne, als sie deutlich

Heute gleicht die überwältigende internationale Hilfsbereitschaft

machten, wie breit doch der Graben zwischen der Natur und dem Menschlichen ist und wie unsinnig es deshalb wäre, eine Naturkatastrophe mit den moralischen Kategorien von Gut und Böse zu interpretieren. Der Natur und ihren Katastrophen wohnt keinerlei Bedeutung inne, sie ist vielmehr Teil einer bedeutungslosen Ordnung.

250 Jahre später liegt der metaphysische Optimismus jener Zeit tief begraben unter den Trümmern der Geschichte. Wer wollte nach zwei Weltkriegen, nach Auschwitz, Ruanda, Srebrenica noch von der besten aller Welten reden und das Böse auf einen heilsgeschichtlichen Nenner bringen? Und wer kann ernsthaft an einen allmächtigen strafenden Gott glauben, der sich mittels eines Erdbebens vor Sumatra einmengt ins Weltgeschehen? Längst kann man den Satz von Kardinal Lehmann, die Theologie kenne heute „die Grenzen der Theorie" und sei deshalb äußerst vorsichtig geworden mit allen Deutungsversuchen, als Gemeingut der Volkskirchen sehen.

So war es nicht sonderlich überraschend, dass sich die Kirchen mit aller sinngebenden Interpretation der Flutwelle zurückhielten. Der katholische Pater Eberhard von Gemmingen betonte im „Radio Vatikan" beispielsweise nur, dass Gottes Tun nicht zu verstehen sei: „Solche Katastrophen können uns daran erinnern, dass wir Gott nicht in die Karten schauen, dass sein Tun ein Geheimnis, ein Mysterium ist, manchmal ein sehr schmerzliches Geheimnis." Sätze wie dieser freilich können frivol wirken – so als habe Gott mal wieder eine Katastrophe produzieren müssen, um den wissbegierigen Menschen zu zeigen, wie fabelhaft undurchschaubar er doch sei.

Einleuchtender wirkte da die Reaktion des Erzbischofs von Canterbury, Rowan Williams, und des obersten britischen Rabbis Jonathan Sacks: Die wahre Frage, die diese Katastrophe an uns stelle, sei nicht, weshalb sie passiert sei, sondern wie wir helfen, was wir tun könnten. Und so war denn das „Gute" am Beben von Sumatra die überall zu beobachtende nüchtern-pragmatische Moral, die nicht nach irgendwelchen Gründen für das Beben suchte, sondern so rasch wie möglich das Nötigste in die Wege zu leiten versuchte.

Das hätte Voltaire und Kant vielleicht sogar gefallen: Statt langwierig Fragen an Gott zu stellen, wurden schnelle und präzise Antworten von Wissenschaftlern eingeholt – woraufhin sich die Weltgemeinschaft daran machte, die zerstörte Infrastruktur wiederaufzubauen.

Dennoch haben viele Medien-Kommentatoren in den Tagen nach dem Tsunami auf die plakativsten Formulierungen der Theodizeefrage zurückgegriffen: „Wo warst du, lieber Gott?" – „Warum lässt Gott das zu?" So und ähnlich titelte manche Zeitung und erinnerte damit daran, wie tief doch selbst in unserer rational-säkularen Gesellschaft ein Gefühl von göttlicher Gerechtigkeit verankert sein muss.

Hier erwiesen sich die Medien als Gradmesser der allgemeinen emotionalen Erschütterung: Denn nie zuvor war der Weltgemeinschaft von einer Naturkatastrophe so eindringlich vor Augen geführt worden, dass der Mensch, der heute so wohlig in seiner sicheren Moderne fernab der Natur wohnen zu können glaubt, eben doch auf diese angewiesen bleibt.

Sicher, es kam viel zusammen. Das Unglück fiel in die Weihnachtszeit; es suchte quasi zeitgleich acht asiatische und fünf afrikanische Länder heim; wohl alle Industrienationen hatten Opfer zu beklagen; die Medien konnten jeden Abend mit neuen Augenzeugenberichten von schockbleichen Heimkehrern aufmachen; über Wochen hin stiegen die Opferzahlen immer höher und wurden neue zerstörte Gebiete erschlossen – Regionen, die viele der in globaler Tele-Pathie verbundenen Zuschauer von ihren Reisen her in Erinnerung hatten.

Die Indifferenz der Natur jagt uns Menschen Schrecken ein

Diese einmalige mediale Choreografie der Flutkatastrophe, die erst mal nur den äußeren Umständen und keiner zynisch-gerissenen „Vermarktung" geschuldet war, trug sicher mit zu dem überragenden weltweiten Mitgefühl bei. Den fundamentalen Schrecken aber erklären weder das Ausmaß der Zerstörung noch die Zahl der Opfer. Grauen verbreitete vielmehr die völlige Indifferenz der Natur, die die Menschen mit einer einzigen Gebärde spurlos von den Stränden wischte, die einem globalen Abwehrzauber gegen den sinnlosen Massentod

mit einer Welle aus dem Nichts Städte einebnete, einfach so. Manche der aus den Katastrophengebieten übermittelten Bilder wirkten, als sei das Meer mit gedankenloser Nachlässigkeit – ruhig, wie nebenbei einmal mit dem Wischmopp – durch die betroffenen Ortschaften gegangen, um sich dann wieder zurückzuziehen. So wie der Ozean einfach seine Opfer schluckte, so schluckte das schiere Ereignis, das geschieht, wie es geschieht, weder gnadenlos noch nicht gnadenlos, jede Sinnfrage.

Selbst Zivilisationskritiker, die nach der Katastrophe wieder einmal vor den Auswüchsen der Tourismus-Industrie warnten, wirkten vor diesem Hintergrund lächerlich: Mit den Ursachen des Bebens hatte der Mensch nichts zu tun. Punkt. Hier ging es um Geologie, um Erdplatten, die sich am Grunde der Meere schon zusammenschoben, als der Mensch noch nicht einmal am Horizont der Geschichte aufgetaucht war.

VIELLEICHT MUSS MAN den unvergleichlichen Spenden-Tsunami, der bald darauf einsetzte, deshalb auch als Beschwörungsritual und globalen Abwehrzauber gegen genau dieses Gefühl der Wehrlosigkeit sehen. Als krempelte die Welt die Ärmel auf, um zu sagen: Die Natur hat ihre Mittel – wir haben unsere Gegenmittel. Wir verbünden uns zu einer weltinnenpolitischen Einheit und bauen alles schöner wieder auf, als es je zuvor war.

Aber die weltweiten Spendenaktionen bekamen schnell einen unangenehmen Beigeschmack – und durchaus nicht wegen der von manchen kritisierten Tatsache, dass die Menschen in den Industrienationen wahrscheinlich nur deshalb so viel spendeten, weil sie in den Regionen so gern Urlaub gemacht hatten. (Denn kann man selektives Empfinden kritisieren? So wie uns der Tod naher Freunde nun mal näher geht als der Tod eines Unbekannten, so sind wir eben auch stärker betroffen, wenn Ortschaften verwüstet werden, die wir selbst schon einmal als Paradies erleben durften.)

Nein, viel unangenehmer war der anschwellende Jubel über immer neue Spendenrekorde, klang es doch in all den Galaveranstaltungen und Politansprachen irgendwann so, als habe die Erde mit diesem Tsunami ein eigenes World-Aid-Festival in Gang setzen wollen. Nachdem die Regierungen merkten, wie sehr ihre Wähler von dieser Katastrophe erschüttert wurden, entstand ein weltweiter Wettbewerb, bei dem die Höhe der Hilfszusagen, ähnlich wie bei einer Auktion, immer wieder nach oben korrigiert wurde: die US-Regierung 11,5 Millionen Euro, die Deutschen 20 Millionen; darauf die Amerikaner 275 Millionen, Berlin 500 Millionen – Australien aber 650 Millionen, Washington 740 Millionen, Deutschland wieder nur Dritter...

Zu Voltaires und Kants Zeiten beschäftigten sich die Philosophen auch mit der Frage, inwieweit Moral aus zwielichtigen Gründen überhaupt als Moral begriffen werden könne. Anders gefragt: Ist ein Verhalten in dem Moment, da es sich als besonders ethisch ausstellt, noch ethisch? In einer kritischen Betrachtung des Spendentaumels kam der Soziologieprofessor Peter Fuchs zu dem Schluss: „Man hat, scheint es, jene ferne und ernste Diskussion vergessen, in deren Rahmen noch geglaubt werden konnte, eine Moral, die als Moral sich feiern lasse, sei keine Moral. Ein Nachklang davon mag die Einschätzung sein, dass man über Ethik nicht reden könne, denn sie zeige sich. Das heißt auch: dass sie sich nicht zeigt, wenn sie ostentativ – und partylike – zelebriert wird. Zum Helfen, das geboten ist, gesellt sich klassisch: Scham – auf der Seite der Helfenden so gut wie auf der Seite derer, denen geholfen wird. Helfen ist nicht einfach, wenn es zivilisiert, wenn es würdig geschehen soll. Es scheint, wir haben es in dieser Hinsicht mit einer neuartigen Schamvergessenheit zu tun, die selbst zur Scham Anlass gibt."

OB DIE IN DEN MEDIEN so oft beschworene Weltbrüderlichkeit lange Bestand haben wird? Darf man gar die Epoche der Weltinnenpolitik ausrufen? Seit dem 26. Dezember sind in Afrika mehr als 350 000 Menschen an Aids gestorben. Pech für die Afrikaner, dass so wenige Touristen bei ihnen vorbeischauen. Und dass das Elend bei ihnen nicht mit einem irrsinnigen Knall hereinbricht, sondern sich langsam, stetig, still durch den Kontinent frisst.

Um das Jahr 2004 schließen sich nun die Beben von Bam und Sumatra wie zwei schwere Buchdeckel einer Jahres-Chronik. Leider sind diese Jahrbücher immer so dick, und man hat am Ende längst vergessen, was am Anfang los war. Zur Erinnerung: Nach dem Beben von Bam hatten viele Regierungen großzügige Unterstützung versprochen.

Das meiste wurde nie losgeschickt. □

Alex Rühle, 36, ist Redakteur im Feuilleton der „Süddeutschen Zeitung".

Banda Aceh, Indonesien: Von vielen Menschen bleiben nur Bilder – wie von diesem Hochzeitspaar auf Sumatra

Menschen, die ihn überlebten, nennen ihn später den »Schwarzen Sonntag«: jenen 26. Dezember 2004, an dem durch ein Erdbeben ausgelöste Riesenwellen auf die Küsten rund um den Indischen Ozean zurasen. Von Sumatra bis Afrika reißen sie Menschen in den Tod und löschen ganze Ortschaften aus. Die furchtbarste Naturkatastrophe der jüngeren Geschichte fordert mehr als 300 000 Opfer. Es werden Jahre vergehen, bis Einheimische und internationale Helfer – vereint in der größten Rettungsaktion aller Zeiten – die materiellen Verwüstungen beseitigt haben. Und noch länger wird es dauern, wenn es denn überhaupt geschieht, bis die Wunden heilen in den Seelen der Davongekommenen, denen das Meer zwar das Leben belassen, aber alles andere geraubt hat: die Familie, die Existenz, die Würde

Als das Land im Meer versank

KRABI, THAILAND Eine Wasserwand rollt auf den Strand Rai Le West zu. Die Menschen rennen um ihr Leben und versuchen, höher gelegenes Gelände zu erreichen. Niemand hat sie gewarnt – obwohl seit dem Beben, das den Tsunami auslöste, bereits zwei Stunden vergangen sind.

95

PHUKET, THAILAND Im luxuriösen »Chedi Hotel« an der Pansea-Bucht räumen Angestellte im Garten des Restaurants gerade die Tische um (oben links), als die Welle eintrifft. Sekunden später ergießen sich die Wassermassen meterhoch über die Anlage und überfluten sie schließlich völlig.

PHUKET, THAILAND Der Kellner Yai Kaytmunne, 20, in der tobenden See. Das Restaurant, in dem er für fünf Euro täglich arbeitet, liegt am Strand der Bang-Tao-Bucht. Nur Momente später wird ihn die Welle zum Hotel dahinter spülen (siehe auch das Titelbild dieser Ausgabe), wo ihn Augenzeugen aus dem Wasser ziehen

BANDA ACEH, INDONESIEN **Ein Vater versucht, mithilfe eines Freundes seine verletzte Tochter in Sicherheit zu bringen. Bedu Saini, 38, der Fotograf einer indonesischen Tageszeitung, macht diese Aufnahme nur wenige Minuten, bevor die zweite Welle kommt. Sie wird die Mutter, die sechs Jahre alte Tochter und den vier Monate alten Sohn des Reporters töten**

CHENNAI (MADRAS), INDIEN Rund zweieinhalb Stunden braucht der Tsunami, bis er die Vier-Millionen-Stadt erreicht und deren Strand in eine Wasserwüste verwandelt. Wo die Promenade war, treibt jetzt ein Auto zwischen den Wagen von fliegenden Händlern. In Chennai ertrinken mehr als 200 Menschen

LAMPAYA, INDONESIEN

Endlich zieht sich das Meer zurück – und gibt verwüstetes Land frei: Ein Junge läuft zurück ins Lager der nun Obdachlosen in Lampaya, einem Dorf außerhalb von Banda Aceh. Aus dem Schlamm eines Reisfeldes konnte er ein paar Hilfsgüter fischen, die australische Soldaten aus Militärhubschraubern abgeworfen haben. Viele Wege in den von der Katastrophe betroffenen Ländern sind unpassierbar, abgelegene Dörfer erreicht die Hilfe deshalb erst nach Tagen

NAGAPATTINAM, INDIEN Dutzende Fischerboote, die zuvor im Hafen ankerten, sind von der Gewalt des Tsunami an Land geworfen worden. Die Stadt, 250 Kilometer südlich von Chennai, gehört zu den am schwersten betroffenen in Indien: Allein in Nagapattinam und Umgebung sterben mehr als 6000 Menschen

MEULABOH, INDONESIEN Nur die Moschee hielt stand, als die Todeswelle die Stadt an der Westküste der Provinz Aceh überrollte. Von den etwa 40 000 Einwohnern kommen mehr als 10 000 ums Leben. Kaum eine Stadt am Indischen Ozean wurde stärker getroffen

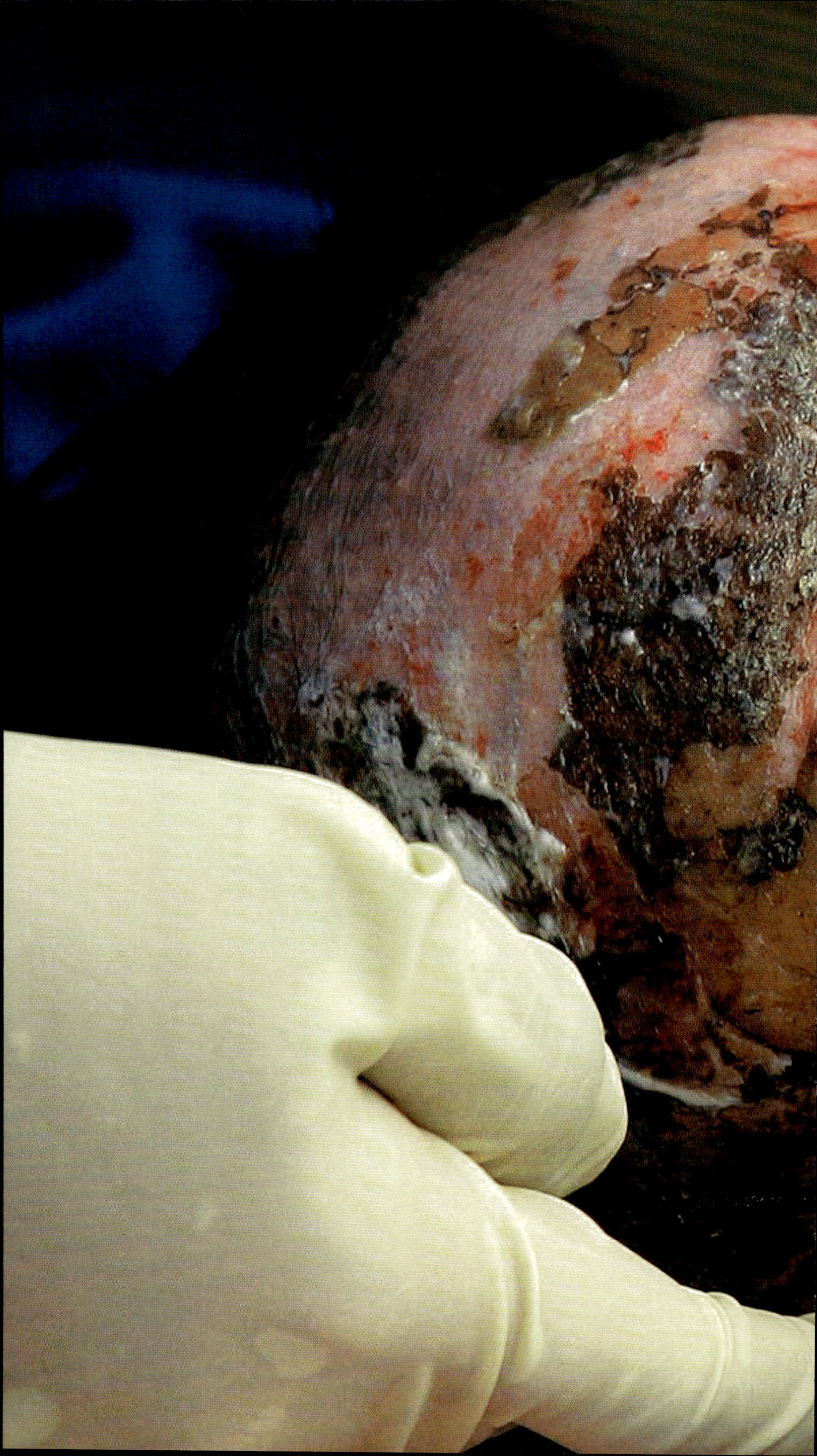

BANDA ACEH, INDONESIEN Erdbeben und Flutwelle hat dieses Mädchen überlebt. Die schweren Verletzungen erlitt es durch einen Brand, den die Naturkatastrophe ausgelöst hat. Auf dem Flughafen von Banda Aceh wartet die Kleine nun darauf, in ein Hospital ausgeflogen zu werden, denn die Krankenhäuser in der Provinz Aceh sind hoffnungslos überfüllt. Ein australischer Sanitäter hat sich des Mädchens angenommen

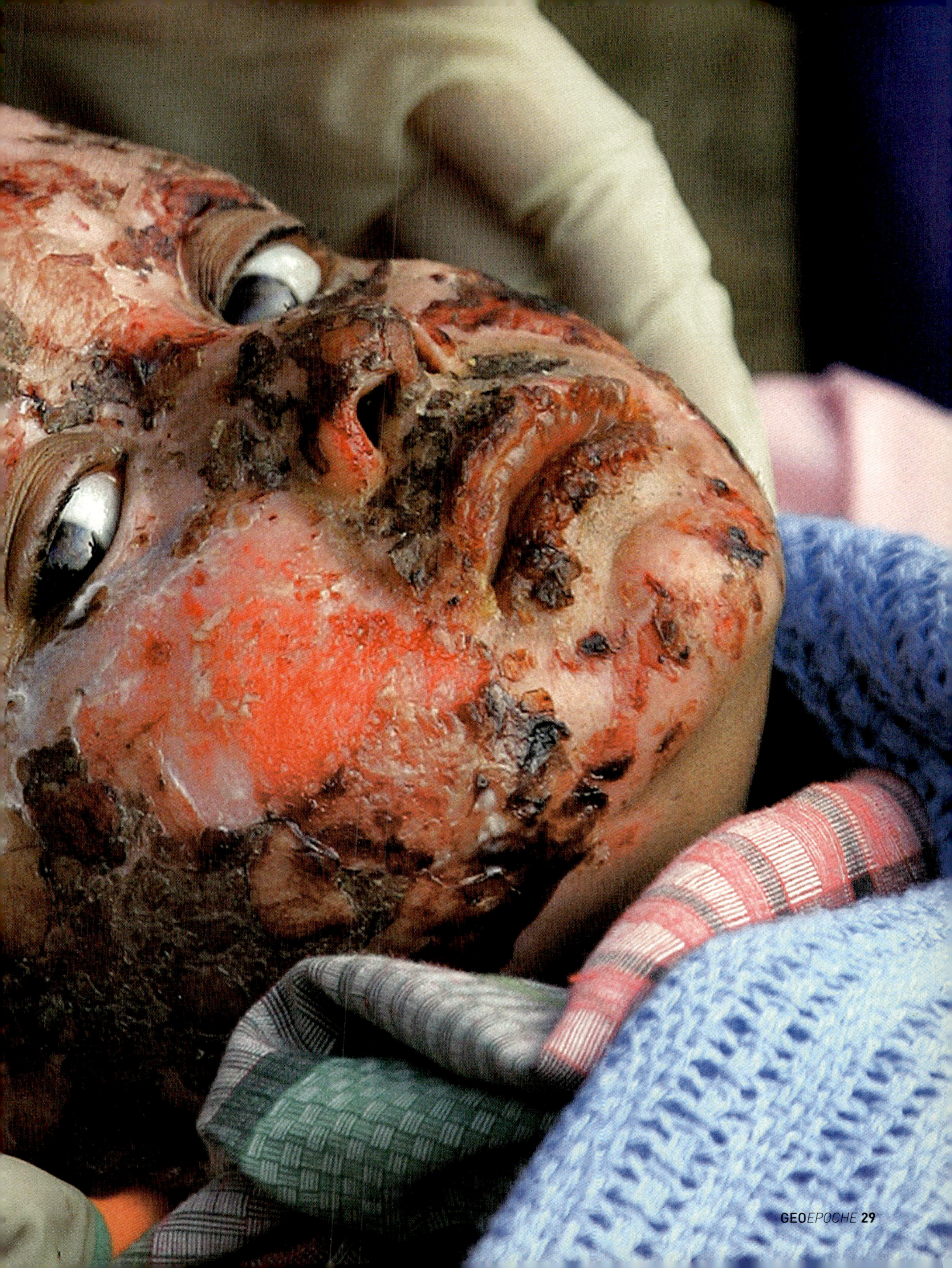

BANDA ACEH, INDONESIEN Aus Angst vor Seuchen werden in den Tagen nach der Katastrophe eilig Massengräber ausgehoben. Nach offiziellen Schätzungen fallen allein in Indonesien mehr als 240 000 Menschen dem Tsunami zum Opfer. Die genaue Zahl aber wird man wohl nie ermitteln

HIKKADUWA, SRI LANKA
Gegen 8.45 Uhr, eindreiviertel Stunden nach dem Seebeben, überrollt die Wellenfront die Ostküste Sri Lankas, schiebt sich um die Südspitze der Insel und verwüstet die Küste bis weit in den Südwesten. Zu dieser Zeit befindet sich Zug Nummer 50 mit mehr als 1500 Passagieren auf der Fahrt von Colombo nach Matara im Süden. 20 Kilometer nördlich von Galle trifft ihn 150 Meter vom Strand entfernt die Wucht der Wellen. Die erste Woge überflutet den Zug, wirft ihn aber noch nicht um. Dann kommt die zweite. Zehn Meter hoch, sagen Augenzeugen. Sie reißt der Diesellok die Fahrgestelle ab, hebt die Waggons aus den Schienen, schwemmt einige fast 100 Meter davon. Die Bilanz dieses wohl größten Zugunglücks aller Zeiten: etwa 150 Überlebende – und mindestens 1300 Tote. Erst nach zwei Wochen steht der Zug wieder auf dem Gleis, bereit zur letzten Fahrt

KO PHI PHI DON, THAILAND Die Insel war Traumziel für Individualtouristen und Schnorchler – bis der Tsunami kam. Quer durch das Eiland schlägt er eine Schneise der Verwüstung. Es wird Monate dauern, die Hotels instand zu setzen – und womöglich Jahre, bis hier wieder so viele Reisende absteigen wie vor dem Unglück

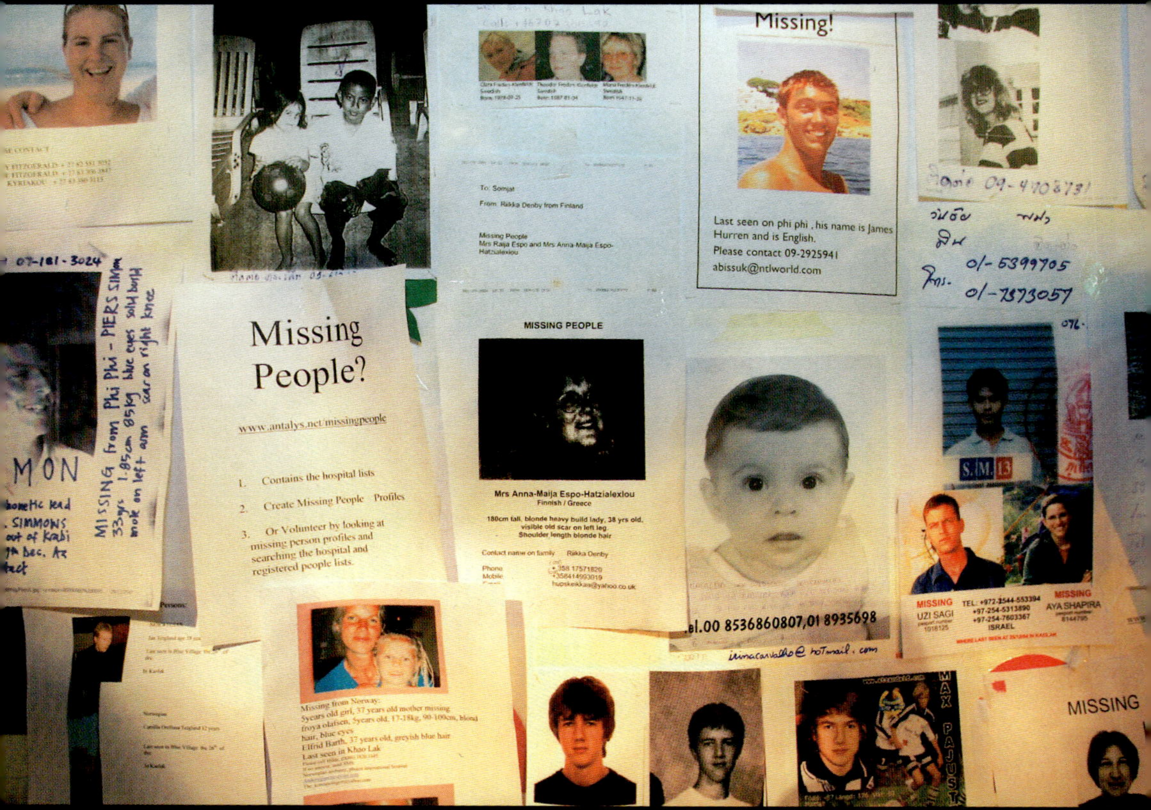

ACEH, INDONESIEN Eine Helikopterbesatzung des US-Flugzeugträgers »Abraham Lincoln« bringt drei verletzte Überlebende ins Krankenhaus

PHUKET, THAILAND Im Vachira Phuket Hospital hängen schon nach kurzer Zeit die Fotos und Beschreibungen von Vermissten, die auf der Insel Urlaub gemacht haben

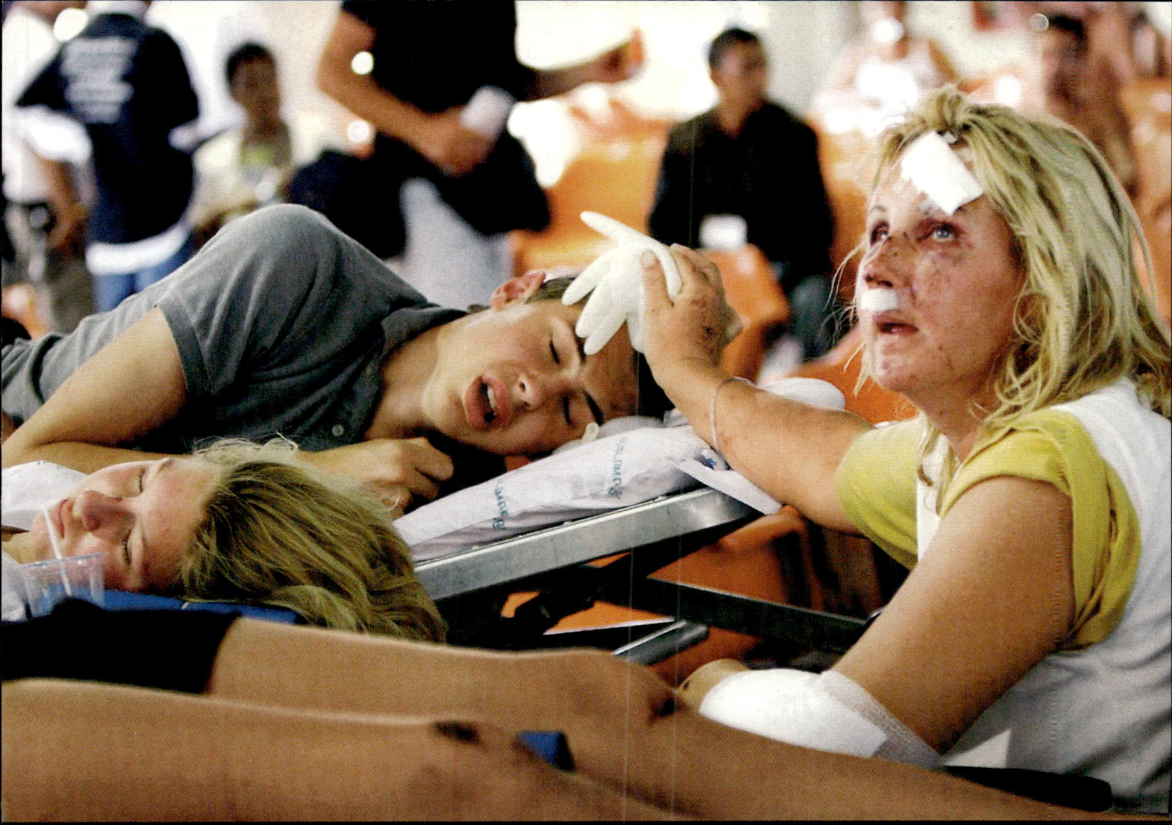

PHUKET, THAILAND Auf dem Flughafen wartet eine Touristin aus Schweden auf einen Flug nach Bangkok für sich und ihre verletzten Kinder

KHAO LAK, THAILAND Am zentralen Leichensammelplatz betten Helfer einen in Plastik und Stoff eingewickelten Leichnam in einen Sarg

KO PHI PHI DON, THAILAND Die Toten, die Helfer am Strand bergen, werden in Plastikplanen gehüllt und zum Sammelplatz getragen. An den Stränden dieser Insel sind Hunderte ertrunken. Bis zum Abschluss der Aufräumarbeiten hat die thailändische Regierung Teile des Eilands für Touristen gesperrt

CUDDALORE, INDIEN
Am Rande eines Massengrabes beweinen Frauen ihre toten Angehörigen. Wegen Brennholzmangels werden die meisten der Opfer nicht verbrannt, sondern ohne die hinduistischen Totenriten begraben. Kaum jemand hat Zeit, sich um die Hinterbliebenen zu kümmern, von denen manche ihre ganze Familie verloren haben

TAKUA PA, THAILAND Medizinische Hilfskräfte kühlen in einem Tempel, der als provisorisches Leichenschauhaus dient, die verwesenden Leichen mit Blöcken aus Trockeneis – bis den Toten DNS-Proben zur Identifikation entnommen werden können

VELANGANNI, INDIEN In der Hand ein Passfoto, sucht eine Frau im Zentrum für vermisste Personen nach Hinweisen auf ihren Mann. An der Wand hängen Bilder von nicht identifizierten Toten. Vor allem Kinder, die morgens auf der Straße oder am Strand spielten, wurden ein Opfer der Welle □

67
VIII 168

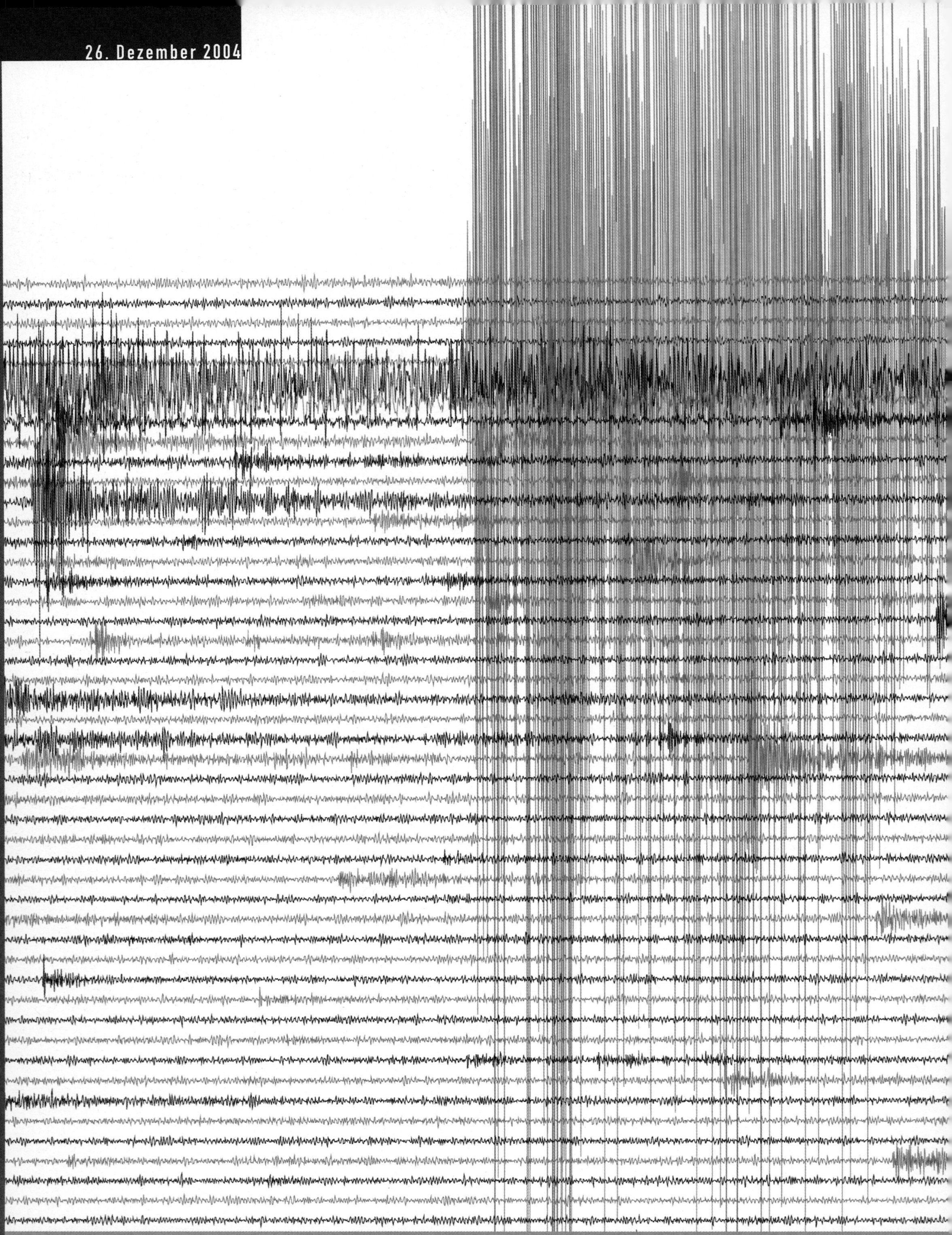

Seismographische Aufzeichnung einer Station auf Zypern: 400 Sekunden lang währt am Morgen des 26. Dezember 2004 das Beben

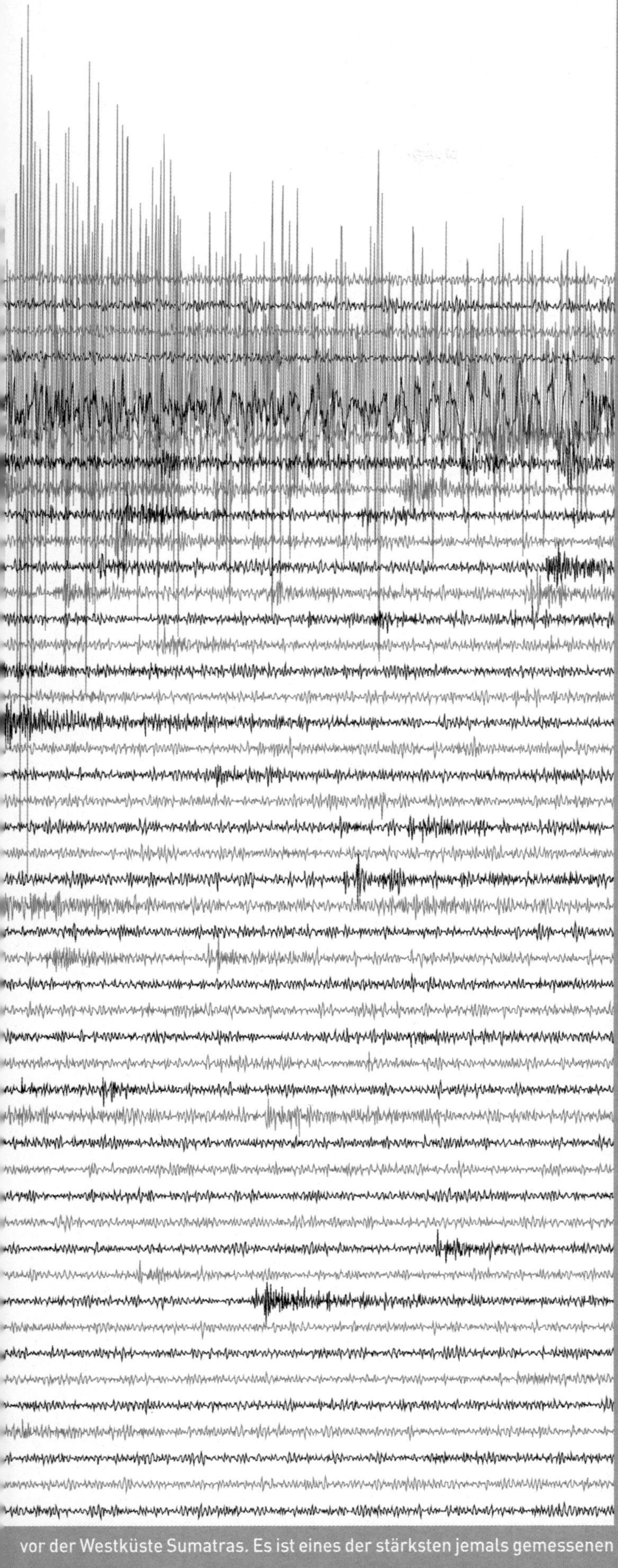

vor der Westküste Sumatras. Es ist eines der stärksten jemals gemessenen

Als sich der Seeboden vor der Insel Sumatra am Morgen des zweiten Weihnachtstages in einem Beben verwirft, entsteht ein Tsunami, der sich schon bald vor den Küsten des Indischen Ozeans zu einer bis zu 20 Meter hohen Wasserwand aufsteilt. Insgesamt dauert es acht Stunden, bis die Riesenwelle ihre letzten Opfer in den Tod gerissen hat – acht Stunden, in denen Hunderttausende Menschen an den Küsten Asiens und Afrikas um ihr Leben kämpfen. Und in denen Tausende Kilometer entfernt verzweifelte Wissenschaftler den Wettlauf mit der Woge aufnehmen, um noch zu retten, was zu retten ist. Acht Stunden eines Dramas, das sich zu einer der größten Naturkatastrophen unserer Zeit ausweitet

Der Weg der Welle

VON CAY RADEMACHER

Vielleicht hat Thomas Elmerhaus der Stille sein Leben zu verdanken. Jener Ruhe, die so ungewöhnlich ist für einen belebten Strand im Südwesten Sri Lankas.

Der Ruhe vor der Welle.

Thomas Elmerhaus ist 33, seit drei Jahren mit einer Autowerkstatt selbstständig und das erste Mal in den Tropen. Seine Frau Anna hat ihn mitgenommen auf diese Insel im Indischen Ozean: ins Barberyn-Reef-Hotel in Beruwala, das auf Ayurveda-Kuren spezialisiert ist.

Die beiden Hamburger sollen an diesem Morgen um 9.45 Uhr massiert werden. Während seine Frau sich noch umzieht – ihr Bungalow liegt in der ersten Reihe unter Palmen, kaum zehn Meter entfernt vom Meer –, schlendert Elmerhaus an den Strand, um noch ein paar Minuten in einem Buch zu lesen.

Es ist ungefähr 9.30 Uhr am 26. Dezember 2004.

Ein Riff schützt den kleinen, geschwungenen Strand; weiter draußen liegt eine Insel mit einem kleinen Tempel, in dem jeden Morgen zwei buddhistische Mönche meditieren. Thomas Elmerhaus liest – im Ohr die Geräusche von Meer und Menschen: wie ein fernes, eher beruhigendes Rauschen.

Plötzlich aber ist es still.

Erstaunt lässt Elmerhaus das Buch sinken: Die Bewegungen der Menschen am Strand sind eingefroren. Alle starren stumm auf das Meer. Er folgt ihren Blicken.

Und dann sieht er das Wasser.

WOHL KEIN ANDERES Naturphänomen hat einen derart verharmlosenden Namen erhalten wie die zerstörerischste Meereswelle des Planeten. Er stammt aus dem Japanischen: *tsu* heißt „Hafen“, *nami* „Welle“. Doch die damit beschriebenen „Hafenwellen“ gab es auf der Erde schon, lange bevor es Häfen gab. Bereits in urgeschichtlicher Zeit, das zeigen Spuren in Sedimenten oder Korallenblöcken, haben gewaltige „Fluten“ (ein irreführender Begriff, denn diese Wellen haben nichts mit den Gezeiten zu tun) Küsten heimgesucht.

Seit Menschen am Wasser wohnen, leben sie in der Furcht, dass es außer Kontrolle geraten könnte. In der Bibel, im sumerischen Gilgamesch-Epos, in den Mythen vieler Völker wird von verheerenden Sintfluten berichtet. „Und das Gewässer nahm überhand und wuchs so sehr auf Erden, dass alle hohen Berge unter dem ganzen Himmel bedeckt wurden“, heißt es im Alten Testament. „15 Ellen hoch ging das Gewässer über die Berge, die bedeckt wurden. Da ging alles Fleisch unter, das auf Erden kriecht, an Vögeln, an Vieh, an Tieren und an allem, was sich regt auf Erden, und alle Menschen. Alles, was einen lebendigen Odem hatte auf dem Trockenen, das starb.“

So ist die Welle, die zu Weihnachten 2004 im Indischen Ozean losbricht, nur das vorläufig letzte Ereignis eines seit Millennien immer wieder vorkommenden Naturphänomens. Doch nie zuvor hat ein Tsunami so viele Menschen um ihr Leben, um ihre Familien, um ihren Besitz gebracht wie dieser.

Er trifft Menschen, die noch nie ihr Heimatdorf verlassen haben, ebenso wie jene, die um den halben Globus in den Urlaub geflogen sind. Er erschütterte ein wenige Köpfe zählendes Steinzeitvolk ebenso wie eine Atommacht mit einer Milliarde Bürgern.

In jenen acht Stunden am 26. Dezember 2004 entfaltet sich über Tausende Quadratkilometer eine Geschichte von Leid und unwahrscheinlichem Glück, von Heroismus und Egoismus, von rettender Vorsorge und tödlichem Leichtsinn. Es ist zwar eine von der Natur ausgelöste Katastrophe – doch zur Apokalypse biblischen Ausmaßes gerät sie erst durch das Versagen, den Hochmut, die Sorglosigkeit, aber auch die schiere materielle Not unzähliger Menschen.

In jenen acht Stunden werden mehr als 300 000 Kinder, Frauen und Männer getötet und ganze Inseln verschoben. Und es wird vielleicht die Weltgeschichte um eine Winzigkeit neu ausgerichtet.

SUNDA-GRABEN, 3,316° Nord, 95,854° Ost, 7.58.53 Uhr Ortszeit: Jahrzehntelang haben sich in der Erdkruste tief unter dem Indischen Ozean vor der Westküste Sumatras ungeheure tektonische Spannungen aufgebaut, die sich nun – um 1.58.53 Uhr mitteleuropäischer Zeit – in einem der gewaltigsten Erdbeben aller Zeiten entladen.

Der Sunda-Graben ist Teil eines mehrere tausend Kilometer langen Risses in der Erdplatte, der sich von Burma im Norden bis zu den Kleinen Sunda-Inseln im Süden erstreckt. Der bis zu 7500 Meter unter den Meeresspiegel reichende Tiefseegraben ist entstanden, weil sich hier die indische und die australische Erdkrustenplatte langsam unter die der Eurasischen Platte vorgelagerten Birma-Mikroplatte drücken.

Zugleich verschieben sich beide Platten entlang einer Nordwest-Südost-Achse um rund sechs Zentimeter pro Jahr (etwa halb so viel, wie ein Fingernagel in der gleichen Zeit wächst). Da sich die beiden Platten ständig irgendwo verhaken, bauen sich durch die in Höhe und Seiten versetzenden Bewegungen große Spannungen auf – bis sich die Verhakungen lösen und die beiden Platten ruckartig bewegen: So entsteht ein Erdbeben.

Am zweiten Weihnachtsfeiertag schließlich entladen sich binnen 400 Sekunden die aufgestauten Energien.

Rund zehn Kilometer tief im Erdinneren, nördlich der Insel Simeulue, liegt das Hypozentrum des Bebens. Es hat, werden japanische Seismologen später berechnen, zwei Phasen: Zunächst wird der Boden rund 100 Sekunden lang in einem bis zu gut 100 Kilometer breiten und rund 300 Kilometer langen Streifen erschüttert, der sich vom Epizentrum Richtung Nordwesten erstreckt.

Dann folgt Phase 2: Etwa 300 Sekunden lang bebt nun die Erde von einem Punkt 400 bis 500 Kilometer nordwestlich des Epizentrums bis zu 1200 Kilometer nordwestlich davon. Vor allem in dieser zweiten Phase zeichnen die Instrumente ultralange seismische Wellen auf – Indikatoren dafür, dass nun langsame, große Bodenbewegungen stattfinden (siehe Grafik Seite 142).

Das Beben hat die Stärke 9,0 auf der Richter-Skala und ist damit das viertstärkste jemals gemessene und das stärkste der letzten 40 Jahre. Die dabei in wenigen Sekunden freigesetzte Energie entspricht der Sprengkraft von mehr als 32 000 Hiroshima-Bomben.

Ein Teil dieser ungeheuren Energiemenge verformt den Boden: Manche Inseln vor der Westküste Sumatras werden binnen weniger Sekunden um mehrere Meter in Richtung Südwesten verschoben (genaue Daten werden erst in einigen Monaten vorliegen). Der Meeresgrund hebt oder senkt sich an einigen Stellen im gleichen Zeitraum um fünf Meter. Noch im über 10 000 Kilometer entfernten Deutschland bewegt sich der Boden: allerdings so langsam, dass Menschen dies nicht spüren.

Ein weiterer Teil dieser Energien wird jedoch ans Wasser abgegeben. Das schlagartige Heben und Senken des Meeresbodens löst Wellen aus, die gefährlicher sind als alles, was Orkane oder Gezeiten je erzeugen könnten: Tsunamis.

Vom Beben im Sunda-Graben gehen vier Wellen aus, die im Abstand von zunächst wenigen Minuten durch das Meer rauschen. (An den Küsten werden später vor allem die ersten beiden Verwüstungen anrichten.) Die Wogen gleichen nicht den konzentrischen Kreisen, die entstehen, wenn man einen Stein in einen ruhigen Tümpel wirft, sondern eher Wasserwänden, die sich nach Westen und Osten wälzen. Dagegen bewegen sich nördlich der lang gestreckten Bebenzone – also in Richtung Bangladesch – und südlich davon, Richtung Australien, nur kleine Wellen fort.

Auf hoher See sind die Tsunamis fast unsichtbar: Denn in tiefen Gewässern sind sie höchstens einen Meter hoch und können eine Länge von weit über 500 Kilometern erreichen. Eine Schiffsbesatzung, selbst ein Schwimmer oder Taucher, bemerkt dort nichts von ihr. Doch je flacher das Gelände, desto höher die Welle.

Am Ufer können Tsunamis von 20, 30 Meter Höhe über die Küste spülen, in Alaska soll 1958 gar eine 500 Meter hohe Welle aufs Land gebrandet sein. (Daher auch ihr japanischer Name: Fischer, die auf hoher See nichts bemerkt hatten, fanden bei der Rückkehr ihren Heimathafen von einer unerklärlichen Gewalt verwüstet vor – einer „Hafenwelle".)

Tsunamis mögen auf hoher See unsichtbar sein – unbemerkbar sind sie jedoch nicht. Im tiefen Wasser rasen sie fast so schnell dahin wie Verkehrsflugzeuge: bei fünf Kilometer Wassertiefe etwa mit 800 km/h (siehe Seite 140).

Die seismischen Wellen aber, die von dem voraufgegangenen Beben durch den Erdboden gejagt werden, sind noch zehn- oder zwanzigmal schneller. Mit bis zu 25 000 km/h eilen diese Erschütterungen um den Planeten. Ein Erdbeben ist also, je nach Entfernung eines Beobachters vom Epizentrum, Minuten, oft gar Stunden vor einem Tsunami messbar. Es ist das deutlichste Warnzeichen, das einer Monsterwelle vorausgeht.

Man muss es nur zu lesen verstehen.

Pacific Tsunami Warning Center, Ewa Beach, Hawaii, 15.07 Uhr Ortszeit, acht Minuten nach dem Erdbeben: Die ruhige Weihnachtszeit endet für Stuart Weinstein mit einer blauen Messlinie auf Papier und ein paar Computeranzeigen. Der 43-jährige Seismologe ist in diesem Moment der einzige Wissenschaftler im PTWC.

Das flache, mit sandfarbenem Stein verkleidete Gebäude ist das Zentrum eines ozeanumspannenden Warnsystems. Die US-Regierung hat es 1949 eingerichtet, nachdem ein Tsunami Hawaiis Küste getroffen hatte.

Seit 1965 koordiniert das PTWC nicht nur die US-amerikanischen, sondern auch die Warnsysteme vieler Anrainerstaaten des Pazifiks. Insgesamt 26 Nationen an den Küsten des Stillen Ozeans sind auf diese Weise miteinander vernetzt – von Großmächten wie den USA und Russland bis zu Zwergstaaten wie Fidschi und Samoa.

„Stiller Ozean" – für Tsunami-Forscher klingt dies wie Hohn. 80 bis 90 Prozent dieser Monsterwellen sind bisher hier registriert worden. Immer wieder werden die Küstenregionen heimgesucht, in Alaska und auf Hawaii ebenso wie in Japan.

Im PTWC laufen die Messwerte von Seismographen aus der ganzen Welt zusammen, sodass hier binnen Minuten jedes Erdbeben auf dem Globus registriert wird. Über die Weiten des Pazifiks sind insgesamt mehr als 100 Messbojen verteilt, die Wellenhöhen und andere Daten nach Hawaii senden.

Zu dem Warnsystem gehören auch sechs jeweils 250 000 Dollar teure „Tsunameter": auf dem Tiefseemeeresgrund angebrachte Sensoren, die bereits auf hoher See Tsunamis erkennen können und diese Messwerte an eine Boje und von dort wiederum via Satellit nach Hawaii übermitteln.

Die meisten Erdbeben sind so schwach oder finden so tief im Erdinneren statt, dass sie keinen Tsunami auslösen. Deshalb werden im PTWC alle Messwerte analysiert und Computersimulationen erstellt, welche die Stärke des Bebens, Erdbewegungen und die Beschaffenheit des Meeresgrundes berücksichtigen.

Nur dann, wenn den Wissenschaftlern auf Hawaii ein Tsunami wahrscheinlich erscheint, lösen sie via Internet, Telefon, Fax und Telex Alarm in den Anrainerstaaten aus. Dort wiederum werden – etwa durch Radiodurchsagen oder Sirenen am Strand – die Menschen vor den herannahenden Wellen gewarnt.

Da man Tsunamis weder verhindern noch vorhersagen kann, ist das Ziel des PTWC, nach der Auslösung einer Riesenwelle möglichst schnell Alarm zu geben, sodass sich Menschen an allen Ufern des Stillen Ozeans in Sicherheit

Unter dem Meeresgrund entlädt sich die ungeheure **Energie** Zehntausender Atombomben

bringen können. Es ist ein Schadensbegrenzungssystem, das sich seit vier Jahrzehnten bewährt hat.

An diesem Weihnachtssonntag nutzt Weinstein, einer von fünf Wissenschaftlern am PTWC, den verregneten Nachmittag, um ungestört an einem Forschungsprojekt zu arbeiten.

Um 15.07 Uhr jedoch melden sich mehrere Messstationen. „Ein schweres Erdbeben, mindestens Stärke 7", vermutet Weinstein, als er die Daten analysiert.

Sein Kollege Andrew Hirshorn hat an diesem Tag frei, doch wird er nun bei sich daheim durch die Messinstrumente automatisch alarmiert. Der 48 Jahre alte Tsunami-Forscher hat zwei Beeper in der Tasche, falls einer versagen sollte.

Beide Beeper geben Alarm – und zeigen an, dass zwei weit entfernte Messstationen Daten aufgefangen haben. Hirshorn wohnt nur ein paar hundert Meter vom PTWC entfernt, wirft sich ein Hemd über und fährt mit dem Fahrrad dorthin.

Die beiden Wissenschaftler überschlagen die Daten und geben binnen Minuten ihre erste Einschätzung ab: Stärke 8,0. Das ist stark genug, um einen lokalen Tsunami auszulösen – eine Welle, die an einer nahe gelegenen Küste Schäden verursachen kann, nicht aber an den Gestaden eines ganzen Ozeans. Das PTWC würde in so einem Fall sofort eine Warnung aussenden – wenn das Beben den Pazifik erschüttert hätte.

Die Seismologen Andrew Hirshorn (l.) und Stuart Weinstein (r.) auf Hawaii erkennen schon früh die ozeanische Gefahr, wenn auch nicht deren Ausmaß. Doch ihnen fehlen exakte Daten, um andere zu warnen – und die Telefonnummern jener, die warnen könnten

Nach acht Minuten empfangen amerikanische Forscher die ersten **alarmierenden** Messwerte

Doch das Epizentrum liegt im Indischen Ozean. Dort gibt es kein Warnsystem, ja nicht einmal gesichertes Wissen darüber, wie sich Tsunamis in diesem Meer ausbreiten.

Dabei hat es nicht an Warnungen gemangelt. Zwar sind Tsunamis im Indischen Ozean weitaus seltener als im Pazifik – doch „selten" bedeutet nicht „nie". 1883 explodierte in Indonesien der Vulkan Krakatau in der Sunda-Straße und löste einen Tsunami aus, der fast 36 000 Menschen tötete. 1945 traf eine Welle Mumbai (Bombay) und verschlang Hunderte.

Ozeanforscher fordern deshalb schon lange, dass auch für den Indischen Ozean ein Warnsystem eingerichtet werden müsse. Nur zwei Tsunameter wären dazu notwendig, daneben einige Bojen an der Meeresoberfläche und ein international vernetztes Kommunikations- und Alarmsystem, um die Bevölkerung zu warnen.

20 Millionen Dollar würde dies kosten, schätzen die Forscher.

Noch im Juni 2004 hat ein Experte auf einem Treffen der Intergovernmental Oceanographic Commission der Unesco vor „einer signifikanten Bedrohung durch lokale und entfernt verursachte Tsunamis" im Indischen Ozean gewarnt. Doch er wurde abgekanzelt: „Tsunamis sind ein Pazifik-Problem."

Bis zum 26. Dezember 2004.

Die Forscher auf Hawaii sind nicht die Einzigen, die das Beben registrieren. Nur Sekunden nach dem Ereignis melden Messstationen dem Institut für Geophysik in Jakarta das Ereignis. Wohl nirgendwo sind Experten zum Zeitpunkt des Erdbebens näher am Ort der Erschütterung als die Forscher in der indonesischen Hauptstadt – doch genau dies ist ihre Tragödie.

Denn das Beben ist so gewaltig, dass die nahe dem Epizentrum installierten Messinstrumente die Werte nicht mehr korrekt aufzeichnen: Sie melden „nur" Stärke 6,4 auf der Richter-Skala – nichts Ungewöhnliches in einer erdbebenreichen Region wie Indonesien. Und zu wenig, um einen Tsunami auszulösen.

Der für die Datensammlung verantwortliche Abteilungsleiter Prih Harjadi ist jedoch so beunruhigt, dass er sich

Das Hypozentrum liegt nahe der Insel Simeulue vor der Westküste Sumatras, die Erde bebt jedoch auf einer 1200 Kilometer langen Strecke unterhalb des Indischen Ozeans. Die dabei ausgelösten Wellen breiten sich vor allem nach Westen und Osten aus. Am schwersten getroffen werden die Staaten Indonesien, Thailand, Indien und Sri Lanka

von daheim auf den Weg ins Büro macht: Ein Neffe hat ihn aus der Stadt Medan auf Sumatra angerufen. Dort sei das Beben deutlich zu spüren gewesen.

Auch dem Meteorologischen Büro Indiens in Neu-Delhi liegen nach wenigen Minuten die ersten Daten vor – doch können sie dort wegen einer Computerpanne nicht analysiert werden.

Die einzige Institution, die über ein den gesamten Indischen Ozean umfassendes und fehlerfrei funktionierendes Messsystem verfügt, ist die Test Ban Treaty Organization, eine internationale Vereinigung mit Sitz in Wien, die weltweit heimliche Atombombentests aufspüren soll.

Zu diesem Zweck laufen in der Zentrale die Messwerte von rund 175 über den Globus verteilten Sensoren ein, welche die typischen Wellen einer Kernexplosion, aber auch von Erdbeben registrieren können. Acht Stationen der Organisation liegen im Indischen Ozean, in Indonesien, Thailand und Sri Lanka.

Außerdem verfügt die Wiener Organisation im Pazifik über drei hydroakustische Sensoren (einen nahe der Insel Diego Garcia, einen bei Cape Leeuwin in Australien und einen bei den Crozet-Inseln), die registrieren, wenn unter Wasser gewaltige Energien freigesetzt werden.

Dies ist kein funktionstüchtiges Tsunami-Warnsystem – allein schon, weil die Messinstrumente nicht darauf ausgelegt sind, die Entstehung und die Richtung möglicher Monsterwellen aufzuzeichnen. Aber es ist das umfassendste Sensorium, mit dem der Indische Ozean kontrolliert wird.

Doch über die Weihnachtsferien ist von den rund 100 Mitarbeitern in Wien niemand anwesend. Die Erdbebenwerte werden zwar aufgezeichnet, aber in der menschenleeren Zentrale ist keiner da, der sie wahrnimmt.

So sind, von allen Spezialisten auf der Welt, Stuart Weinstein und Andrew Hirshorn die Einzigen, die in diesem Moment zumindest schon ahnen, dass sich im Indischen Ozean etwas ganz und gar Außergewöhnliches ereignet hat.

Um 15.10 Ortszeit, nur drei Minuten nach dem ersten Alarm, schickt das PTWC eine Benachrichtigung an andere pazifische Tsunami-Observatorien und übermittelt darin die vorläufigen geschätzten Erdbebenwerte.

Das sind elf Minuten nach dem Erdbeben. Der Tsunami hat da bereits rund 70 Kilometer zurückgelegt. Noch wenige Minuten, dann werden die ersten Menschen sterben.

Elf Minuten nach dem Beben: Es ist 7.10 Uhr morgens in Sri Lanka, die Sonne geht gerade auf. Anna Lechner und Thomas Elmerhaus, die sich im Ayurveda-Hotel an der Südwestküste erholen, sind schon vor einer Stunde geweckt worden, weil die Kur täglich mit einer Tasse „scheußlich schmeckenden kalten Tees" beginnt, so Elmerhaus. Jetzt genießt das Ehepaar das frühe Licht und die relative Kühle.

An der Nordostküste Sri Lankas – 310 Kilometer entfernt – hat Anqusauy Parameswaran zu diesem Zeitpunkt bereits den Fang der Nacht verkauft. Der 45 Jahre alte Fischer hat sich aus der Armut hochgearbeitet. Er lebt in der Stadt Mullaitivu, die im Tamilengebiet liegt. Seit über 20 Jahren kämpfen dort die „Tigers“, die Guerrilleros der Tamilischen Befreiungsbewegung, für einen eigenen Staat. Erst vor drei Jahren haben norwegische Diplomaten den Bürgerkrieg beendet und einen Waffenstillstand ausgehandelt. Das ist noch kein Friede, doch immerhin: Parameswaran ist vor zwei Jahren in seine zerstörte Stadt zurückgekehrt und hat seither geschuftet.

Gemeinsam mit einem Nachbarn hat er sich ein weiß-blau gestrichenes Fischerboot gekauft, die „Blue Marine Star“. Auch in der vergangenen Nacht hat er, wie schon oft zuvor, große, schwere Krabben mit Netzen gefischt und sie am frühen Morgen an Händler aus der Hauptstadt Colombo verkauft.

Fünf Kinder haben er und seine Frau: zwei Töchter, drei Söhne. Die Älteste ist 18, der Jüngste neun Jahre alt. Die Familie lebt in einem kleinen, gemauerten Haus, nur ein paar Meter entfernt vom Meer. Sie ist wohlhabend, der Vater hofft, genug Geld sparen zu können, um seinen 14-jährigen Sohn Philip Rajkumar – „der ist klug wie ein Doktor“ – zur Universität schicken zu können.

Elf Minuten nach dem Beben bellen die Hunde am Strand von Kamala in Thailand ohne ersichtlichen Grund wie wild. Phra Ajarn Toy wundert sich, weiß dies aber nicht zu deuten. Der 57-jährige Buddhist ist Abt des kleinen Klosters von Kamala. Er und seine vier Mönche sind bereits seit dreieinhalb Stunden auf den Beinen. Sie haben am frühen Morgen gebetet und sind danach mit Blechschüsseln in den Händen durch den Ort gezogen, um ihr Frühstück zu erbetteln.

Nun sitzen die Mönche wieder im Kloster. Das Gebäude ist mit Wandmalereien geschmückt. Auf einem Bild ist der böse König Payamán zu sehen, der einst mit seinen Kriegselefanten gegen Buddha, den Vollkommenen, auszog. Doch Mutter Erde kam dem meditierenden Buddha zu Hilfe, wrang ihre Haare aus – und ertränkte so Payamáns Armee in einer großen Flut.

Elf Minuten nach dem Beben ist auf den Andamanen und Nikobaren etwas

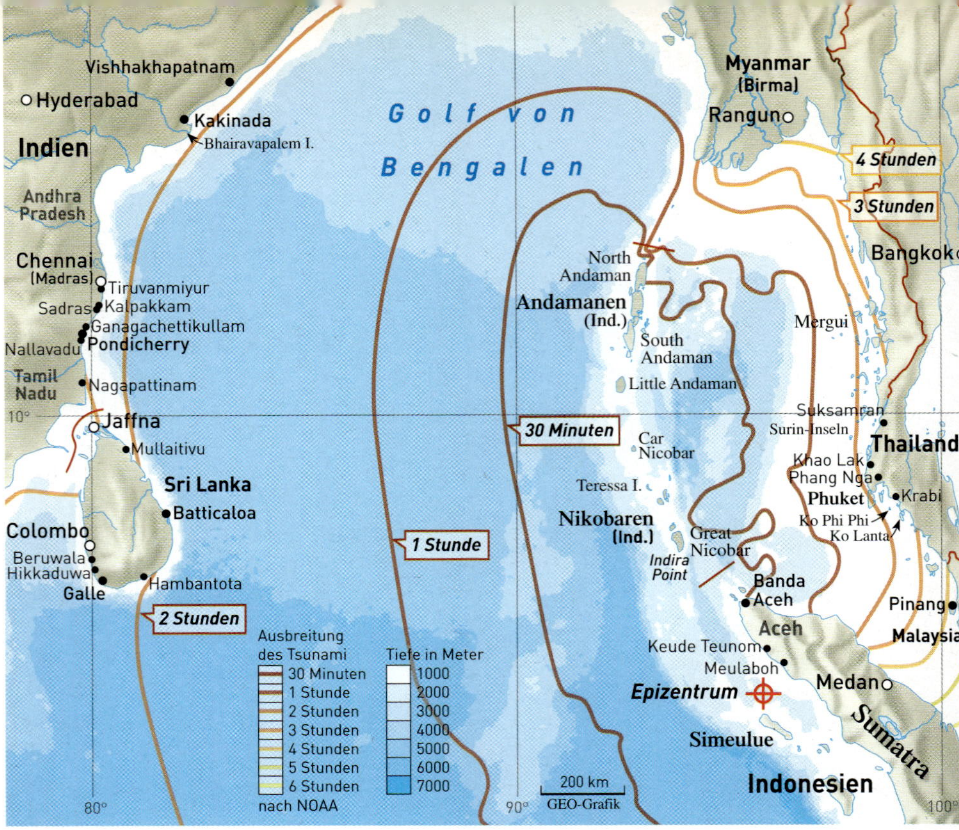

Der Tsunami breitet sich nach Osten langsamer aus als nach Westen, weil er dort von dem zur Küste hin ansteigenden Meeresboden abgebremst wird. Deshalb trifft er Thailand später als Sri Lanka

ganz und gar Ungewöhnliches im Gange: Die Tiere fliehen in den Dschungel.

Die 572 Inseln und winzigen Eilande erstrecken sich über rund 700 Kilometer von Norden nach Süden im Golf von Bengalen. Sie gehören politisch zu Indien, das auf der südlichen Insel Car Nicobar einen Militärstützpunkt unterhält. Die indische Luftwaffe nutzt ihn als Basis, von hier aus wird der Schiffsverkehr im Ozean überwacht und Chinas Funkverkehr belauscht. Mehr als 300 000 indische Siedler haben sich auf insgesamt 36 bewohnten Inseln niedergelassen.

Einmalig aber sind die entlegenen Eilande wegen ihrer einheimischen Bevölkerung: vier negrider und zweier mongolider urzeitlicher Völker.

Forscher vermuten, dass einige dieser Völker seit 30 000 Jahren auf den Inseln ansässig sind – möglicherweise sogar seit 60 000 Jahren. Sie sind damit lebende Relikte aus der Frühgeschichte des Menschen: die einzigen Volksgruppen der Welt, die sich über die Millennien fast unverändert vom Paläolithikum bis ins Atomzeitalter erhalten haben.

Viel mehr weiß man nicht über die meisten dieser Völker: Zu abgeschieden ist ihr Lebensraum, zu feindselig sind sie gegenüber allen Fremden. Ihr abstammungsgeschichtliches Alter etwa haben Wissenschaftler aus DNS-Analysen erschlossen – doch die mussten sie Haarproben entnehmen, die britische Kolonialoffiziere im 19. Jahrhundert Einheimischen abgenommen hatten.

An diesem Morgen nun rennen die Elefanten auf den Andamanen und Nikobaren tief ins Innere der Inseln, auf Anhöhen und Hügel. Ihr Trompeten tönt aus dem Wald. Affen fliehen, Eidechsen kriechen auf Bäume oder Felsen.

Niemandem fällt das seltsame Verhalten der Tiere auf – außer den steinzeitlichen Jägern und Fischern der Inseln.

Elf Minuten nach dem Beben ist der morgendliche Alltag für Agus Maidi bereits abrupt beendet worden. Der Indonesier ist Aufseher bei der Plantagengesellschaft KTS Inc. und lebt in Meulaboh an der Nordwestküste Sumatras.

Die quirlige Stadt, auf einer Halbinsel gelegen, ist bekannt für ihre Parfümerien und umgeben von Reisfeldern und Plantagen, auf denen Palmöl gewonnen wird. Etwa 40 000 Menschen leben hier. Die großen Häuser sind gemauert, eine kuppelbekrönte Moschee überragt den Ort. Meulaboh bedeutet „ans Ufer gesetzt" – und so ist der kleine Hafen auch das Herz der Stadt, deren Zentrum nur wenige Meter vom Meer entfernt liegt.

Maidi ist zusammen mit seiner Frau auf dem Motorrad Richtung Markt gefahren, um einzukaufen. Das Beben auf dem nahen Meeresgrund hat nur Sekunden nach seiner Abfahrt die Insel Sumatra durchgeschüttelt. Maidi stoppte sein Motorrad. Vor ihm fiel ein Wohn- und Geschäftshaus in sich zusammen. In den Cafés ging das Porzellan zu Bruch. Motorradfahrer stürzten von ihren Maschinen. Menschen schrien hysterisch und rannten auf die Straße. Maidis Frau warf sich zu Boden und erbrach sich.

Als das Beben endlich aufhörte – Maidi kam es so vor, als dauere es zehn Minuten –, stiegen beide auf das Motorrad und rasten zurück zu ihrem Haus. Sie haben Glück: Ihre Eltern und ihre Kinder leben, das Gebäude ist unbeschädigt.

Doch Maidi und seine Frau machen sich Sorgen um Freunde im Zentrum. Wieder schwingen sie sich aufs Motorrad und fahren wenige Minuten durch die von schon halb zerstörten Häusern gesäumten Straßen. In Richtung Meer.

Da rauscht ihnen eine mehr als zehn Meter hohe Wand aus Wasser entgegen.

Sumatra: die verlorene Provinz

15 MINUTEN* NACH DEM BEBEN: Meulaboh liegt in der Provinz Aceh und nur rund 100 Kilometer vom Epizentrum entfernt. Es ist die erste größere Stadt im Weg der Welle. Die Küsten hier sind flach, erst anderthalb bis drei Kilometer im Hinterland steigen Berge steil an.

Indonesien ist, mit 210 Millionen Gläubigen, das bevölkerungsreichste muslimische Land der Welt – und Aceh die älteste muslimische Region des Inselstaates. Die Gegend im Norden Sumatras wurde bereits im 13. Jahrhundert durch arabische und indische Händler zum Islam bekehrt. Später segelten von hier aus die Schiffe zur Pilgerfahrt nach Mekka – die „Veranda von Mekka" wurde Aceh genannt. Die Menschen in der teilweise autonomen Region sind fundamentalistischer als anderswo in Indonesien.

Seit 1976 tobt in der Provinz ein Bürgerkrieg, weil sich die Einheimischen von der Regierung auf der Insel Java ausgebeutet fühlen. Die Provinz ist potenziell reich: Der Energiekonzern Exxon etwa betreibt hier eine große Erdgasverflüssigungsanlage.

In manchen Straßen rasen Autofahrer davon; Motorräder sind mit vier, fünf Menschen besetzt. Doch Maidi hat keine Chance mehr, sein Motorrad zu wenden. Zu voll ist die Straße, zu schnell das Wasser. Seine Frau und er lassen die Maschine stehen und rennen los. Sie kommen nur einige Meter weit, dann erblicken sie einen schweren Militärlastwagen. Die beiden springen hinein, Dutzende mit ihnen. Dann ist das Wasser da.

Die Menschen klettern höher, drängen sich auf das Dach des schon halb gefluteten Lastwagens. Im wirbelnden Wasser auf der Teuku-Umar-Straße, einer der Hauptstraßen der Stadt, erblickt Maidi Tote und Ertrinkende, vor allem Alte, Frauen und Kinder – die Langsamsten und Schwächsten, die als Erste vom Wasser eingeholt und mitgerissen werden.

> Schon 15 Minuten nach dem Beben türmt sich die **Wand aus Wasser** vor der Küste Sumatras auf

Seit Mai 2003 herrscht in der Region, in der rund vier Millionen Menschen leben, das Kriegsrecht; Ausländern ist die Provinz so gut wie verschlossen, der Bürgerkrieg der Regierungssoldaten gegen Kämpfer der Befreiungsbewegung GAM hat Tausende das Leben gekostet und rund 100 000 Menschen obdachlos gemacht. Im Jahr 2003 wurden bei Kämpfen 600 Schulen zerstört. Die Hälfte aller Haushalte wird von Witwen geführt. Aus der „Veranda von Mekka" ist ein schwer bewachter, abgeriegelter Hinterhof Indonesiens geworden.

Isoliert, ungeschützt, ahnungslos: So ist die Provinz Aceh am Morgen des 26. Dezember 2004.

AGUS MAIDI SIEHT DIE WAND aus Wasser, die sich die Straße entlangwälzt. Sie ist hoch wie ein mehrstöckiges Haus und schwarz und schnell. Sie grollt und donnert wie ein Gewitter. Zuvor, aber das hat er nicht mitbekommen, hat sich das Meer für einige Augenblicke weit zurückgezogen. Nun aber attackiert es die Hafenstadt.

Panisch rennen die Menschen davon. Je weiter die Welle in die Stadt eindringt, desto niedriger wird sie. Ihrer Gewalt jedoch vermag auch dann niemand standzuhalten. Maidi sieht, wie einige der Fliehenden stolpern. Kinder werden von Nachdrängenden niedergetrampelt.

Doch auch die Kräftigen haben oft keine Chance. Viele der bereits vom Erdbeben beschädigten Häuser fallen unter dem Anprall der Fluten in sich zusammen Die Menschen darin werden erschlagen, in die Wellen gerissen – oder eingeklemmt, bis das Wasser über sie steigt. Ein Mann mit kleinen Kindern reißt die Tür eines vorbeifahrenden Krankenwagens auf, wirft die Kinder und sich ins Fahrzeug. Doch das Wasser holt die Ambulanz ein und nimmt sie mit hinaus auf die See.

In manchen Stadtvierteln Meulabohs reicht das Meer so hoch, dass es Verzweifelte von den Veranden im Obergeschoss großer Häuser reißt. Telefonmasten werden umgerissen. Die massiven Mauern des nahe am Meer erbauten Gefängnisses, in dem viele separatistische Kämpfer einsitzen, werden eingedrückt. Rund 100 Häftlinge ertrinken.

Nur einige Häuser bleiben stehen. Wer Glück hat, kann sich auf ihre Dächer

* Alle Zeitangaben über das Auftreffen der Woge an den Küsten beruhen auf Augenzeugenberichten und geben die bestmögliche Schätzung an.

Der Kameramann einer Hochzeit schwenkt genau in jenem Moment auf eine Straße der indonesischen Provinzhauptstadt Banda Aceh, als sich diese in einen reißenden Strom verwandelt. Binnen Sekunden drückt Wasser durch die Stadt. In der Woge: Autos, Möbel, Bäume. Passanten bleibt keine Zeit mehr zur Flucht, sie verschwinden in den Fluten, die sich bis zum Obergeschoss der Häuser auftürmen

retten. Andere klammern sich verzweifelt an dem Minarett einer Moschee fest, das wie ein Pfeiler im Wasser steht. Manche Menschen sind nackt – der Sog des Wassers hat ihnen alle Kleider vom Leib gerissen. Ein neunjähriger Junge krallt sich an eine Matratze. Die Flut hat ihn aus seinem Elternhaus gespült.

Maidi und seine Frau haben Glück. Zunächst. Obwohl selbst massige Geländewagen, Kleinbusse, Fischerboote, ja ganze Häuser durch die Fluten gewirbelt werden, bleibt der schwere Armeelastwagen stehen. Doch auf seinem Dach drängen sich immer mehr Männer, Frauen und Kinder. Es wird gefährlich eng.

Also entschließen sich einige Männer, den Frauen und Kindern Platz zu machen. Sie stürzen sich in die Fluten, um zu einem noch stehen gebliebenen Dach oder einem anderen sicher wirkenden Punkt zu schwimmen. Auch Maidi wirft sich ins Wasser.

Einige Männer werden schnell fortgetrieben oder von herumwirbelnden Holzbalken getroffen. Sie ertrinken. Maidi jedoch kämpft sich bis zum Dach des Tunggal-Menara-Ladens durch, rund 50 Meter entfernt vom gefluteten Lastwagen. In diesem Augenblick erklingt von überall her: „Allahu akbar, Gott ist größer" – gerufen von Menschen auf den Dächern.

„Das ist das Ende der Welt", denkt Maidi.

Binnen weniger Minuten reißt der Tsunami 80 bis 90 Prozent aller Gebäude der Stadt mit sich oder beschädigt sie irreparabel. Die Welle ergießt sich mehr als drei Kilometer weit ins Land. Zwei Tage lang steht ein großer Teil der Stadt unter Wasser. Von den rund 40 000 Einwohnern Meulabohs sterben etwa 10 000.

In der von dem Tsunami getroffenen Stadt Meulaboh **entscheiden** wenige Meter über Leben und Tod

Banda Aceh, die rund 150 000 Einwohner zählende Provinzhauptstadt, fünf Autostunden von Meulaboh entfernt, wird kaum weniger hart getroffen. Sie ist berühmt für ihre große Baiturrahman-Moschee und den Gunongan – eine Promenade aus Bädern und Lustgärten am Ufer eines Flusses.

Seit Jahrhunderten schon fertigen Schmiede in Banda Aceh kunstvollen Goldschmuck, seit 46 Jahren beherbergt die Stadt auch die Syiah-Kuala-Universität. Doch längst ist die Infrastruktur an ihre Belastungsgrenze gelangt. Immer wieder fällt der Strom aus, das Telefonnetz ist unzuverlässig.

Vielleicht ist Mohammed Kadir hier der erste Mensch, der die Welle kommen sieht. Der 76-Jährige ist der stellvertretende Bürgermeister der Stadt. Nach dem Beben eilt er zum Markt, um sich einen Überblick über die Lage zu verschaffen. Da bemerkt er, wie das Meer zu beiden Seiten der Bucht weit zurückweicht – und in der Mitte auf die Stadt zuschießt.

Niemals zuvor hat er so etwas gesehen, doch instinktiv dreht er sich um, rennt durch die Straßen, schlägt an Haustüren, hastet in eine Moschee. Immer wieder ruft er das Gleiche: Das Wasser kommt! Nur weg von hier!

Durch die Welle versinkt die Stadt binnen Sekunden im Chaos. An der palmengesäumten Bucht von Banda Aceh gibt es nicht einmal eine Anhöhe, auf die man fliehen könnte.

Ein Mann, der unter der Dusche stand, als die Erde bebte, rennt aus seinem Haus. Als ihm auf der Straße bewusst wird, dass seine Familie noch im Gebäude ist, dreht er sich um, weil er zurückeilen möchte.

In diesem Augenblick schon erreicht ihn der Tsunami. Sein Haus verschwindet in den Fluten – und in ihm seine Frau, seine fünf Kinder, seine Schwester und zwei Brüder.

Eine Medizinstudentin der örtlichen Universität ist gerade im Krankenhaus. Da drängt Wasser durch den Eingang. In Panik eilt sie zum Hinterausgang und klettert über eine stacheldrahtbewehrte Mauer, die den Komplex abschließt, und bringt sich so in Sicherheit. Doch für die Patienten, die nicht rennen können, wird das Krankenhaus zur Falle.

„Halt mich, Bang, halt mich!", hört Yusmadi Sulaiman seine Frau rufen. „Bang" ist eine indonesische Anrede unter Ehepaaren, doch in dem Ruf liegt keine Zärtlichkeit, sondern Angst. Der 60 Jahre alte Lastwagenfahrer steht bereits in den Wellen und klammert sich verzweifelt an eine Palme. In einem Arm hält er seinen vierjährigen Sohn. Seine Frau, nur ein paar Schritte entfernt, hält die achtmonatige Tochter fest.

In Banda Aceh versuchen Menschen, die noch Kraft haben, Mitbürger aus den heranbrausenden Wogen zu ziehen – manchmal vergebens. Der Mann im Bild ganz oben, der eine Frau mit einem Seil sichern will, wird Sekunden später mit ihr untergehen

Ihr Hilfeschrei ist das letzte Lebenszeichen, das Sulaiman von seiner Familie hört. Die Welle reißt ihm Augenblicke später Frau und Tochter weg, dann zerrt sie den Sohn aus seinen Armen.

Manchmal entscheiden nur wenige Meter über Leben und Tod. Wer die Baiturrahman-Moschee erreicht, der hat es geschafft, denn das massive Bauwerk widersteht den Wellen. Doch die Gebäude direkt neben dem Gotteshaus kollabieren. Noch Tage nach der Flut findet man unter ihren Trümmern Tote.

Banda Aceh wird, später, zur Stadt der mirakulösen Rettungen. In den Tagen des Jahreswechsels 2004 auf 2005, da das Wasser langsam die verwüstete Provinz wieder freigeben wird, werden hier Geschichten erzählt von Gnade, Wunder, Rettung, von der Hoffnung im Angesicht des Massensterbens.

Die Geschichte von der 21-jährigen Kasmidar etwa (viele Menschen in der Region führen nur einen Namen), die, im achten Monat schwanger, von der Welle auf eine Palme gespült wird und dort das Desaster übersteht. Von Ichsan Azmil, der unter einem einstürzenden Haus gefangen wird, aber nicht ertrinkt und nach sechs Tagen lebend aus den Trümmern gezogen wird.

Von Ari Afrizal, einem Bauarbeiter, den die Welle ins Meer spült. Er klammert sich an ein Stück Treibholz, später rettet er sich auf einen zerbrochenen Kahn, schließlich auf ein vorbeitreibendes Fischerfloß. Dort findet er einige Flaschen Mineralwasser. Außerdem holt er sich Kokosnüsse aus dem Meer und beißt sie mit den Zähnen auf. Endlich entdeckt ihn die Besatzung eines Containerschiffes mitten auf dem Ozean – zwei Wochen nach der Katastrophe.

Doch die Geschichten von wunderbaren Rettungen sind eben genau dies: Wunder in einer Zeit, in welcher der Tod die Regel ist.

Mehr als 30 000 Menschen sterben in Banda Aceh, die Stadt wird zu rund zwei Dritteln eingeebnet, ihr Fährhafen verschwindet fast spurlos im Meer.

Rund 85 Prozent der Provinzküste, etwa 250 Kilometer, sind ein bis fünf Kilometer tief verwüstet. Mancherorts sind die Wellen 15 Meter hoch. Wo zuvor Ortschaften standen, erstrecken sich nun Lagunen. 25 von 35 Dörfern um die Kleinstadt Keude Teunom, etwa 60 Kilometer nördlich von Meulaboh, sind verschwunden. In der 10 000-Einwohner-Stadt Calang sterben mehr als zwei Drittel der Einwohner. Die Überlebenden werden den Ort später für immer aufgeben.

Am Raba-Lhoknga-Fluss, nahe der Nordspitze Sumatras, ist von den zwei Militärbasen an beiden Ufern nur ein Wachhäuschen aus Beton geblieben. Von den 300 Soldaten und ihren Familienangehörigen retten sich sechs.

In der Stadt Lambada ertrinken 2000 Menschen, nur 105 Einwohner überleben, unter ihnen bloß fünf Frauen. Die meisten der davongekommenen Männer sind Fischer, die auf hoher See waren und nicht einmal bemerkt haben, wie ihre Heimat vernichtet wurde. An einem anderen Ort wird ein Fischer am Strand unter seinem gekenterten Boot gefangen und kann sich nicht mehr befreien. Nach einer Woche erst kommt er, dehydriert, verletzt und psychisch angeschlagen, aus seinem Gefängnis frei.

Und auf der vor der Küste gelegenen Insel Malinggei hat sich die Welle wahrscheinlich sogar 20 Meter hoch aufgerichtet. Zumindest werden das später Rettungsteams anhand der Verwüstungsspuren an wenigen stehen gebliebenen Palmen schätzen. Berichten kann davon niemand mehr: Von den 500 Einwohnern des Eilands fehlt jede Spur.

Seit Menschen ihre Geschichte aufschreiben, haben sie niemals über eine Region berichtet, die von einem Tsunami so schrecklich verwüstet worden ist wie Aceh auf Sumatra am Morgen des 26. Dezember 2004 – am Morgen des „Schwarzen Sonntags“, wie ihn Überlebende bald nennen.

In den Minuten, da der Tsunami zuschlägt, und den wenigen Stunden, in denen das Wasser im flachen Küstenstreifen stehen bleibt, sterben in dieser Provinz mehr als 200 000 Menschen.

Drei Kilometer und mehr schlägt die Welle auf Sumatra ins Land. Städte wie das zu 90 Prozent zerstörte Meulaboh sehen aus wie nach einem Bombenangriff. Einige Ortschaften sind so verwüstet, dass sie wohl nie wieder aufgebaut werden

Schock der Erkenntnis: ein Paar, irgendwo in Aceh. Erst Stunden oder Tage nach der Welle wird den Menschen bewusst, wie viel sie verloren haben. In vielen Fällen ist die gesamte Existenz der Überlebenden zerstört

Doch jenseits von Aceh ist die Welt noch immer ahnungslos.

Die Experten werden nervös

Pacific Tsunami Warning Center, 15.14 Uhr Ortszeit, 15 Minuten nach dem Erdbeben: Ungefähr in dem Augenblick, da in Sumatra die ersten Menschen ertrinken, geben Stuart Weinstein und Andrew Hirshorn, so scheint es, Entwarnung. Die beiden Forscher haben neue Daten durch ihre Rechner gejagt. Noch immer vermuten sie, dass das Beben die Stärke 8,0 hat.

Nun geben sie, mit diesem Wert, mit Uhrzeit und Ort des Bebens, das „Tsunami Information Bulletin Number 001“ heraus. „Diese Nachricht dient nur der Information“, schreiben die Forscher. Bulletins werden vom PTWC dann erstellt, wenn im Pazifik oder in dessen Nähe Erdbeben stattgefunden haben, die Forscher aber nicht erwarten, dass sie Tsunamis auslösen werden.

ie Einwohner der Provinz Aceh sind sehr religiös – und fundamentalistischer als nderswo in Indonesien, dem bevölkerungsreichsten muslimischen Staat der Welt. Den berlebenden, etwa diesen Frauen in einem Camp, bleibt als Trost oft nur das Gebet

iele Menschen entlang der tropischen Küsten des Indischen Ozeans, nicht nur ie Ärmsten, haben ihre Häuser aus Wellblech und Holz errichtet: fragile Gebäude, die, vie in Banda Aceh, unter dem Druck des Wassers in Sekunden kollabieren

„Es ist kein Tsunami-Alarm und keine Warnung eingetreten“, schreiben Weinstein und Hirshorn. „Dieses Erdbeben liegt außerhalb des Pazifiks. Keine zerstörerische Tsunami-Bedrohung existiert, basierend auf historischen Erdbeben- und Tsunami-Daten.“

Es ist, streng genommen, keine Fehleinschätzung – denn dem Pazifik droht ja tatsächlich keine Gefahr. Und es ist immerhin die erste Nachricht, die an alle 26 Staaten des pazifischen Warnsystems geht. Zu diesem Warnsystem gehören, wegen ihrer am Stillen Ozean gelegenen Ostküsten, auch Indonesien und Thailand.

15 Minuten nach dem Erdbeben also erfahren Indonesiens Geophysiker, dass ihre gemessenen Werte falsch sind – doch da ist es schon zu spät, noch irgendjemanden in ihrem Land zu warnen.

Thailand dagegen ist noch unversehrt. Kann ein schweres Erdbeben, über 700 Kilometer vor der eigenen Südwestküste, eine Bedrohung sein? Vor den Provinzen Phuket, Phang Nga und Krabi, wo viele der zwölf Millionen Touristen, die dieses Jahr Thailand besuchten, Urlaub gemacht haben? Wo in den letzten Jahren große Strandhotels oft nur wenige Zentimeter über der Hochwassermarke errichtet worden sind?

Genau da liegt das Problem: Kein Mitarbeiter im thailändischen Meteorologischen Dienst, der für Erdbebenwarnungen zuständig ist, will die devisenbringenden Touristen verunsichern. Oder genauer: will die mächtigen Beamten der Tourismusbehörde in Bangkok gegen sich aufbringen.

Als 1998 die Erde nach einem Beben der Stärke 7,1 bei Papua-Neuguinea ins Rutschen kam und einen lokalen Tsunami auslöste, warnte Thailands Meteorologischer Dienst vor der Gefahr einer Welle – doch die richtete in Thailand keinen Schaden an. Samith Dhamasaroj, der Generaldirektor der Behörde, forderte dennoch, dass in Thailands Südwestprovinzen in einem Uferstreifen von gut 250 Meter Breite aus Sicherheitsgründen keine Gebäude mehr errichtet werden dürften – also auch keine Hotels. Die Verantwortlichen in der Tourismusbehörde waren außer sich. Kurz darauf wurde Dhamasaroj von seinem Posten abgelöst.

Wenn ein Beben der Stärke 7,1 vor Papua-Neuguinea dazu geführt hat, dass der Generaldirektor seinen Posten verliert – wer würde da bei einem Beben von gemeldeter Stärke 8,0 vor Sumatra seinen Job riskieren wollen?

Kein Angehöriger von Thailands Meteorologischem Dienst gibt eine Warnung heraus. Zumindest nicht offiziell.

Allerdings bringt eine thailändische Zeitung einige Tage nach der Katastrophe die Meldung, dass eine Mitarbeiterin des Meteorologischen Dienstes ihren Vater angerufen habe. Der Fischer Prayoon Damrongsiri aus dem Distrikt Takua Pa bereitet am frühen Morgen gemeinsam mit seinem Sohn sein Boot für die Ausfahrt vor, als ihn ein Anruf der Tochter erreicht. Seismische Messgeräte, sagt sie, hätten ungewöhnliche Bewegungen des Meeresbodens registriert. Diese könnten große Wellen auslösen.

Damrongsiri möchte daraufhin erst gar nicht auslaufen – doch sein Sohn schlägt die Warnung in den Wind. Noch nie habe es im Indischen Ozean Tsunamis gegeben. Die beiden fahren hinaus. Das Einzige, was die Mitarbeiterin des Meteorologischen Dienstes erreichen kann, ist das Versprechen ihres Vaters, beim ersten Anzeichen einer ungewöhnlichen Welle nicht zur Küste, sondern hinaus aufs Meer zu fahren, um sich in Sicherheit zu bringen.

Die Meldung in der Zeitung wirkt dubios: Der Fischer will, wird er später berichten, schon gegen 5.30 Uhr von seiner Tochter gewarnt worden sein, und damit rund zweieinhalb Stunden, *bevor* die Erde bebte.

Tatsächlich kann die Tochter ihren Vater erst gegen 8.15 Uhr gewarnt haben. Zu einem Zeitpunkt, da die meisten Fischer längst den Hafen verlassen haben.

Sollte es sich aber tatsächlich doch so zugetragen haben (vielleicht hat sich der Fischer in seinen Erinnerungen nach dem Drama nur in der Zeit des Anrufes seiner Tochter geirrt), dann ist Prayoon Damrongsiri der erste Mensch, der vor dem Tsunami gewarnt worden ist.

30 Minuten nach dem Beben: Die Schockwellen im Erdboden erreichen Indien, Sri Lanka und die Malediven. Überall wackeln die Wände der Häuser.

In einem Regierungsbüro in Chennai (Madras) an Indiens Ostküste studieren P. Chandrashekhar Rao und zwei Kollegen die mächtigen Ausschläge, die der Stift eines Seismographen auf eine Rolle weißes Papier schreibt. Die indischen Forscher haben das Beben rasch registriert und lokalsiert. Rao befürchtet, dass es einen Tsunami auslösen könnte – doch er hat kaum Kenntnisse über dieses Phänomen und weiß nicht, was er tun soll.

Er ruft die Zentrale des Meteorologischen Dienstes in Neu-Delhi an und meldet die Werte. Sonst unternimmt er nichts.

Sri Lankas Wetteramt ist in Colombo in einem ehrwürdigen alten Haus untergebracht. Doch für moderne Ausrüstung fehlt das Geld. Es verfügt nicht über einen Seismographen. Als – kurz nachdem das Erdbeben auf der Insel spürbar war – die

Die Woge zerschlägt Schiffe und Lagerhäuser, die Infrastruktur mehrerer Häfen versinkt im Meer – so wie in der einstmals geschäftigen Provinzmetropole Banda Aceh. Kilometerweit sind alle Wege um die einst 150 000 Einwohner zählende Stadt unpassierbar und die Böden auf vielen Quadratkilometern Fläche versalzen

ersten Anrufe besorgter Bürger dort eingehen, setzt sich Sarath Premalal an den Computer und surft im Internet. Er ist der einzige diensttuende Meteorologe; an diesem Sonntagmorgen steht er am Ende einer 24-Stunden-Schicht.

Mit einer Hand hält er den Telefonhörer, mit der anderen bedient er die Computermaus. Schließlich landet er auf der Internetseite des US-amerikanischen Geologischen Dienstes. Dort sind inzwischen die Daten des PTWC und anderer Messstationen veröffentlicht worden. So erhält, rund 15 Minuten nachdem Weinstein und Hirshorn das erste Bulletin versendet haben, auch der diensthabende Meteorologe Sri Lankas die vorläufigen Ergebnisse der US-Forscher.

„Machen Sie sich keine Sorgen", beruhigt Premalal eine Anruferin, „es ist weit weg. Wir wissen bereits davon."

Kurz darauf aber bespricht er mit seinem inzwischen eingetroffenen Chef Jayatilaka Banda, dem stellvertretenden Direktor des Wetterdienstes, die Möglichkeit, ob das Beben einen Tsunami ausgelöst haben könnte.

Banda denkt kurz daran, Fernseh- und Radiostationen zu informieren. Doch dann entscheidet er sich dagegen, denn er fühlt sich dazu nicht autorisiert. Stattdessen weist er seinen Mitarbeiter an, im Internet nach weiteren Informationen zu suchen. Für die nächsten 105 Minuten werden sie über ihre Vermutungen diskutieren und nach aktuelleren Fakten fahnden.

Sie informieren niemanden.

Andamanen und Nikobaren: die entlegenen Inseln

CAR NICOBAR, indischer Luftwaffenstützpunkt, 35 Minuten nach dem Beben. Eine mindestens zehn Meter hohe Welle fegt über die Militärbasis. Der Tower des Flughafens stürzt um, das Hauptquartier und andere Gebäude werden von der Welle verwüstet, der Beton der Landebahn bricht und reißt. 1700 Soldaten und deren Angehörige sind hier stationiert, mindestens 102 von ihnen ertrinken.

Die Nikobaren und Andamanen sind die Gipfel eines versunkenen Gebirges. Manche Inseln ragen mehrere hundert Meter hoch über den Wasserspiegel auf, doch die meisten sind flach, umgeben von Korallenriffen, Stränden und Mangrovenwäldern. Das indische Mutterland liegt 1500 Kilometer weiter westlich, das Epizentrum des Bebens ungefähr 700 Kilometer südöstlich.

Die 20 000 Nikobaresen sind eines der beiden urzeitlichen Völker mongolider Abstammung und das bei weitem größte eingeborene Volk der Inselgruppe. Viele von ihnen arbeiten in der indischen Verwaltung oder in den Städten der gut 300 000 indischen Kolonisten auf den Eilanden. Die meisten Nikobaresen sind Christen.

Moses Reuben ist einer von ihnen und an diesem Sonntagmorgen in der Kirche. Gerade hat ein Gebet begonnen, als die Welle zuschlägt. Plötzlich steigt das Wasser an der Küste rasend schnell an. Es ist der Lärm, der viele Einwohner von Car Nicobar alarmiert: ein schreckenerregendes Rollen. Ausgerissene Bäume wirbeln in der Woge.

Doch die Flut steigt nicht nur aus dem Meer: Nach dem Erdbeben, das die Insel nur Minuten zuvor erschüttert hat, haben sich Risse im felsigen Boden aufgetan. Durch die drückt nun ebenfalls Wasser hoch und überflutet das Eiland.

Reuben eilt zum Haus der Familie. Sein Sohn Paul will den Enkel Melchior retten, einen zweijährigen Jungen, der noch schläft. Der Vater kann ihn nicht wecken, also hebt er ihn hoch. Doch das Wasser ist schneller: Zunächst wird ihm das Kind aus den Armen gerissen, dann verschwinden Vater und Sohn vor den Augen des Großvaters im zusammenstürzenden Haus. Auch der andere Enkel ertrinkt. Er ist neun Monate alt.

Moses Reuben und andere Überlebende retten sich auf höher gelegene Teile der Insel – hinein in den Dschungel. Die verängstigten Menschen müssen sich vor Pythons in Acht nehmen und vor grünen Giftschlangen. Außerdem treibt die Welle Krokodile aus den Mangroven tief ins Binnenland.

15 Dörfer liegen auf Car Nicobar – alle an der Küste. Zwölf werden von dem Tsunami ausgelöscht, die Welle lässt kein Gebäude stehen, die Holzhütten nicht und auch nicht die modernen Bauten aus Beton. Alle Anlegestellen und Häfen werden binnen Sekunden zerschmettert. In der Stadt Malacca lagert die Welle eine dicke Sandschicht ab, aus der nur noch die Arme einiger Toter herausragen.

Auf einigen anderen Inseln ist es ähnlich (manche dagegen werden durch vorgelagerte Eilande oder Riffe vor der Wucht der Welle bewahrt). Indira Point etwa, der südlichste Landflecken der Inselkette und somit zugleich der südlichste Punkt des indischen Staates, ist Heimat einer Population großer Lederschildkröten – und von sechs Wissenschaftlern, welche die Tiere studieren, sowie deren Familien. Von den Menschen fehlt seit dem Tsunami jede Spur.

Andere Einwohner dagegen haben unwahrscheinliches Glück. Wie der 14 Jahre alte Murlidharan, der am Strand vor dem Dorf Tapomming mit Freunden Kricket spielt, als das Wasser kommt. Der Junge kann nicht schwimmen, was seine Angst ins Unermessliche steigert. Seine Freunde verschwinden in Strudeln, er aber rettet sich auf einen Baum. Elf Tage und Nächte bleibt er dort hocken, denn das Meer fließt nicht wieder ab und er, der Nichtschwimmer, will nicht riskieren, im nur noch brusttiefen Wasser unterzugehen. Am Ende jedoch sinkt er entkräftet vom Baum. Retter finden ihn und sprechen von einem medizinischen Wunder: Murlidharan, knapp 1,50 Meter groß, wiegt nur noch 21 Kilo.

Oder wie die 13-jährige Meghan Rajashekhar, die sich im Chaos an einer ausgerissenen Tür festklammert und auf das Meer hinausgezogen wird. Zwei Tage treibt sie dort, nachts sieht sie Schlangen im Wasser. Dann erst kann sie wieder an Land schwimmen – wo andere Überlebende sie finden und mit Kokosmilch und Essen versorgen.

Doch mehr als 1000 Menschen auf Car Nicobar sterben oder sind seither verschollen.

NIEMAND WEISS GENAU, was die anderen Urvölker auf den Inseln in jenen Katastrophenminuten getan, was sie gedacht haben. Doch eines ist sicher: Sie haben gewusst, was auf sie zukommt.

Denn diese Völker haben sich, anders als die Nikobaresen, nie an die moderne Welt angepasst – und dafür einen hohen Preis bezahlt. Ethnologen und Anthropologen sehen sie schon seit Jahren „auf dem Weg in die Ausrottung". Die Naturvölker leiden unter den Siedlern, die in ihr Land eingedrungen sind, vor allem aber unter den Seuchen, welche Inder und, im 19. Jahrhundert, als sie die Eilande als Strafkolonie nutzten, Briten eingeschleppt haben.

Die Schompen etwa, neben den Nikobaresen das zweite mongolide Volk der Eilande, leben in dem Dschungel auf Great Nicobar und zählen vielleicht noch 150 Angehörige.

Die negriden Gruppen auf den Andamanen – Abkömmlinge der urtümlichsten Menschen Asiens – sind ähnlich klein: 266 Jarawa auf South und Middle Andaman, 98 Onge auf Little Andaman, 45 Großandamanesen auf den Strait Inseln – und eine unbekannte Zahl, vielleicht 200, von Sentinelesen auf der gleichnamigen Insel.

Götter sie glauben, wann und wie sie das abgelegene Eiland besiedelt haben.

Das aber ist sicher: Die Onge und die Sentinelesen und wahrscheinlich auch die anderen drei kleinen Völker haben das Menetekel erkannt. Sie müssen gewusst haben, dass eine Riesenwelle droht, wenn sich nervöse Tiere plötzlich ins Land zurückziehen und zugleich das Meer ungewöhnlich weit zurückweicht. Vielleicht haben die Tiere mit ihren feineren Sinnen den Lärm des Tsunami schon von weitem gehört. Vielleicht haben sie das Zittern des Bodens gespürt oder winzigste Änderungen des Luftdrucks.

Die Sentinelesen und die anderen steinzeitlichen Jäger, Sammler und Fischer jedenfalls, die, um überleben zu können, die Zeichen der Natur genauestens beachten müssen, haben die Warnsignale erkannt und sind tief in den Dschungel geeilt, weit weg vom Meer. Die Völker müssen ihre Lager in Küstennähe irgendwann in den Minuten nach dem Erdbeben verlassen haben. Im Urwald haben sie sich versteckt – noch mehrere Tage nach dem Unglück, als indische Retter mit Hubschraubern und

Nach 35 Minuten trifft die Welle auf die Inseln der **Naturvölker**. Doch die sind gewarnt

Die Sentinelesen: Mit Pfeilschüssen und Steinwürfen überschütten sie jeden, der es wagt, an ihrem Eiland zu landen, ja, sie beschießen sogar Hubschrauber, die sich zu tief hinabwagen. Einige Forscher, die sich zu ihnen begeben wollten, haben dieses Unternehmen noch vor wenigen Jahren mit dem Leben bezahlt. Seit 1991 hat die indische Regierung nicht nur jeden Versuch aufgegeben, Kontakt mit ihnen herzustellen, sie hat ihre Insel auch vollständig gegenüber allen Fremden abgeriegelt.

Niemand weiß bis heute, welche Sprache die Sentinelesen sprechen, welche Mythen sie sich erzählen, an welche

Booten die Inseln absuchen, werden sie keine Spur von ihnen finden.

Gut möglich, dass im kollektiven Gedächtnis der Sentinelesen und der anderen Völker Erinnerungen an frühere Tsunamis gespeichert sind: halb mythische Geschichten von Riesenwellen, die von einer Generation der nächsten weitererzählt werden. Die Polynesier jedenfalls, auf ihren pazifischen Eilanden jahrhundertelang ähnlich weltabgeschieden wie die Eingeborenen der Andamanen und Nikobaren, haben die Geschichte der Besiedlung einer jeden Insel über 500, ja manchmal fast 1000 Jahre hin in legendenhafter Form weitergegeben. Der Ausbruch des Krakatau und der anschließende Tsunami dagegen sind erst gut 120 Jahre her – vier Generationen. Ein Augenblick nur in der Geschichte von Völkern, die seit Jahrzehntausenden am gleichen Ort durchhalten.

So vollbringen die Menschen des Paläolithikums das, was den Menschen des Atomzeitalters nicht gelingen will: Sie retten sich vor der Apokalypse.

Vorerst zumindest.

Denn auch die Sentinelesen und die anderen Völker können zwar sich selbst, nicht aber ihre Inseln vor der zerstörerischen Kraft des Tsunami bewahren. Viele Strände werden von der Welle weggerissen. Korallenriffe sind zerschmettert, oder erstickt unter dem hinausgeschwemmten Sand, oder durch das Beben aus dem schützenden Wasser hinausgehoben. Mangrovenwälder sind zerschlagen, Böden und Quellen an vielen Stellen versalzen. Manche Eilande stehen tagelang unter Wasser, einige von ihnen werden vielleicht nie wieder aus dem Ozean auftauchen. Die Insel Teressa ist durch die Gewalten in zwei, Trinkat gar in drei Teile zerrissen worden.

Wälder, in denen die steinzeitlichen Jäger bis vor kurzem Wildschweinen nachstellten, sind verschwunden; durch Korallenriffe geschützte Lagunen, in denen sie Schildkröten harpunierten, sind verwüstet; Wasserstellen verschwunden oder versalzen.

So schlagen sich etwa 73 der 98 Onge nach der Welle bis zu einem indischen Flüchtlingscamp durch. Dort allerdings werden sie nicht nur versorgt, sondern lernen innerhalb von Tagen auch Alkohol und Tabak kennen.

Keiner kann sagen, ob die Naturvölker den nun erzwungenen Kontakt zur modernen Zivilisation und die Verwüstung eines Teils ihrer Jagd- und Fischgründe auf Dauer zu überstehen vermögen. Oder ob diese „entferntesten Cousins des heutigen Menschen", wie sie ein Forscher einmal genannt hat, durch die Folgen des Tsunami doch noch kulturell, vielleicht gar physisch ausgelöscht werden.

DIE SIEDLER UND SOLDATEN auf den Inseln werden, zumindest in den ersten Stunden der Katastrophe, viel härter getroffen als die indigenen Völker. Doch immerhin gelingt einem von ihnen, was bis dahin noch keiner vermocht hat: Er schickt einen Warnruf in die Welt.

Es ist ungefähr 7.20 Uhr in Indien, als ein Controller am Verkehrsflughafen von Chennai an Indiens Ostküste einen „Mayday"-Ruf auffängt. Ein Funker der verwüsteten Militärstation auf Car Nicobar meldet, dass ihre Basis von einem Erdbeben und einer Flutwelle schwer getroffen worden sei. Der Funkspruch ist eigentlich an eine militärische Stelle gerichtet, doch der Controller in Chennai hört ihn zufällig mit.

Per Telefon unterrichtet dieser daraufhin die Militärs der Luftwaffenbasis am Stadtrand. Den Soldaten dort gelingt es, Funkkontakt mit Car Nicobar aufzunehmen. Schnell wird klar, dass die Station verwüstet, die Start- und Landebahn aber noch benutzbar ist. Flugzeuge werden losgeschickt.

So erfahren die Militärs am Rande von Chennai von einer Flutwelle. Nur ein paar Kilometer weiter in einem Büro in derselben Stadt studiert der Forscher Chandrashekhar Rao noch immer die Bebenwerte seines Seismographen und macht sich Gedanken über die Gefahren eines Tsunami. Doch Soldaten und Experten wissen nichts voneinander. Kein Offizier denkt daran, die Regierung in Neu-Delhi oder überhaupt irgendeinen Zivilisten über die Meldung aus Car Nicobar zu informieren. „Der Job der indischen Luftwaffe ist es, Kriege zu führen und Hilfsaktionen durchzuführen – nicht, Tsunamis vorherzusagen", rechtfertigt sich später ein Offizier.

Seit dem Beben sind 52 Minuten vergangen.

Malacca auf Car Nicobar. Die meisten der rund 350 000 Einwohner der gesamten Inselgruppe sind aus Indien eingewandert. Ihre Städte und Häfen – sowie einen großen Militärstützpunkt – werden von der Woge unvorbereitet getroffen

Auf den zu Indien gehörenden Inselgruppen der Andamanen und Nikobaren leben noch Naturvölker, deren Krieger alle Fremden mit Pfeilen beschießen. Sie überleben die Welle, weil sie den Tieren folgen, die ins Hinterland fliehen

Die nächste Chance wird vertan

61 Minuten nach dem Beben: Es ist jetzt 8.00 Uhr morgens in Sri Lanka. Anna Lechner und Thomas Elmerhaus schlendern zum Frühstücksraum im Erdgeschoss ihres Hotels. Die meisten Touristen allerdings wohnen, wie das Ehepaar aus Hamburg, in Bungalows direkt hinter dem Strand. Nur ein nicht einmal kniehoher Wall aus Natursteinen trennt das Areal des Resorts vom Sand ab – nicht mehr als eine Grenzmarkierung und ein eher symbolischer Wellenschutz.

Das Hotel ist gut belegt, viele Gäste kommen aus Deutschland. Anna Lechner und Thomas Elmerhaus kennen schon einige von ihnen, zumindest vom Sehen: darunter ein anderes Paar aus Hamburg – sie ist Psychologin, ihr Mann schleppt fast überall eine riesige Foto- und eine ebenso massige Filmtasche mit; eine stark gehbehinderte Frau, die mit einer Freundin angereist ist, und ein Mann, der 10 000 Euro in einer Plastiktüte im Hotelsafe deponiert hat. Manche Gäste munkeln, er sei ein Bauunternehmer, der das Geld seiner deutschen Familie vorenthalten und irgendwie „in Sri Lanka unter die Leute bringen" wolle.

Anna Lechner hat sich auch schon mit Einheimischen angefreundet: mit Betreuerinnen aus dem Hotel, mit Jungs, die ihre freie Zeit am Meer verbringen,

r dem Tsunami standen 15 Dörfer auf Car Nicobar, einer der südlichen Inseln
r Gruppe. Zwölf Ortschaften werden zu Trümmerwüsten. Über 1000 Menschen sterben,
nd 16 000 werden obdachlos – etwa drei Viertel der Bevölkerung

f Car Nicobar gibt es nur einen Fluchtweg: hinein in den höher
legenen Dschungel. Wer der Welle entkommt, muss tagelang im Urwald
sharren, wo Pythons, Giftschlangen und Krokodile leben

mit der uralten Verkäuferin, die jeden Tag am Strand Kokosnüsse und Räucherstäbchen feilbietet.

Anqusauy Parameswaran, der Fischer, der sich an der bürgerkriegsgeplagten Ostküste eine Existenz aufgebaut hat, genießt die ruhigen Stunden nach getaner Arbeit. Seine Frau steht in der Küche und kocht, er und die 15-jährige Tochter Mary lesen Zeitung.

Die ersten thailändischen Familien aus Kamala finden sich im Kloster des Abtes Phra Ajarn Toy ein. Es liegt direkt an der Bucht, nur wenige Schritte entfernt vom Meer. Die Menschen lassen sich in einem Nebengebäude auf Matten nieder, spenden Ananas und Reis und entzünden Räucherstäbchen. Sie lauschen den Gebeten der Mönche. Phra Ajarn Toy ruft die verstorbenen Ahnen an.

Pacific Tsunami Warning Center, 16.04 Ortszeit, 65 Minuten nach dem Erdbeben: Eigentlich wollte Dr. Charles McCreery an diesem Nachmittag zwei rosafarbene Fahrräder zusammenschrauben, Weihnachtsgeschenke für seine vierjährigen Zwillingstöchter. Doch vor 19 Minuten ist er von Weinstein und Hirshorn alarmiert worden: McCreery, 54, ist Direktor des PTWC. Seine beiden Mitarbeiter sind mittlerweile so besorgt, dass sie ihren Chef aus der Weihnachtsruhe aufgestört haben.

Denn inzwischen haben Weinstein und Hirshorn neue Daten durchgerechnet: Die langsameren, durch tiefere Erdschichten laufenden seismischen Wellen lassen auf ein Beben der Stärke 8,5 schließen.

McCreery besieht sich die Ergebnisse. Ein lokaler Tsunami sei möglich, befindet er, aber kein „Teletsunami“ – eine Welle, welche über Tausende Kilometer läuft.

Nun lässt McCreery ein zweites Bulletin versenden. Es enthält die neuen, geschätzten Erdbebenwerte und den ominösen Zusatz: „Es besteht die Möglichkeit eines Tsunami nahe dem Epizentrum.“

Diese Meldung geht bei Thailands Meteorologischem Dienst ein – und endlich reagieren die dortigen Mitarbeiter. Sie informieren aber nicht etwa die Medien, die Polizei oder irgendwelche Beamten in den bedrohten Provinzen, sondern stellen um 9.20 Uhr eine Meldung auf ihre Website im Internet, in der sie vor einem „Erdbeben und gefährlichen Meeresströmungen“ warnen.

Thailand: das ahnungslose Paradies

Vor der Westküste Thailands, um 10.00 Uhr Ortszeit, 2.01 Stunden nach dem Beben: Prayoon Damrongsiri hat mit seinem Sohn die Netze ausgeworfen. Das Boot des thailändischen Fischers, der möglicherweise von seiner Tochter beim Meteorologischen Dienst vor einer Riesenwelle gewarnt worden ist, dümpelt gut drei Kilometer vor der Küste. Seit einiger Zeit verhält sich das Meer seltsam.

Vor wenigen Minuten hat Damrongsiri hier die Korallen am Grund des

Der Tsunami kommt nicht überall als monströse Woge über die Küste. Manchmal ist es, wie in der Bang-Tao-Bucht in Thailand, als würde das Meer einfach überlaufen. In Sekunden sind Strand und Liegewiese überschwemmt – so rasch und heftig, dass Menschen, die unter den Palmen stehen, nicht einmal die wenige Meter entfernten Hotelbalkons erreichen (zu dieser Sequenz gehört auch das Titelbild)

Ozeans erblickt – zum ersten Mal in seinem Leben. Niemals zuvor ist so weit draußen das Wasser so klar gewesen. Und nun spürt er plötzlich eine ungeheure Kraft unter sich. Er fühlt, wie sein Boot hochgehoben wird und immer höher: Eine gewaltige Welle rauscht unter ihm hindurch.

Er beherzigt den Rat seiner Tochter und nimmt eilig Kurs aufs offene Meer. Fünf andere Fischer, die ebenfalls mit ihren Booten draußen sind, machen sich dagegen sofort in panischem Schrecken auf den Weg zum Ufer. Damrongsiri wird sie nie wiedersehen.

Als die Welle unter seinem Boot durchläuft, ist sie noch einige Sekunden von Thailands Küste entfernt.

Es ist Hauptsaison in Thailand. Etliche zehntausend Touristen sind im Land, vor allem Europäer. Viele machen Urlaub an den Stränden von Phuket, Kamala, Ko Phi Phi, Phang Nga und Ko Lanta. Die Eilande und die schmale Halbinsel waren noch bis in die 1990er Jahre hinein Sumpf- und Mangrovengebiete und damit ideale Auffangregionen für Hochwasser oder Regenfluten. Doch seit gut einem Jahrzehnt sind hier große Hotelkomplexe entstanden.

Viele Bäume sind abgeholzt worden, der Boden ist stellenweise durch Beton und Asphalt versiegelt. Es ist kein Areal mehr da, an dem Wasser, ohne Schäden anzurichten, abfließen oder versickern könnte.

Manche Touristen schlafen noch in ihren Bungalows am Meer, die am Strand, bei einigen Luxusresorts sogar auf Stelzen im Wasser errichtet sind. Andere sitzen beim Frühstück. Viele aber sind schon aufgestanden und vergnügen sich im Meer.

Sie gehören zu den Ersten, welche die Gewalt der Welle spüren.

So wie Luke Simmonds aus London. Der Manager einer Media-Agentur ist seit sechs Tagen im Land. Er ist ein erfahrener Taucher, doch an jenem Morgen hat er beschlossen, zusammen mit einem dänischen Freund eine Runde Wasserski zu fahren.

Simmonds macht sich gerade bereit, als das Wasser aus der Lagune vor Ko Phi Phi verschwindet. Binnen Sekunden ist es so flach, dass Wasserskifahren unmöglich ist. Simmonds, der dänische Freund und ein einheimischer Steuermann hocken im Motorboot und sind ratlos. Weiter draußen sehen sie ein Pärchen in einem Kajak. Die zwei scheinen gegen eine Strömung anzukämpfen, die sie hinauszieht. Dann werden sie plötzlich von einer klein aussehenden Welle wieder in die Lagune gespült.

„Sie scheinen Spaß zu haben“, denkt Simmonds noch.

Dann ist der Tsunami da.

Plötzlich taumelt ihr Motorboot am Fuß einer zehn Meter hohen Wasserwand, die sich scheinbar aus dem Nichts aufgebaut hat und nun in einer Breite von mindestens einem Kilometer auf den Strand zurast.

„Bring uns hier raus!“, schreit Simmonds zum Steuermann. Doch obwohl der Vollgas gibt, wird das Boot zur Welle hingesogen – dann scheint die Woge direkt über ihnen zu kollabieren.

Simmonds zieht den Kopf ein, wird aus dem kenternden Boot geschleudert. Als Taucher weiß er, dass es keinen Sinn hat, gegen eine Strömung anzuschwimmen, zu groß ist die Kraft des Wassers. Er kämpft sich hoch – und hat Glück, in der Nähe eine Rettungsweste zu erblicken, die wahrscheinlich aus ihrem gekenterten Boot gefallen ist. Er kann sie greifen. Dann wird er von der Welle mitgerissen – weit hinein ins Land.

Die Strömung treibt ihn direkt auf die Gebäude des Cabana-Hotels zu. Er verfängt sich in einer Balkonbrüstung im ersten Obergeschoss – und steckt fest, unter Wasser. Doch Simmonds klammert sich mit aller Kraft an die Schwimmweste. Und die zieht ihn schließlich wieder zur Oberfläche.

Er wird weitergewirbelt, treibt hinter die Rückseite des Hotelkomplexes. Erst hier findet er die Kraft, bis zu einem Baum zu schwimmen und an ihm hochzuklettern. Simmonds ist gerettet.

Auch Eugene Kim, 34, und Faye Linda Wachs, 35, haben Glück. Das Ehepaar aus Santa Monica in Kalifornien taucht, einige Seemeilen Luftlinie von Simmonds entfernt, in etwa 20 Meter

Tiefe zusammen mit einem Tauchlehrer, als alle drei plötzlich von einem Sog noch weiter hinuntergesaugt werden. Sand vom Ozeanboden wird aufgewirbelt. Alles ist weiß. Kim wird von seiner Frau und dem Tauchlehrer getrennt und herumgestoßen. Er kracht in ein sieben Jahre altes Wrack am Meeresgrund, dann gerät er in die Tentakeln giftiger Quallen, die ihm Hals, Brust, Arme und Schultern verbrennen.

Mühsam kämpft er sich hoch. Andernorts vor der Küste, etwa in der berühmten Emerald Cave weiter im Süden, werden in jenen Augenblicken manche Taucher für immer in die Tiefe gezogen.

Die beiden Kalifornier jedoch haben Glück: Am Boot trifft Kim seine Frau wieder. Sie umarmen sich. Noch aber wissen die beiden nicht, was wirklich geschehen ist. Vieleicht sind sie in eine seltsame, gefährliche Strömung geraten. An der Meeresoberfläche jedenfalls ist alles ruhig geblieben.

Doch als sie mit dem Boot Richtung Ko Phi Phi fahren, erblicken sie im Meer, noch rund acht Kilometer vor der Küste, Wasserflaschen, Holzstücke, Plastiktüten, einen Stuhl auf den Wellen. Dann Bettdecken, Teppiche, einen Fußball. Dann rund 40 losgerissene Vergnügungs-, Tauch- und Fischerboote.

In diesem Augenblick erhält ein schwedischer Tourist an Bord ihres Bootes eine SMS auf seinem Handy. Seine Frau informiert ihn, es habe „eine Katastrophe“ gegeben.

„Was meinst du damit?“, sendet er zurück.

Als Antwort kommt nur ein Wort: „Tsunami.“

Auf dem Wasser treiben jetzt Brieftaschen, Rucksäcke, Badelatschen, Bambusrohre.

Und dann Körper.

Der erste ist eine männliche Leiche mit Verletzungen an Hals, Rücken, Armen und Beinen. Den beiden Kalifor-

In Thailand ist Hauptsaison. Zehntausende von Reisenden sind im Land. Viele sind in den Hotels abgestiegen, die erst während der vergangenen 15 Jahre an der Südwestküste hochgezogen worden sind. Die Resorts liegen oft nur wenige Meter über dem normalen Meeresspiegel und werden binnen Sekunden überschwemmt – so wie dieses in Khao Lak, wo ein Tourist im letzten Moment zu fliehen versucht

niern gelingt es, den Körper mit einem Seil am Boot zu befestigen.

Dann erblicken sie den Leichnam eines Teenagers.

Und dann ein totes Kleinkind.

Fast überall an Thailands Südwestküste ist das Wasser kurz zuvor ungewöhnlich weit zurückgegangen. Touristen und Einheimische waten in bis dahin überfluteten Riffen und sammeln exotische Fische, die sich auf Felsen und Korallen winden. Viele sehen da schon den Tsunami: eine blauschwarze Wand am Horizont. Doch es dauert mehrere Sekunden – Sekunden, in denen die Menschen plötzlich in ihren Bewegungen innehalten und schweigend hinausstarren –, bis die Ersten begreifen, dass dort eine Wasserwand auf sie zukommt. Und dass sie rasend schnell ist.

Da ist es für viele schon zu spät.

Nur wenigen gelingt es, dem Wasser davonzulaufen. Christianna Savino, 20, und ihr Freund Jake Duhart, 21, etwa haben die Welle früh kommen sehen. Die beiden Amerikaner arbeiten als Lehrer in Bangkok. Sie sind begeisterte Freeclimber – und hängen in jenem Moment gerade in den Klippen am Strand von Rai Le bei Krabi, etwa 13 Meter hoch über dem Meer.

Von hier aus gleicht die Welle nicht einer dunklen, sondern einer weiß wirbelnden Wand aus Wasser. Die beiden Lehrer lassen sich eilig die Klippe hinunter und laufen vom Strand aus wieder auf höheres Land – gerade noch rechtzeitig.

Doch schon die erste von zwei Wellen, die, je nach Küstenabschnitt, 6,50 bis zehn Meter hoch sind, reißt die meisten der Fliehenden von den Beinen und spült sie tief hinein ins Land.

Dort treffen die wirbelnden Wasser die Menschen gänzlich unvorbereitet.

Gegen die Landbrücke von Ko Phi Phi Don brandet von rechts die tobende Woge des Tsunami – während in der jenseitigen Bucht das Meer so still daliegt wie immer

Eine Warnung, die fast niemand erkennt: Vor der ersten Welle zieht sich das Meer außergewöhnlich weit zurück, etwa bei dem thailändischen Ort Krabi. Viele Touristen erkunden daraufhin die seichten Stellen – und werden von der plötzlich heranschäumenden Wasserwand überrascht

Patrick Green und Becky Johnson wollen gerade abreisen. Die beiden 28-jährigen Lehrer an der amerikanischen Schule in Singapur stehen mit ihrem Gepäck im Aufzug ihres Hotels, als sie ein beunruhigendes Rumpeln hören. Dann menschliche Schreie. Das Licht im Fahrstuhl flackert. Als der Lift schließlich unten zum Halten kommt und die Türen zurückgleiten, ergießt sich schmutziges Wasser in die Kabine. Die Lobby des Hotels steht bereits hüfthoch in schäumenden Fluten. Die beiden kämpfen sich ins Freie: Draußen wirbeln Bäume, Tische, Autos, Menschen vorbei.

Ein Spielplatz wird Patrick Green und Becky Johnson zur Rettungsinsel. Den beiden gelingt es, sich an ein Gerüst zu klammern und sich daran bis über den Wasserspiegel hochzuhangeln.

Phra Ajarn Toys Lebensretter ist eine massive Kabeltrommel. Der Abt betet mit seinen Mönchen und mit Gläubigen im Kloster, als er von draußen ein Grollen vernimmt. Augenblicke später stürzt eine Wand ein, niedergerissen von der anströmenden Woge. Der Abt wird herumgerissen und unter Wasser gedrückt. Buddhastatuen, goldene Vasen und mit Perlmutt belegte Gabentische nimmt die Flut mit. Phra Ajarn Toy

Die Küsten Thailands werden, wie viele der betroffenen Regionen, von zwei Wellen getroffen, die im Abstand von wenigen Minuten auflaufen. Ein Tourist filmt in Phuket die zweite Woge, die sich binnen Sekunden bis zur Höhe der Baumwipfel auftürmt und dann in die Hotelanlage bricht. Später, als sich die ersten Neugierigen wieder an die Küste wagen, sind manche Bauten, wie der kleine Pavillon vorne links, spurlos verschwunden

kommt nur für wenige Augenblicke an die Oberfläche, schnappt nach Luft, wird dann wieder hinabgesogen. Dreimal. Dann bekommt er eine große Kabeltrommel zu fassen, auf die er sich hochziehen kann. Er ist mit seinen Kräften am Ende und erbricht Salzwasser, aber er ist den Wirbeln entkommen.

Für Tausende an Thailands Küste, Touristen wie Einheimische, ist die Frage von Leben und Tod in diesen Minuten eine des Glücks. Wer eine herumwirbelnde Rettungsweste packen kann, ein Klettergerüst, eine Kabeltrommel, der kommt davon. Wer nichts ergreifen kann, wird unter Wasser gedrückt oder von der nach wenigen Minuten wieder zurückfließenden Welle unentrinnbar weit aufs Meer hinausgezogen. Taucher können an einer Stelle der Strömung entkommen – ein paar Seemeilen weiter dagegen nicht. Bootsfahrer und Fischer, die genug Wasser unter dem Kiel haben, spüren fast nichts – wer nur einige Meter näher an der Küste fährt, ist verloren.

Nur wenige sind in jenen Minuten in einer Position, in der sie ihr Leben noch selbst in die Hand nehmen können und nicht der Naturgewalt gänzlich ausgeliefert sind. Sie können auf die Gefahr reagieren und sich richtig verhalten – oder fatal falsch.

Das Volk der Morgan etwa gehört, vergleichbar den Völkern auf den Andamanen und Nikobaren, ebenfalls zu den Ureinwohnern Asiens. Die rund 180 Menschen leben auf der kleinen Insel Surin Tai – wenn auch längst nicht mehr so isoliert wie die Gruppen auf den indischen Eilanden. Warnsignale von Tieren haben sie nicht bemerkt. Doch als sich das Wasser zurückzieht, schreit der Dorfälteste Salaman: „Rennt, so schnell ihr könnt! Das Wasser kommt!“

Die Morgan eilen aus ihren am Strand errichteten Strohhütten ins Binnenland. Ihr Dorf und ihre Fischerboote werden zerschmettert – doch sie selbst entkommen der Welle.

Auch der Sohn des Fischers Rin Riebroy weiß das zurückweichende Wasser richtig zu deuten. Rin Riebroy und sein Sohn stehen an Bord des 20 Jahre alten Kutters „Rungsiri“ im Hafen von Ban Nam Khem. Da fällt der Pegel von sieben auf zwei Meter.

Der Sohn hat vor einiger Zeit einen TV-Bericht über Tsunamis gesehen – jetzt ist es so weit, denkt er. Sein Vater wendet in aller Eile, will hinaus aufs offene Meer. Doch der alte Kutter ist zu träge. Die erste Welle erwischt die „Rungsiri“ im Hafen, der 61 Jahre alte Fischer wird herumgeschleudert und schlägt sich die Schläfe blutig. Als er wieder zur Besinnung kommt, stellt er fest, dass sein Schiff noch schwimmt. Nur weiter!

Als nach einigen Minuten die zweite Welle herandonnert, wird die „Rungsiri“ um neun Meter angehoben. Doch sie bleibt auf Kurs. Vater und Sohn steuern den Kutter durch den Tsunami hinaus auf die rettende hohe See.

60 Schiffe liegen an jenem Morgen im Hafen. Dank der Vorahnung des Sohnes und des gewagten Manövers des alten Fischers ist die „Rungsiri“ eines von nur zweien, die nicht zerschmettert werden.

Doch für manche Menschen wäre es besser gewesen, wenn die Welle ihnen keine Zeit zum Nachdenken gelassen hätte: Die 46 Jahre alte Sucharee Taolek etwa ist Lehrerin im Bezirk Suksamran. An diesem Sonntagmorgen unterrichtet sie zwölf Schüler im Thai-Tanz; sie üben für Feierlichkeiten zum bevorstehenden Neujahrsfest. Ihre Schule liegt höher als der Strand und damit vergleichsweise sicher. Als Sucharee Taolek jedoch die Welle erblickt – „ein Vorhang aus Wasser auf dem Weg zum Ufer“, wird ein Augenzeuge den Anblick des Tsunami hier später beschreiben –, ruft sie ihre Schüler zusammen, um dieses Schauspiel aus der Nähe zu betrachten.

Sie geht mit ihnen hinunter, der Welle entgegen. Die Lehrerin und neun ihrer Schüler bezahlen diesen Leichtsinn mit ihrem Leben. Sucharee Taoleks Körper wird man später rund einen Kilometer weit fortgespült von ihrer Schule finden.

Andernorts haben Kinder mehr Glück. In Ban Nam Khem wird der dreijährige Wathanyu Suthipong von der Welle in den Wipfel eines Mangrovenbaumes gespült, wo er drei Tage lang überleben wird, bis ihn zufällig die Crew eines Polizeibootes entdeckt.

Wer, wie in dieser Ferienanlage auf Ko Racha, nicht unmittelbar am Strand ist, hat eine Chance, der Woge zu entkommen. Doch es ist Sonntagmorgen – viele Touristen schlafen noch in ihren Bungalows, die binnen weniger Augenblicke mehrere Meter hoch überspült werden

Der zweijährige Hannes Bergström, Sohn eines schwedischen Ehepaares, wird nach dem Tsunami allein an einer Straße bei Khao Lak aufgelesen. Seine Haut ist stellenweise abgeschürft, er hat Moskitostiche, ist aber ansonsten unverletzt. Niemand weiß, wie er dorthin gekommen ist – und zunächst ahnt auch keiner, wer der Junge ist.

Das Foto des namenlosen blonden Kindes wird im Internet veröffentlicht – und ein Onkel in Göteborg erkennt es wieder. Hannes Bergström, einmal identifiziert, kann kurz darauf von seinem Vater in die Arme geschlossen werden, der verletzt in einem Krankenhaus von Phuket liegt. Seine Mutter jedoch wird er nie wiedersehen.

Susanne Bergström gehört zu den fast 8500 Toten, die der Tsunami in Thailand fordert. Knapp ein Drittel von ihnen sind Touristen – jene devisenbringenden Fremden, deren Ruhe zuliebe niemand beim thailändischen Meteorologischen Dienst gewagt hat, vor der zerstörerischen Welle Alarm zu schlagen.

Tödliche Ausläufer: Malaysia, Myanmar, Bangladesch

Um diese Zeit werden auch Thailands Nachbarstaaten Malaysia, Myanmar (Birma) und Bangladesch getroffen – doch weitaus weniger hart.

Am Batu-Ferringhi-Strand auf Pinang, einer Insel vor Malaysias Küste, spült das Meer plötzlich durch das Haus der Familie Suppiah. In wenigen Momenten steigt das Wasser anderthalb Meter hoch, die beiden Eheleute werden fortgerissen – zurück bleibt ihr 20 Tage altes Baby. Die Mutter kämpft gegen die Strömung an, dringt wieder in ihr Haus ein – und findet ihr Kind, immer noch schlafend, auf einer Matraze, die wie ein Rettungsfloß in den überspülten Räumen treibt.

Das Glück des schlafenden Babys ist Symbol für das – relative – Glück eines ganzen Landes. Denn in Malaysia kommen nur 74 Menschen ums Leben – mehr als 50 davon allein auf der Ferienin-

Auch Gebäude, die der Gewalt der Wellen standhalten, bieten nicht immer Schutz: In diesem Hotel in Phuket bergen Taucher einen Mann, der von der Woge ins Erdgeschoss des Hauses gedrückt worden und dort ertrunken ist. Eine Touristin faltet die Hände zum Gebet, als sie erkennt, dass dem Opfer nicht mehr zu helfen ist

Die Strömung reißt, wie in Phuket, Autos, Möbel und Trümmer mit und schiebt sie gegen die Gebäude. Vielen Menschen, die im Wasser um ihr Leben kämpfen, wird das Treibgut zum Verhängnis, weil es sie unter die Oberfläche drückt

sel Pinang. Auch hier werden Menschen vom Strand gerissen oder in plötzlich überfluteten Häusern gefangen. Insgesamt aber kommt das Land vergleichsweise glimpflich davon, denn Sumatra liegt wie ein riesiger Wellenbrecher vor dem größten Teil Malaysias und fängt die Gewalt des Tsunami ab.

Myanmar wiederum liegt weiter im Norden – dort, wo die Wellenwand weniger zerstörerisch ist, weil der davor liegende Meeresboden sanft ansteigt, sodass die Welle Energie verliert. Der Staat gehört zu den am stärksten isolierten Ländern der Welt. Seit Jahrzehnten beherrscht eine Junta das Land. Tagelang berichtet Myanmars Staatsfernsehen nicht über den Tsunami, der fast alle Nachbarländer heimgesucht hat. Schließlich gibt die Regierung offiziell bekannt, dass 64 Menschen ertrunken seien, vor allem Fischer. Satellitenaufnahmen zeigen später, dass Myanmars Küste tatsächlich sehr viel weniger verwüstet ist als die vieler anderer Anrainerstaaten des Indischen Ozeans.

In Bangladesch schließlich kommen nur noch Ausläufer des Tsunami an. Ein Boot kentert, zwei Kinder ertrinken. Diesem Land, das in seiner Geschichte immer wieder von katastrophalen Monsunregen überflutet worden ist, bleibt wenigstens die Riesenwelle erspart.

Sumatra, die Andamanen und Nikobaren, Thailand, Malaysia, Myanmar, Bangladesch: Innerhalb von rund drei Stunden hat der nach Osten drängende Tsunami ihre Küsten erreicht, sie verheert und an den Landbarrieren schließlich seine Kraft verloren. Das Meer hier ist wieder ruhig.

Doch in Richtung Westen läuft ebenfalls eine ähnlich zerstörerische Wasserwand: schnell wie ein Düsenflugzeug, bislang ungehindert von irgendeiner Landmasse – und weiterhin unentdeckt.

Pacific Tsunami Warning Center, etwa 16.30 Uhr Ortszeit, 91 Minuten nach dem Erdbeben: Direktor Charles McCreery und die beiden Wissenschaftler Weinstein und Hirshorn werden immer unruhiger. Irgendetwas geht im Indischen Ozean vor. Nur was?

„Wir haben keine Namen in unserem Adressbuch für diesen Teil der Welt", wird sich McCreery später rechtfertigen. Wie sollen drei Männer an einem weihnachtlichen Sonntagnachmittag, in einem fensterlosen, kleinen Zweckbau irgendwo auf Hawaii, plötzlich Millionen Menschen alarmieren? Und wovor soll man sie warnen? Viel mehr als ein ungutes Gefühl haben McCreery und seine Mitarbeiter schließlich nicht.

Einer der Forscher im PTWC hat die Telefonnummer von einem Mitarbeiter des australischen Wetterdienstes – doch der meldet sich nicht: Weihnachtsferien. Die Männer auf Hawaii finden schließlich die Telefonnummer des australischen Katastrophenschutzes heraus. Ja, bestätigen die Australier, sie wüssten von dem Erdbeben vor Sumatra. Mehr ahnt man dort aber auch nicht.

Die unvorbereitete Atommacht: Indien

Madras Atomic Power Station (MAPS), Kalpakkam, gegen 9.00 Uhr Ortszeit, 2.31 Stunden nach dem Beben: Im Pumpenraum des Reaktors steigt das Wasser plötzlich alarmierend schnell an.

Die Anlage an der Küste des Bundesstaates Tamil Nadu, rund 70 Kilometer südlich der Millionenmetropole Chennai, besteht aus zwei je 170 Megawatt leistenden Atomreaktoren. Der 1986 in Dienst gestellte ältere Meiler ist zurzeit wegen Wartungsarbeiten heruntergefahren, der zwei Jahre jüngere hängt am Netz. Neben den beiden Atomreaktoren gehören sieben weitere Anlagen zum Komplex, unter anderem Zwischenlager für verbrauchte Brennstäbe. Das Meer ist rund ein Kilometer entfernt.

In einer Risikostudie für das indische Atomenergieministerium haben dessen Experten 1987 apodiktisch verkündet: „In Indien gibt es keine Tsunamis." Deshalb ist die Anlage nicht gegen Flutwellen gesichert – obwohl bereits 1999 der indische Seismologe Arun Bapat in der internationalen Fachzeitschrift der Tsunami-Forscher vor genau dieser Gefahr gewarnt hat.

Mehr noch: Weiter südlich, ebenfalls im Bundesstaat Tamil Nadu, wird seit März 2002 an zwei 1000-Megawatt-Reaktoren russischen Typs gebaut; hier soll bis zum Jahr 2007 Indiens erster „Schneller Brüter" ans Netz gehen. Dieser Komplex bei Kudankulam liegt nur 5,60 Meter über dem Meeresspiegel.

Der Tsunami, der Indiens Ostküste nun trifft, bäumt sich bis zu neun Meter hoch auf.

Im Pumpenhaus der MAPS enden unterirdische Leitungen, die Meerwasser zur Kühlung der Kondensatoren heranführen. Als hier durch die herandrängende Welle das Niveau binnen Sekunden ansteigt, reagiert ein Techniker rasch: Er betätigt die Notabschaltung.

Während MAPS-2 herunterfährt, erreicht die Welle bereits den nahe gelegenen Fischerort Kalpakkam. 250 Menschen ertrinken. Dann flutet der Indische Ozean nach Sadras, einer nur sechs Kilometer neben den Meilern errichteten Siedlung, in der viele Mitarbeiter des Atomkraftwerkes leben: 30 Opfer.

Und das Wasser steigt.

Später, nur Stunden nach dem Desaster, wird der Chef der indischen Atomenergiebehörde eilig versichern,

Geborgene Leichen in Plastiksäcken auf Ko Phi Phi Don

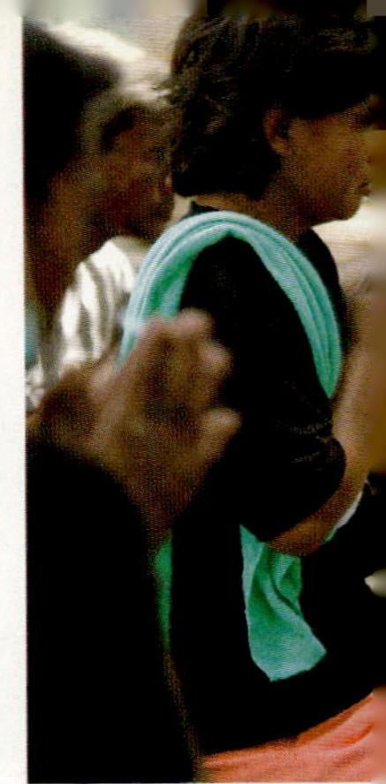
Betende Trauernde i

Phra Ajarn Toy, Abt des zerstörten Tempels von Kamala

Ferienanlage auf

Ins Meer geschwemmte Bungalows auf Ko Phi Phi Don

Touristin am Tag nac

Der Fischer Rin Riebroy auf seinem Kutter

Ertrunkene in der

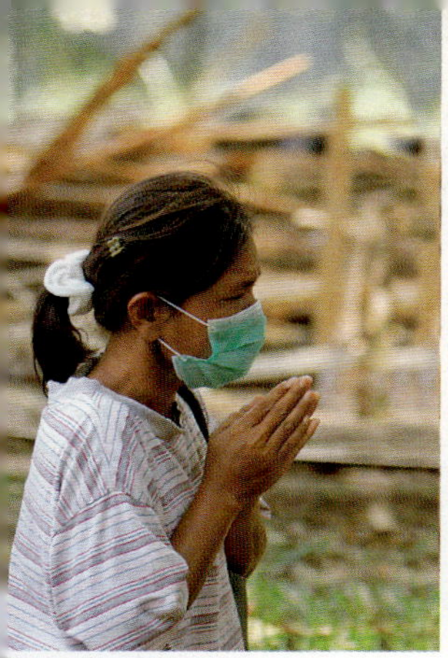

Ban Bang Muang

Hinausgeschwemmte Möbel in einem Korallenriff

Eine Straße in Patong, kurz nach der Flut

Ko Phi Phi Don

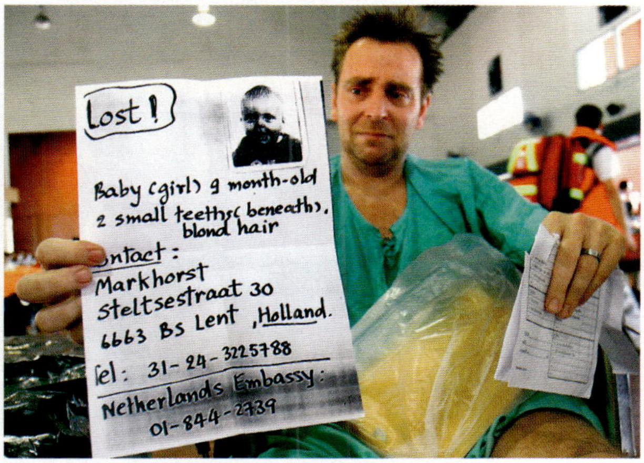

Ein Tourist sucht in einem Hospital seine Tochter

In Khao Lak birgt eine Frau ihren Besitz aus Trümmern

dem Tsunami

Bergung von Verletzten auf Ko Phi Phi Don

Aufs Land getriebene Fischerboote in Khao Lak

Ton-Sai-Bucht

Helfer beseitigen Trümmer auf Ko Phi Phi Don

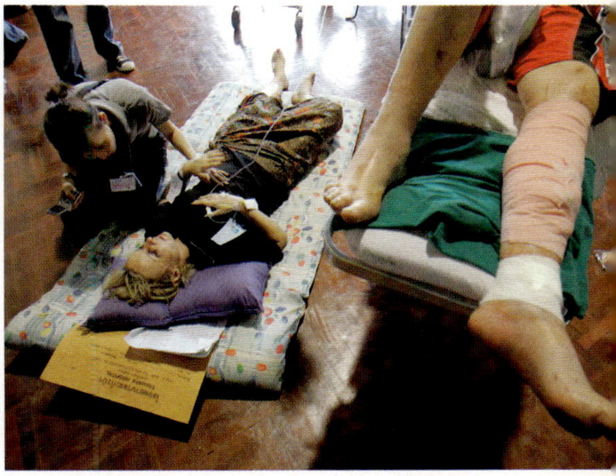

Erste Hilfe für Touristen in einem Not-Hospital

Staaten wie Indonesien und Sri Lanka werden schlimmer verwüstet als Thailand. Doch hier trifft es nicht nur die Einheimischen, sondern auch Tausende von Touristen – und so wird das Drama dieser Region weltweit noch intensiver verfolgt

dass von der überfluteten Anlage keinerlei Radioaktivität ausgetreten sei. Nicht von den Reaktoren, nicht von den Lagerstätten. Doch die Regierung wird nicht bekannt geben, welche Schäden die Flutwelle in den Meilern und den Nuklear-Lagerstätten angerichtet hat. Unabhängigen Experten wird der Zugang zur Madras Atomic Power Station bis heute verwehrt.

INDIENS KÜSTEN SIND etwa 7500 Kilometer lang. Ein gutes Zehntel wird vom Tsunami verheert. Am schlimmsten trifft es den Bundesstaat Tamil Nadu im Südosten. Hier liegen Hunderte Fischerdörfer, meist Ortschaften aus Lehm- und Strohhütten wenige Meter hinter dem Strand. Doch hier erhebt sich auch Chennai, eine Vier-Millionen-Metropole. Die bedeutendste Stadt, die an diesem Tag von dem Tsunami getroffen wird.

Ginge es nach dem Gesetz, wären viele Menschen geschützt. Die „Coastal Regulation Zone Notifications" sehen vor, dass in einem Streifen von 500 Meter Breite entlang des Meeres gar nicht oder nur unter strengen Auflagen gebaut werden darf. Ziel dieses Gesetzeswerkes ist vor allem der Schutz des fragilen Ökosystems der Küste. Ein, wenn auch ungeplanter, Nebeneffekt wäre allerdings auch eine recht wirkungsvolle Protektion vor Tsunamis.

Die Fischer, sofern sie überhaupt je von diesem Gesetz gehört haben, scheren sich jedoch nicht darum. Und die Regierung hat nie ernsthaft versucht, diese Regeln durchzusetzen.

Doch selbst wenn die Autoritäten strenger gewesen wären – in Chennai würde es niemandem helfen. Hier ist der über fünf Kilometer lange Marina Beach schon seit den Morgenstunden voll: Fischer, die von nächtlicher Ausfahrt zurückkehren und nun ihre Netze flicken, Fischverkäufer, Spaziergänger, Kricketspieler, fliegende Händler, mobile Barbiere, die ihre Kunden am Wegesrand rasieren. Der Morgen ist vergleichsweise kühl und sonnig.

Plötzlich kommen einige kleine Wellen, die etwas höher am Strand auflaufen als gewöhnlich. Und dann, wie aus dem Nichts, die Wand aus Wasser. Viele Überlebende entlang Indiens Südostküste werden später berichten, sie sei bedrohlich, donnernd und tiefschwarz gewesen. Und tatsächlich wird vielen Menschen bei ihrem verzweifelten Ringen nach Luft nicht nur Salzwasser in die Lungen dringen, sondern auch im Meer aufgewirbelter Schlamm.

In Chennai sind es zwei Wellen im Abstand von ungefähr einer Stunde, die über den langen Strand hereinbrechen. Die Boote, Motorräder und Autos durcheinander wirbeln, sie noch über den hinter dem Strand verlaufenden Prachtboulevard fegen und in die Häuser der Metropole krachen lassen. Mehr als 200 Menschen reißen sie allein hier davon: Kricketspieler, die sich nirgendwo festhalten können, Kinder, eine Touristenfamilie aus Nepal.

> Von Singapur aus ruft ein indischer Lehrer in seiner Heimat an. Und **rettet** ein ganzes Dorf

Im Hafen der Stadt werden drei Frachter von ihren Kais losgerissen und kollidieren im Becken. Kräne und andere Einrichtungen zum Be- und Entladen der Schiffe kollabieren.

Zwei Flüsse winden sich durch die Metropole. Die Gewalt des Tsunami drückt ihr Wasser zurück. Das Schauspiel, dass die Flüsse plötzlich „rückwärts" fließen, und die Gerüchte, die sofort durch die Stadt eilen, machen Unzählige neugierig. Bald sind die Straßen verstopft von Schaulustigen, die zum Strand eilen wollen, um das Schauspiel zu sehen. Die Polizei muss Knüppel ziehen, um die Wege freizuhalten.

Aber immerhin bleiben in der Metropole Infrastruktur und öffentliche Ordnung erhalten.

IN HUNDERTEN VON FISCHERDÖRFERN entlang der Ostküste Indiens wiederholt sich dagegen das Drama von Sumatra: Unvermittelt reißt die Welle Menschen aus dem Leben und vernichtet Häuser fast spurlos.

In Ganagachettikullam im Unionsterritorium Pondicherry ist die 18 Jahre alte Ranjani allein mit ihrer dreijährigen Schwester Anusuya zu Hause. Die Eltern sind auf den Markt gegangen, um den Fischfang des frühen Morgens zu verkaufen.

Ranjani kocht gerade eine Mahlzeit, als die kleine Schwester plötzlich zu ihr rennt und sich an ihre Kleidung klammert. Die junge Frau sieht auf – und starrt auf die Welle. Ranjani packt die Dreijährige und steigt auf einen Stuhl. Doch das Wasser steigt und steigt, bald füllt es das ganze Haus. Ranjani klammert sich mit einer Hand an einen Balken unter dem Dach, mit der anderen hält sie Anusuya fest.

Irgendwann ist die Kleine verschwunden. Ranjani schreit um Hilfe, doch niemand kann sie erreichen. Irgend-

Rani Amma trauert um sieben Angehörige. In Nagapattinam, der Heimatregion der 50-jährigen Frau, holt die Welle über 6000 Menschen – mehr als ein Drittel aller Opfer in Indien

wie hält sie durch und überlebt. Ihre kleine Schwester jedoch wird man erst Stunden später finden, einen Kilometer weiter landeinwärts. Tot.

Im Dorf Tiruvanmiyur wird die 40-jährige Pankajavalli bei ihrem Strandspaziergang vom Wasser eingeholt. Als sie sich in einem Fischernetz verfängt, hat sie keine Chance mehr.

Mehr Glück hat dagegen die zehn Jahre alte Kutti aus dem Dorf Tarang Badi: Als die zurückweichende Woge sie ins Meer hinauszuziehen droht, verbeißt sich der Hund der Familie in ihren Haaren und hält sie am Strand zurück.

Auch der Fischer Pemmadi Kaya Raju von der Insel Bhairavapalem kommt noch einmal davon. Er stürzt in den Hafen, wo die Wogen losgerissene Schiffe durcheinander wirbeln. Ein anderer Fischer springt hinterher in die tosende See und zieht ihn wieder in Sicherheit: Pesangi China Govaraju. Der 35-jährige Govaraju hat leidvolle Erfahrung mit Naturgewalten: 1996 verlor er während eines Zyklons seine 14-köpfige Familie, darunter seine Frau und seine beiden Kinder.

„Ich wollte nicht noch einmal sehen, wie ein Mensch davongeschwemmt wird“, wird er später seine Tat begründen.

Die Schäden jener Stunde, in welcher der Tsunami Indiens Ostküste verwüstet, belaufen sich auf viele hundert Millionen Euro – weitaus mehr, als ein Tsunami-Warnsystem gekostet hätte. Fast 9000 Menschen kommen hier ums Leben, Zehntausende verlieren ihr Daheim. Gewarnt hat sie niemand.

Fast niemand.

Denn erst sechs Minuten, bevor die Welle das indische Festland treffen wird, versucht der indische Meteorologische Dienst, die Regierung zu informieren. Doch das Fax der Forscher wird an den nicht mehr amtierenden Minister für Wissenschaft und Technik geschickt. Um 9.14 Uhr Ortszeit erreicht die Warnung der Meteorologen schließlich das Katastrophenzentrum im indischen Innenministerium in Neu-Delhi.

Eine Viertelstunde zu spät.

Im Fischerdorf Nallavadu jedoch ist eine Warnung rechtzeitig angekommen. Vijayakumar, ein Mann, der früher eine Zeit lang als Ausbilder in dem Dorf gewirkt hat, arbeitet nun in Singapur. Und dort sind die Tsunami-Meldungen aus Sumatra und Thailand inzwischen über die Medien an die Bevölkerung weitergegeben worden. Vijayakumar ruft in seiner ehemaligen Schule in Nallavadu an. Binnen Minuten heulen dort Sirenen, und über Lautsprecher werden die Menschen gewarnt.

Die Einwohner eilen weg vom Meer. Als die Welle kommt, ist niemand mehr am Strand. Mehr als 3600 Einwohner hat Nallavadu, keiner von ihnen stirbt. Es ist die erste Ortschaft überhaupt, die rechtzeitig gewarnt wird.

Von der Welle umschlungen: Sri Lanka

2.31 Stunden nach dem Beben: Als Südindien getroffen wird, entfaltet sich im Osten Sri Lankas bereits seit über einer halben Stunde ein Drama. Der Fischer Anqusauy Parameswaran sitzt noch immer in seinem Haus und liest Zeitung. Seine Frau Patiusnayagie, die Essen kocht, horcht plötzlich auf. „Was ist das?“, fragt sie.

Es ist das Letzte, was Parameswaran von ihr hören wird. Dann kracht die Welle in ihr Haus.

Sri Lanka liegt rund 1600 Kilometer vom Epizentrum entfernt. Doch noch immer ist die Wasserwand fünf, sechs, vielleicht auch zehn Meter hoch. Sie trifft die Ostküste der Insel gut eine Viertelstunde früher als die Gestade Indiens, und sie richtet hier noch ungleich größere Verwüstungen an.

Der Schlag der Welle erschüttert Parameswarans Haus. Im Zimmer steigt das Wasser rasend schnell an – bis die Wände des Bauwerks unter dem Druck der Wirbel kollabieren. Der Vater greift nach seinem jüngsten Sohn. Dann wird er von einer einstürzenden Wand unter Wasser gedrückt.

Mit letzter Kraft kämpft sich Parameswaran wieder an die Oberfläche – sein Jüngster aber ist verschwunden. Die Welle nimmt den Fischer mit.

Auch die Tochter Mary Ranistala wird aus den Trümmern ihres Elternhauses gespült. Sie erhascht noch einen Blick auf ihre Mutter, die von einem Stück Mauer getroffen wird, bevor der Tsunami die 15-Jährige fortreißt – einen Kilometer hinein ins Landesinnere.

Einige Augenblicke später, als die Welle wieder abfließt, wird Mary Richtung Meer gezogen. Ihr gelingt es, eine der letzten am Ufer stehenden Palmen zu packen und sich an den kräftigen Blättern hochzuziehen.

Anqusauy Parameswaran kann ebenfalls eine Palme packen und sich retten, kaum 100 Meter entfernt. Doch Vater und Tochter wissen nichts voneinander. Und die anderen fünf Familienmitglieder sind verschwunden. Auch Philip, der Sohn, der später einmal studieren soll.

Von den 20 Millionen Einwohnern Sri Lankas gehören mindestens 170 000 zu Fischerfamilien. Der Tsunami tötet in diesen Minuten fast jeden Zehnten von ihnen: Männer, Frauen, Kinder. Die zwei Wellen, die 500 bis 1500 Meter weit ins Innere vordringen, zerstören Zehntau-

Etwa 100 Minuten nach dem Seebeben trifft der Tsunami die Ostküste Sri Lankas. Da die Welle um die Insel bogenförmig herumläuft, vergehen weitere 30 Minuten, bis sie auch die Touristenstrände im Südwesten Sri Lankas erreicht, wo diese und Dutzende weitere Ferienanlagen überschwemmt werden. Trotz dieser halbstündigen Verzögerung wird niemand in den Hotels gewarnt

sende Häuser, Tausende von Booten und zahlreiche wichtige Häfen.

72 Schulen und 85 Moscheen der muslimischen Gemeinschaft werden vom Wasser niedergerissen. Der Hindu-Tempel in Thiruchendoor stürzt ein. Im nahe gelegenen Gayathri-Sittar-Tempel, einem populären Wallfahrtsort direkt am Meer, verschwinden Betende im Wasser.

Eine unbekannte Zahl von Bunkern und Waffenlagern der tamilischen Befreiungsbewegung wird geflutet. Landminen, ausgelegt von Rebellen oder Regierungssoldaten, werden vom Meer freigespült und in andere Regionen getragen – eine noch auf Jahre tödliche Hinterlassenschaft des Tsunami.

In Kilinochchi kollabiert das Senthalir-Illam-Waisenhaus. Von den 151 Kindern dort überleben nur 38.

Etwa in diesen Minuten machen sich Thomas Elmerhaus und seine Frau Anna Lechner in ihrem Hotel auf den Weg vom Frühstücksraum zum Strandbungalow, um sich umzuziehen für die Ayurveda-Massage. Sie ahnen nichts von der Katastrophe.

Denn Sri Lanka gleicht, aus der Luft betrachtet, einem großen Regentropfen: Die Nordseite ist vergleichsweise spitz, im Süden folgt die Küstenlinie ungefähr einer halbrunden Form. Spitz zulaufende Landmassen – das Nordende Sumatras etwa oder der südliche Zipfel Indiens – wirken wie gigantische Wellenbrecher: An ihrer Front prallt die Woge mit aller Gewalt gegenan, auf der Rückseite hingegen bleibt der Ozean nahezu still.

Um die geschwungene Südküste Sri Lankas kann die Welle jedoch herumlaufen: Sie wird nicht gebrochen, sondern abgelenkt wie ein langes Stück Garn, das sich um eine Spule wickelt. So wird, bis auf eine Region im Nordwesten, fast die ganze Insel von dem Tsunami umspült.

Dafür allerdings benötigt die Welle Zeit: Zwischen dem ersten Anprall an der östlichsten Küste Sri Lankas und ihrem Anmarsch an der Südwestküste liegen gut 30 Minuten.

Eine halbe Stunde – das wäre immer noch ausreichend Zeit, um große Teile der Küste zu evakuieren.

Wenn denn jemand die Menschen dort warnen würde.

Barberyn-Reef-Hotel in Beruwala, Südwestküste Sri Lankas, 9.30 Uhr Ortszeit, 2.31 Stunden nach dem Beben: die plötzliche Stille.

Thomas Elmerhaus blickt auf die Einheimischen, die vom Strand Richtung Horizont starren, und dann ebenfalls zum Ozean. Das Meer strömt auf ihn zu.

Hier an diesem Küstenabschnitt kommt der Tsunami nicht als Wasserwand an, sondern es ist eher so, als würde der Ozean einfach überschwappen.

Elmerhaus steht auf. „Sieh dir das an!", ruft er seiner Frau zu, die sich noch im Bungalow befindet. Er macht sich keinerlei Sorgen und denkt nur an ein seltsames Naturphänomen.

Dann ist das Wasser da.

Anna Lechner kommt gerade noch rechtzeitig aus ihrem Häuschen, um zwei einheimischen Jungen und einer spindeldürren japanischen Touristin über den kleinen Steinwall am Strand zu helfen – im wirbelnden braunen Wasser bereits ein formidables Hindernis.

Anschließend rettet sie sich mit der Japanerin, den Jungen und weiteren Touristen auf die Rückseite eines Bungalows. Dort befinden sich ungefähr ein Meter hohe, gemauerte Sockel, auf denen normalerweise leere Getränkeflaschen abgestellt werden. Binnen Sekunden umspült das Wasser auch hier ihre Waden.

Thomas Elmerhaus hat es in diesen Augenblicken irgendwie in einen Strandbungalow verschlagen, zusammen mit einer weiteren Touristin. Die beiden stemmen die Tür gegen den Wasserdruck zu und verkeilen sie mit Liegen. Gleich darauf aber drückt die Flut die Fenster ein. Nur raus!

Er hilft der Frau, die ihre Kontaktlinsen verloren hat und nicht mehr klar sehen kann. Einige Dutzend Meter hinter den Bungalows erhebt sich das Hauptgebäude des Hotels, in dem sie gerade noch gefrühstückt haben. Das Wasser scheint ruhiger zu fließen: Elmerhaus und die Touristin schlagen sich bis dorthin durch, Anna Lechner und ihre kleine Gruppe ebenfalls.

Im Hauptgebäude hasten sie hinauf ins erste Stockwerk. Vorerst gerettet. Die Hamburger Psychologin ist bereits hysterisch und beklagt in ununterbrochener Litanei den Verlust ihrer teuren Handtasche. Anna Lechner sieht mehrere der jungen Mädchen, die sonst im Hotel arbeiten. Einige weinen.

Nach zehn Minuten zieht sich das Wasser wieder zurück. „Alles überstanden“, denkt Elmerhaus. Die Gäste versammeln sich kurz an der Rezeption. Ein bunter Aufzug: die Japanerin in einem grellen, pinkfarbenen Bikini, Elmerhaus und seine Frau in alten Badesachen und barfuß, andere mit Schlamm-Masken im Gesicht. Die Hotelleitung bietet an, die Ausländer mit Minibussen zu anderen, vom Wasser nicht beschädigten Resorts zu fahren. Viele akzeptieren.

Anna Lechner und Thomas Elmerhaus kehren noch einmal zu ihrem Bungalow zurück. Ihre Sachen sind vom Wasser durchgeweicht – nur die neue Digitalkamera nicht; die lag auf einem Tisch, der im Wasser aufschwamm. Sie machen Bilder, für die Versicherung daheim. Geld, ihre Papiere oder Gepäck raffen sie nicht zusammen. Warum auch? Ist doch alles vorüber, denken sie.

Doch als Elmerhaus noch einmal kurz zum Strand geht, fällt ihm Merkwürdiges auf: Draußen im Meer, an dem sich bislang die Wellen immer an einem Riff brachen, entdeckt er plötzlich *zwei* Riffe. Das zweite, tiefer liegende, war bis dahin stets überflutet gewesen. Nun liegt es vollständig trocken. Die ersten Touristen machen sich bereits auf den Weg, das Riff aus der Nähe zu erkunden.

„Nur weg!“, denkt Elmerhaus. Der Autolackierer weiß nicht viel vom Meer und so gut wie gar nichts von Tsunamis, aber das hier ist ihm unheimlich. Die beiden Hamburger gehen nicht aus dem Bungalow – sie fliehen.

Sie rennen einfach los, barfuß und fast nackt, vorbei an den anderen Bungalows, dem Hauptgebäude, dem Zaun, auf eine Schotterpiste, die in den Dschungel führt. Die Füße schmerzen, die schwüle Hitze ist fast unerträglich – aber nur weg vom Meer!

Mag sein, dass dies ihr Leben gerettet hat.

Denn die zweite Welle kommt. Hier, an der Südwestküste, rund eine Stunde nach der ersten. Und sie ist stärker als diese.

Die zweite Welle überspült das Hotel. Viele Gäste – auch die gehbehinderte Deutsche – warten in diesem Moment gerade in einem vor der Rezeption geparkten Minibus, als dieser von braunem Wasser umspült wird. Verzweifelt reißen die Menschen die Schiebefenster auf und zwängen sich hinaus, um auf das Dach des Fahrzeugs zu gelangen.

Wie durch ein Wunder entkommen alle aus dem Inneren des Minibusses. Eine ältere einheimische Yogalehrerin schafft es nicht mehr bis auf das Dach, doch sie klammert sich an den Rückspiegel. Sie ist stärker als das Wasser.

Anna Lechner und Thomas Elmerhaus sind in diesem Moment bereits im Dschungel auf der Plattform eines Tem-

In Galle, einer ehemaligen Kolonialstadt auf Sri Lanka, wirken alte Festungsmauern wie Wellenbrecher: Die Woge teilt sich, spült an ihnen entlang – und zertrümmert schließlich den an der Rückseite gelegenen Busbahnhof

Die hinter dem Strand gelegenen Wälder bei Unawatuna im Südwesten der Insel scheinen fast unbeschädigt zu sein. Doch überall liegt Treibgut, darunter ein schwerer Geländewagen

pels, erschöpft und durstig, aber unverletzt. Für sie ist der Tsunami nur noch ein fernes Rauschen jenseits der Waldgrenze.

DIE TOURISTENORTE an der Südwestküste Sri Lankas werden schwer getroffen. Im luxuriösen Hotel Paragon in Thalpe, nur einige Kilometer südlich des Resorts, in dem Anna Lechner und Thomas Elmerhaus wohnen, überflutet die Welle zwei Stockwerke. Der prominenteste Augenzeuge hier: Helmut Kohl, zu einem Kuraufenthalt im Haus – im dritten Stock. Der Altbundeskanzler entkommt unverletzt, aber schockiert. Die Verwüstungen, wird er später schreiben, erinnern ihn an schwere Bombenangriffe im Krieg.

Andere haben weniger Glück. In der alten Kolonialstadt Galle im Südwesten etwa. Die wird von einer gewaltigen Festungsmauer geschützt, welche die Holländer im 17. Jahrhundert ausgebaut haben. Sie bewahrt tatsächlich die Häuser in ihrem Inneren vor dem Ansturm des Wassers. Doch die Wellen laufen links und rechts entlang der Mauer einmal um die ganze Stadt herum – und treffen auf der dem Meer abgewandten Rückseite wieder zusammen. Dazwischen: der belebte Busbahnhof der Stadt.

Allein hier sterben auf einen Schlag über 200 Menschen. Sie ertrinken in gefluteten Bussen, werden von Fahrzeugen erschlagen oder von herumwirbelnden Glassplittern tödlich verwundet.

In der nahe gelegenen Stadt Hambantota fegt der Tsunami über den belebten Fischmarkt und nimmt Hunderte mit. Und zwischen der Hauptstadt Colombo und Galle stoppt die erste Welle einen voll besetzten Zug – den dann die zweite Welle, gleich einem stehenden Ziel, zerschmettert.

Samudradevi heißt der Expresszug Nummer 50 von Colombo nach Galle, „Königin des Ozeans". Und in der Tat: Die Diesellokomotive mag ein halbes Jahrhundert alt und kaum schneller als 40 km/h sein – die von den britischen Kolonialherren im 19. Jahrhundert angelegte Strecke jedoch ist königlich, denn sie führt unter Palmen dahin, immer in der Nähe des Meeres.

Südlich der Hauptstadt Colombo wird ein Zug durch die zweite Woge von den Schienen gerissen und überspült. Von den mehr als 1500 Passagieren in den Waggons hat kaum einer eine Chance zur Flucht. Den Rettern bleibt später nicht viel mehr, als die Toten zu bergen

In Galle hat ein Mann ein Fotoalbum aus dem verwüsteten Haus seiner Nachbarn geborgen. Die Bewohner leben nicht mehr. Oft sind zufällig gefundene Bilder wie diese die einzigen Indizien für die Helfer, um Tote zu identifizieren

Um 7.10 Uhr sollte der Zug den Bahnhof Colombo Fort verlassen. Acht Waggons hat er, ausgelegt für jeweils 80 Reisende. Doch heute, an diesem Feiertag, drängen sich viel mehr Menschen als sonst auf den Gängen, zwängen sich gar unter die Sitze. Mindestens 200 Männer, Frauen und Kinder haben in jedem der Waggons irgendwie Platz gefunden. Die „Königin des Ozeans" hat zwei Minuten Verspätung. Zwei fatale Minuten.

Denn als die erste Welle anrollt, rennen panische Einheimische auf die Schienen, rudern mit den Armen, schreien und stoppen so den Zug kurz vor dem Dorf Hikkaduwa – rund 150 Meter entfernt vom Ozean und kaum einen Meter oberhalb des Meeresspiegels. Wäre der Zug pünktlich gewesen, hätte die Woge ihn an einer weniger exponierten Stelle heimgesucht.

So aber trifft die erste Welle den Zug, schüttelt ihn durch und schwappt einen Meter hoch in die Waggons. Dort herrscht Panik. Einige Menschen werden fortgespült, andere versuchen verzweifelt, irgendwie von den Fenstern auf das

Beschädigte Kirche in Mullaitivu im Nordosten Sri Lankas. Die Gotteshäuser – ob Kirchen, Moscheen oder hinduistische und buddhistische Tempel – sind in vielen Ortschaften die solidesten Gebäude und deshalb oft die einzigen, die stehen bleiben

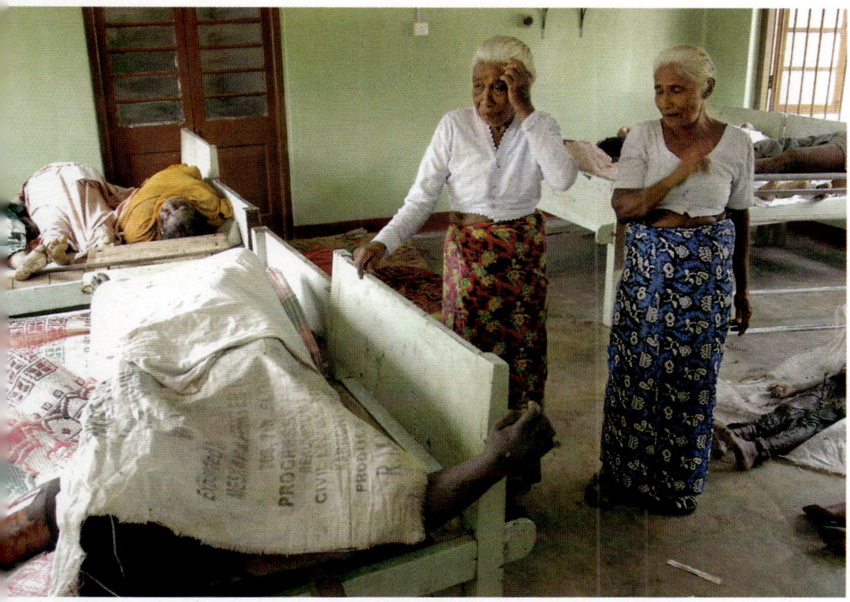

Zwei Frauen suchen in einem improvisierten Leichenschauhaus in Kudawella nach Angehörigen. Die Zeit drängt, denn in der tropischen Hitze können Körper nicht lange aufgebahrt werden. Viele Tote werden deshalb beerdigt, bevor sie jemand identifizieren kann

Dach zu klettern. Viele Einheimische aus Hikkaduwa klammern sich ebenfalls an die Waggons, die wie Inseln in der Welle stehen geblieben sind, während die Häuser im Dorf kollabieren.

Andere Fahrgäste behalten dagegen einen kühlen Kopf. „Keine Angst. Wir sitzen hier fest, aber das Wasser geht schon wieder zurück", beruhigt etwa die 25 Jahre alte Lanka Chandima ihren Vater, den sie per Mobiltelefon von dem Unglück unterrichtet hat.

Doch da kommt die zweite, noch größere Welle.

„Plötzlich waren 85 Prozent des Horizonts mit einer Wand aus Wasser ausgefüllt", wird einer der wenigen Überlebenden später berichten.

Die Woge packt die Waggons, wirft sie von den Schienen, reißt das Metall auf, schleudert manche Wagen bis zu 100 Meter weit. Auch die 80 Tonnen schwere Diesellokomotive wird 50 Meter vom Bahndamm getragen. Die hoffnungslos überfüllten, umgekippten Waggons verschwinden unter der sechs bis sieben Meter hohen Welle.

Niemand vermag sich vorzustellen, was sich in diesen Sekunden in den Waggons abgespielt haben mag.

Viel später, als das Wasser wieder verschwunden ist und nur schlammbedeckte, verbogene Waggons zurückgelassen hat, wird man 1000 Tote zählen, dann 1300, 1500 … Keiner wird je genau wissen, wie viele Menschen in der Samudradevi gestorben sind. Sicher ist nur dies: Es ist das schlimmste Zugunglück aller Zeiten.

Etwa 150 Menschen haben sich retten können. Sie sind rechtzeitig aufs Dach gelangt und fortgespült worden. Die vier Jahre alte Mimani gehört zu den Glücklichen. Das Mädchen werden Retter später bergen und für tot halten. Ihr Großvater jedoch, der verzweifelt alle Leichenschauhäuser der Umgebung absucht, wird sie in einem finden, erkennen, dass sie nur verletzt ist, und die Totgeglaubte herausholen.

Lanka Chandima jedoch, die am Handy noch ihren Vater beruhigte, wird man erst nach drei Tagen bergen. Tot.

Mehr als 36 000 Menschen sterben in Sri Lanka. Es ist die schlimmste Naturkatastrophe in der Geschichte des Landes. Nach Indonesien ist Sri Lanka der Staat, der am härtesten von dem Tsunami getroffen wird. Doch anders als dort, wo nur wenige Minuten zwischen Erdbeben und Flutwelle verstrichen sind, wären hier mindestens anderthalb Stunden Zeit geblieben, um die Menschen zu warnen.

Es hat nur niemand getan.

Die Agonie der Hilflosigkeit

Pacific Tsunami Warning Center, 17.30 Uhr Ortszeit, 2.31 Stunden nach dem Erdbeben: Das Wissen um die tödliche Welle gelangt nicht von den Forschern zu den Menschen der bedrohten Gebiete, sondern geht den umgekehrten Weg: Erst durch die Betroffenen erfahren die Experten, was sich im Indischen Ozean abspielt.

Die drei Wissenschaftler im PTWC haben seit über einer Stunde den Nachrichtensender CNN eingeschaltet und studieren die ständig aktualisierten Newsmeldungen im Internet. Sie ahnen, dass irgendwo da draußen Schreckliches vor sich geht.

Gegen 17.30 Uhr liest Stuart Weinstein dann die ersten Meldungen im Internet: Tsunami in Sri Lanka. Da sie das Epizentrum des Bebens längst lokalisiert haben, wissen die Amerikaner, dass das entfernte Sri Lanka nicht das einzige betroffene Land sein kann.

„Es werden noch mehr Menschen sterben", murmelt Andrew Hirshorn.

Sie greifen wieder zum Telefon, versuchen, Kollegen zu erreichen. Hat vielleicht irgendjemand eine Kontaktadresse im Indischen Ozean? Wen kann man warnen?

Gegen 17.45 Uhr spricht einer der drei Forscher mit dem Hauptquartier der US-Pazifikflotte auf Hawaii. Er informiert die Militärs über den Tsunami. Könne die Navy, die auch Einheiten im Indischen Ozean stationiert hat, vielleicht irgendetwas unternehmen?

Ungefähr in diesem Moment klingelt im PTWC ein Telefon. In der Leitung: ein Offizier der Marine von Sri Lanka. Endlich jemand vor Ort! Doch der Anruf des Offiziers offenbart zugleich die Ratlosigkeit, ja Verzweiflung dort: Der Offizier aus Sri Lanka fragt Weinstein und seine Kollegen, ob für seine Insel weitere Wellen zu erwarten seien.

Es ist nicht ganz klar, was die Forscher antworten, aber vage wird ihre Reaktion auf jeden Fall ausgefallen sein. Was sollen sie, die nicht einmal die genaue Stärke des ersten, schweren Bebens kennen, schon an Prognosen abgeben können?

Etwas konkreter wird es gegen 18.00 Uhr. Da meldet sich der US-Botschafter in Sri Lanka im PTWC. Ob man eine Alarmkette für Nachbeben improvisieren könne?

Endlich formt sich so etwas wie ein hastig zusammengestückeltes Warnsystem: Die drei Männer im PTWC werden von nun an alle seismischen Aktivi-

Von dem Vijayaratnaramaya-Tempel an Sri Lankas Südküste sind kaum mehr als einige Statuen geblieben. Der 26. Dezember 2004 ist nicht nur der zweite Weihnachtstag – auch das Poya-Fest fällt auf dieses Datum: ein buddhistisches Fest an Vollmond. So sind ungewöhnlich viele Gläubige im Tempel oder, den Feiertag nutzend, am Strand, als sie von der Welle überrascht werden

täten im Indischen Ozean überwachen. Sollte es ein beunruhigend starkes Beben geben, werden sie die US-Botschaft in Colombo informieren. Die wiederum wird diese Warnung an die Regierung von Sri Lanka weitergeben. Das System beruht auf groben Schätzungen und ist langsam – aber es ist das erste im Indischen Ozean.

3.01 Stunden nach dem Erdbeben.

PACIFIC MARINE ENVIRONMENTAL Laboratory, Sand Point Way, Seattle, Washington State, 20.00 Uhr Ortszeit, 3.01 Stunden nach dem Erdbeben: Seit einer Stunde liefert sich ein Mann ein aussichtsloses Wettrennen mit der 20 000 Kilometer entfernten Riesenwelle. Der Mathematiker Vasily Titov ist stellvertretender Direktor eines Projektteams, das die Ausbreitung von Tsunamis studiert. Die Forscher in Seattle gehören zu den führenden Experten für dieses Phänomen. Die „Tsunameter" – jene Sensoren, die auf dem Meeresboden Riesenwellen aufspüren und weitermelden sollen – sind von ihnen entwickelt worden.

Vasily Titov ist, kurz nachdem vom PTWC die ersten Warnmeldungen eingegangen waren, in sein Labor geeilt. Er hat kein TV-Gerät angestellt, die News im Internet interessierten ihn nicht. Er weiß nicht, was im Indischen Ozean vor sich geht – und weiß es doch auch.

Denn Titov ist, parallel mit einem Kollegen in Japan, der ebenfalls fieberhaft arbeitet, der erste Mensch, der sich daran macht, den Weg des Tsunami zu berechnen. Die Schwierigkeiten sind ungeheuer: Riesenwellen werden in ihrer Größe durch Stärke, Tiefe und Verlauf eines Erdbebens bestimmt. Hier schon muss Titov mit vielen vorläufigen Werten rechnen. Die Richtung, die eine Riesenwelle einschlägt, hängt dann zusätzlich von der Beschaffenheit des Meeresgrundes ab. Die Höhe, aber auch die Form von Unterwassergebirgen etwa können Wellen beeinflussen.

Titov, dessen Forschungen sich bis jetzt auf den Pazifik konzentriert haben, muss erst einmal ein Bodenprofil des gesamten Indischen Ozeans in seinen Computer laden. Dann folgen die vorläufigen Werte des Erdbebens. Schließlich Modellrechnungen, die auf der Beobachtung älterer Tsunamis im Stillen Ozean basieren. Millionen Daten, die in hochkomplizierten Rechenoperationen mit einer von einem russischen Spezialisten entwickelten Software verarbeitet werden müssen.

Für jeden Kilometer Ausbreitung des Tsunami müssen unzählige Daten berücksichtigt werden. Das kostet Zeit – und zwar so viel, dass die Berechnung der Ausbreitung eines Tsunami ungefähr so schnell vorangeht, wie sich der reale Tsunami im Ozean bewegt. Für Titov bedeutet dies: So sehr er auch rechnet, seine im Computer erzeugte virtuelle Welle wird die reale niemals überholen können. Stets hinkt er zwei Stunden hinter den Ereignissen hinterher. Er wird eine Bestandsaufnahme schaffen, aber keine Voraussage – und erst recht keine Warnung.

MEULABOH, SUMATRA, INDONESIEN, etwa 11.00 Uhr Ortszeit, 3.01 Stunden nach dem Erbeben: Während Vasily Titov eine Riesenwelle berechnet, die ihm stets Hunderte Kilometer voraus ist, und die drei Forscher des PTWC zunehmend verzweifelt nach Telefonnummern suchen, muss Agus Maidi endlich nicht mehr um sein Leben kämpfen.

Der Aufseher der Plantagengesellschaft hat auf dem Dach des überfluteten Ladengebäudes ausgehalten. Ebenso seine Frau auf dem Lastwagen, einige Dutzend Meter entfernt. Nach zwei Stunden haben beide beschlossen, nach den Kindern und ihren Eltern zu sehen. Das Wasser war noch nicht abgezogen, hatte sich jedoch beruhigt; keine Riesenwelle, keine unbezwingbare Rückströmung mehr.

Die beiden stürzten sich von ihren Fluchtpunkten aus ins schmutzige Nass. Es waren drei Kilometer bis zu ihrem Haus. Sie schwammen durch ein Leichenfeld. Überall Körper, zwischen den Ruinen treibend oder in den Trümmern verfangen. Wo das Wasser schon zurückgegangen war, hatte sich eine schwarze, erstickende Schlammdecke abgelagert.

Endlich erreichen sie ihr Haus. Es steht auf höherem Grund und ist deshalb unversehrt. Doch niemand ist da.

Dann die Erleichterung: Die Kinder und die Eltern sind zur nächsten Moschee geflohen. Maidi hat, ein Wunder an diesem Tag in dieser Stadt, niemanden aus seiner Familie verloren.

Ein Wunder auch sei es, meinen die Menschen von Kamala in Thailand, dass zwar das Kloster verwüstet, doch ausgerechnet die größte, die bronzene Buddhastatue im Haupttempel, unversehrt ist.

Kein Trost für Phra Ajarn Toy. Der Abt hat, festgeklammert an der Kabeltrommel, die Flutwelle überstanden. Auch einer seiner Mönche ist davongekommen, doch die Körper der anderen drei werden Retter in einem Kanal finden, tot. Nun ist Phra Ajarn Toy ein Abt ohne Mönche und ohne Kloster.

Ungefähr zu dieser Zeit wagt sich an der Ostküste Sri Lankas Anqusauy Parameswaran von der Palme herunter. Seine Tochter Mary, die sich auf einen anderen Baum gerettet hat, findet er schnell. Dann entdecken beide in den Trümmern ihres Heimatdorfes auch Parameswarans Frau. Die 39-Jährige ist schwer verletzt. Sie schafft es noch bis ins nächstgelegene, 15 Kilometer entfernte Krankenhaus – doch dort verlieren die Ärzte den Kampf um ihr Leben. Parameswarans andere vier Kinder bleiben spurlos verschwunden, fortgetragen von der Welle.

Glückliche Atolle: die Malediven

ARI ATOLL, MALEDIVEN, 10.20 Uhr Ortszeit, 3.21 Stunden nach dem Erdbeben: So eine ungewöhnliche Strömung hat Boris Abdul-Salam noch nie erlebt. Sie ist stark, doch kommt sie mal aus der einen, mal aus der anderen Richtung. Das Wasser trübt sich ein. Und als er und einige weitere Taucher schließlich nach oben schwimmen, geschieht etwas Seltsames: Die Blasen aus der Sauerstoffflasche, die normalerweise schneller als die Menschen aufsteigen, bleiben im Wasser stehen: Die Taucher schweben in sprudelnden Wolken nach oben.

Der 35-jährige Tauchlehrer aus Kiel arbeitet zum zweiten Mal seit 2003 auf den Malediven. Seine Basis liegt auf Athuruga, einem nur 280 mal 100 Meter messenden Eiland am Westrand des Atolls. Eine Trauminsel, wie so viele der 1190 Landfleckchen mitten im Indischen Ozean, die diesen Staat bilden: überall Palmen, Mangroven, weite Sandstrände.

Um 9.30 Uhr sind Abdul-Salam und ein Kollege mit dem Tauchboot hinausgefahren. Sieben Gäste haben sie an diesem Morgen zu einem Wrack hinuntergebracht. Als sie nun auftauchen, sehen sie, dass auch die Wasseroberfläche in der Lagune unruhig ist: Kleine, kabbelige Wellen tanzen über das grünlich schimmernde Wasser, obwohl kaum ein Lüftchen weht.

Auf dem Rückweg ruhen sich Abdul-Salam und sein Kollege auf dem Sonnendeck aus. Athuruga kommt in Sicht.

„Ist sie nicht schön?", ruft Abdul-Salam aus. „Jedes Mal sieht sie wieder anders aus!"

Sie fahren näher heran – und ganz langsam geht den Tauchern auf, dass die veränderte Form der Insel diesmal mehr ist als bloß ein Spiel von Lichtreflexen und Schatten.

Ihr Anlegesteg ist spurlos verschwunden. Der Strand ist fort.

Während das Boot auf dem Wasser zur Sicherheit beidreht, springt Abdul-Salam über Bord und schnorchelt zur Insel hinüber: um nachzusehen, was hier passiert sein mag.

> Auf den **Malediven** ist keine einzige natürliche Erhebung hoch genug, um der Welle zu entgehen

SECHS TAGE ZUVOR SIND die Malediven, endlich, aus der UN-Liste der ärmsten Länder der Welt gestrichen worden. Rund 300 000 Menschen leben hier, ein Viertel in der Hauptstadt Male, der Rest verteilt auf rund 200 bewohnte Eilande. 87 luxuriöse Hotels sind auf den Inseln verstreut, Paradiese für wohlhabende Taucher, Schnorchler, Segler.

Etwa 2500 Kilometer hat der Tsunami zurückgelegt, als er an diesem Morgen auf die 1190 Inseln trifft. Er baut sich zu einer Höhe von 1,00 bis 3,70 Meter auf – nicht mehr so gewaltig wie vor Sumatra, doch hoch genug, möchte man meinen, für Eilande, deren höchste natürliche Erhebung gerade 1,50 Meter über den Meeresspiegel ragt.

Doch die großen, vorgelagerten Korallenriffe, die Paradiese der Taucher, leiten vielerorts die Gewalt der Woge ab wie Wellenbrecher. Und da die Inseln ausnahmslos klein und flach sind, geht der Tsunami über sie hinweg – zwar bedeckt er sie vollständig, doch nur für ein paar Augenblicke, dann zieht die Welle weiter. Nirgendwo hat das Wasser jene starke Sogwirkung, die andernorts Tausende ins Meer und in den sicheren Tod gezerrt hat.

Es ist trotzdem schlimm genug.

Der erste Mensch stirbt, noch ehe die Welle überhaupt angekommen ist: ein britischer Tourist, der an den Strand geht, um den Sonnenaufgang zu beobachten. Er erblickt die Woge, die sich am Riff aufbaut – und erleidet einen Herzinfarkt.

Als der Tsunami die Inseln erreicht, sinkt innerhalb der Atolle das Wasser. In manchen Lagunen fällt der Pegel kurzzeitig um vier Meter. Dann jedoch wird die Hauptstadt Male brusthoch überflutet, werden alle Dörfer der Einheimischen und alle Resorts, wird jede unbewohnte Insel überspült. Der Spuk dauert nie lange, fünf, höchstens zehn Minuten.

Als Boris Abdul-Salam die Insel Athuruga erreicht, ist alles schon vorbei. Die Bungalows sind nicht einmal bis zu einer Höhe von einem Meter durchfeuchtet. Nur dort, wo geschlossene Türen dem Wasser Widerstand geboten haben, sind Schäden an den Gebäuden aufgetreten. Niemand aber ist fortgerissen worden.

Erst Stunden später, als sich besorgte Freunde aus Deutschland per SMS bei Abdul-Salam melden („Hast du die Katastrophe überstanden?"), erfährt er von dem Desaster, das Asien heimgesucht hat.

Auf anderen Inseln ist es schlimmer. Auf Olhuveli etwa wird eine deutsche Touristin in ihrem Bungalow vom Wasser überrascht. Sie flieht ins Badezimmer und versperrt die Tür. Das Wasser dringt trotzdem ein und steigt. Der Raum hat kein Fenster. Die Frau erkennt, dass sie in einer Falle steckt und will die Tür wieder aufstoßen. Doch die schwingt nach außen auf – und dagegen drückt die Welle …

Das Badezimmer hat sich binnen Sekunden in eine Zelle verwandelt, die voll läuft. Die Touristin ist gefangen, sie kann die Tür nicht mehr öffnen. Sie klettert auf den Waschtisch, um ihren Kopf über dem wogenden Nass zu halten.

Das Wasser steigt.

Qualvolle Minuten vergehen. Dann, endlich, beruhigt sich das Meer. Der Raum wird nicht bis unter die Decke geflutet. Es bleibt noch etwas Platz zum Atmen. Die Deutsche ist gerettet.

FÜR 109 MENSCHEN, unter ihnen mehrere Touristen, wird die Welle jedoch zur tödlichen Gefahr: Die meisten der Opfer werden mitgerissen und ertrinken. Ein Drittel der Hotelanlagen wird vollständig zerstört oder zumindest schwer beschädigt.

Der Tourismus aber geht weiter. In dem Hotel, in dem Abdul-Salams Tauchbasis liegt, wird schon am Abend des Unglückstages das Restaurant wieder eröffnet. Ein paar Wochen später ist die Anlage bereits wieder zur Hälfte belegt. Stammgäste.

Aber einige der Menschen, die an der Rezeption stehen oder die Räume putzen, stammen nicht von den Malediven – sondern aus Indien und Sri Lanka. Lange müssen sie auf der Insel ausharren, ohne zu wissen, ob ihre Familien daheim noch leben. Der Flughafen bei Male wird zunächst gesperrt, dann öffnet er nur für jene Jets, welche Touristen abtransportieren. E-Mail- und Telefonverbindungen in die Katastrophengebiete sind schlecht, Tage quälender Ungewissheit die Folge.

Und etwa drei Wochen nach dem Tsunami werden noch ganz andere, schreckliche Botschaften aus Sri Lanka auf den Malediven ankommen: Leichen.

Mindestens zwölf Tote, die der Tsunami von der gut 900 Kilometer entfernten Insel gerissen hat, treiben auf die schönen Strände der Malediven.

Countdown bis Afrika

Pacific Tsunami Warning Center, Hawaii, 19.25 Ortszeit, 4.26 Stunden nach dem Erdbeben: Eine Meldung vom Seismologischen Institut der Universität Harvard geht auf Hawaii ein. Die dortigen Wissenschaftler können mit ihren Computern Beben-Messwerte so schnell und genau analysieren wie kaum eine andere Forschungsstelle der Welt. Sie melden: Stärke 8,9. (Etwas später korrigieren sie ihre Schätzung auf 9,0.)

Charles McCreery wird erst jetzt klar, dass sie es mit einem Monster zu tun haben. Die Werte der Richter-Skala steigen nicht linear an, sondern logarithmisch zur Basis zehn: 9,0 ist zehnmal so stark wie 8,0. Nun erst wissen die Forscher auf Hawaii, dass sie eines der stärksten Erdbeben der Geschichte aufgezeichnet haben.

Doch praktisch zur selben Minute gehen Daten von den australischen Kollegen ein: Eine Messboje hat vor den Kokosinseln westlich des fünften Kontinents eine Wellenhöhe von nur 50 Zentimetern gemessen. Und knapp eine Stunde später meldet das nationale Wetteramt der USA, dass auf dem Eiland Diego Garcia, einem US-Militärstützpunkt im Indischen Ozean, kein Tsunami bemerkt worden sei.

Die Riesenwelle mag noch irgendwo durch den Indischen Ozean rasen. Aber wo? Die Spezialisten auf Hawaii wissen vorläufig nur, wo der Tsunami *nicht* ist.

Anna Lechner und Thomas Elmerhaus auf dem Rückflug aus Sri Lanka: Die Hamburger Touristen haben das Drama überlebt, dem wahrscheinlich mehr als 600 Deutsche zum Opfer gefallen sind

6.30 Stunden nach dem Erdbeben: Die Seychellen werden getroffen, eine Inselwelt ähnlich schön wie die Malediven. Hier hat die Welle noch die Kraft, drei Menschen fortzureißen. Die Brücke zum Flughafen stürzt ein.

7.16 Stunden nach dem Erdbeben: Anna Lechner und Thomas Elmerhaus haben den Tempel im Dschungel von Sri Lanka verlassen. Ihr Hotel ist verwüstet, Geld, Papiere, Flugtickets sind in den Fluten verschwunden. Sie besitzen nur die wenigen Kleidungsstücke, die sie am Leib tragen. Anna Lechner rettet aus dem verwüsteten Hotel das weiße Hemd eines Angestellten und wäscht mühsam den Schlamm heraus, damit sie wenigstens etwas zum Wechseln hat. Für die beiden beginnt eine tagelange Odyssee, bis sie schließlich ein Flugzeug erreichen, das sie nach Hause bringt.

Immerhin leiht ihnen jemand kurz ein Mobiltelefon. Anna Lechner kann nicht anrufen, das Netz ist überlastet. Aber eine SMS an ihre Mutter kommt durch: „Haben überlebt, sind in Sicherheit."

Pacific Tsunami Warning Center, 22.15 Ortszeit, 7.16 Stunden nach dem Erdbeben. In den Minuten, in denen sich das Hamburger Ehepaar vom Tempel in Sri Lanka aus durchschlägt, spricht McCreery per Konferenzschaltung mit Beamten des Außenministeriums in Washington und Angehörigen der US-Botschaften auf Madagaskar und Mauritius.

Der Wissenschaftler warnt die Diplomaten vor dem Tsunami, der beide Inseln bedrohen könne. Es ist die erste Prognose der Experten auf Hawaii.

Und sie ist falsch.

Tatsächlich nämlich kommen diese beiden Inseln glimpflich davon – während die Welle rund 2000 Kilometer nördlich von Madagaskar (und unbemerkt von den Forschern) bereits wieder zugeschlagen hat: in Somalia.

Dort, rund 5000 Kilometer vom Epizentrum entfernt, ist der Tsunami noch immer mehr als einen Meter hoch. Die Fischer der Region Puntland sind auf hoher See. Sie jagen am Horn von Afrika Hammerhaie. Viele Boote kentern in der plötzlich auftretenden Wasserwand, die Fischer stürzen ins haiverseuchte Meer. An der Küste werden Dörfer überspült. Mindestens 150 Menschen sterben in dem ostafrikanischen Staat.

Das Land, zerrüttet von jahrzehntelangen Kämpfen marodierender Banden, hat keine funktionierende Regierung, keine einheitliche Verwaltung, keine zuverlässige Armee oder Polizei, keine nationalen Rettungsdienste, keine Küstenwacht. Obwohl internationale Fernsehsender seit Stunden über den Tsunami berichten, wird hier niemand gewarnt.

Und es ist noch immer nicht genug.

8.00 Stunden nach dem Erdbeben: Der Tsunami hat endlich das ferne westliche Ende des Indischen Ozeans erreicht. Rund einen Meter hoch sind die Wogen, die von einem Zipfel Arabiens bis zum Kap der Guten Hoffnung an die Küsten donnern. Im Jemen soll ein Kind in der Woge ertrunken sein. In Tansania sterben zehn Menschen.

Nur Kenia ist gewarnt – mehr als 5000 Kilometer und acht Stunden entfernt vom Erdbeben. Aber es sind nicht die Experten auf Hawaii, keine Diplomaten, keine Regierungsvertreter, keine Wissenschaftler, die das Land – als Einziges an den Gestaden des Indischen Ozeans – rechtzeitig alarmieren.

Es sind ein paar aufmerksame Menschen vor Ort.

Hafen von Mombasa, Kenia, 13.00 Uhr Ortszeit, 8.01 Stunden nach dem

Erdbeben: In dem Büro von Kapitän Twalib Hamisi, dem Hafenmeister, klingelt das Telefon. Ein Mitarbeiter meldet, dass im Haupthafen das Wasser steige – obwohl Ebbe sei.

Hamisi hat keine Erklärung für das Phänomen, doch er ist sofort misstrauisch. Vielleicht ist irgendwo eine Wasserleitung gebrochen? Er ruft Kollegen in den Häfen von Malindi und Lamu an. Dort, so erfährt er, steigt das Wasser ebenfalls an.

Dann meldet sich Kenias Außenminister bei dem Hafenmeister. Der Politiker hat Fernsehberichte von dem Tsunami in Asien gesehen.

„Wir haben ein Problem", sagt Hamisi.

Bei dem Hafenmeister liegen Notfallpläne – für Ölunfälle und ähnliche Desaster. An einen Tsunami hat niemand je gedacht. Hamisi improvisiert und wandelt diese Pläne ab: Er informiert die Polizei; die Beamten sollen alle Strände evakuieren. Er telefoniert mit den örtlichen Journalisten; die Medien sollen Warnmeldungen verbreiten. Er funkt alle größeren Schiffe in seinem Küstenabschnitt an und warnt sie; außerdem mögen die Kapitäne doch bitte an die vielen hölzernen Daus, die einfachen, nicht mit Funkgeräten ausgerüsteten Fischerboote, heranfahren und Alarmmeldungen hinüberrufen.

Auch andernorts bleiben die Menschen nicht tatenlos. Im edlen Hotel „Hemingway's Resort" in Watamu etwa, wo einige Angestellte im Fernsehen Bilder des Tsunami sehen. Sofort ahnen sie, dass auch ihre Küste in Gefahr sein könnte. Sie rufen jemanden im nächstgelegenen Hafenamt an, doch der ist noch nicht informiert. Sie melden sich bei einem Offizier der kenianischen Marine – der verspricht bloß, sich um die Sache zu kümmern. Irgendjemand sucht nach der Nummer eines britischen Professors, der angeblich Experte für Meeresströmungen an der afrikanischen Ostküste ist.

Schließlich werden die Angestellten nervös. Da ihnen niemand irgendeine konkrete Information geben kann, alarmieren sie auf eigene Faust ihre Gäste. Diese müssen den Strand verlassen und sich auf einem Parkplatz sammeln – mehr als einen halben Kilometer entfernt vom Meer.

30 Minuten reichen aus,
um in Kenia alle Menschen zu
evakuieren. Fast alle

Auf der Halbinsel Hafun vor Somalias Küste werden fast alle Häuser der 4500 Einwohner zerstört. Das in Anarchie abgesunkene ostafrikanische Land ist das letzte, das von dem Tsunami schwer getroffen wird

Zwischen der ersten Welle, die den Hafenmeister Hamisi alarmiert, und der zweiten, stärkeren, verstreichen in Kenia rund 30 Minuten. Die reichen vollkommen aus, um die Küsten des Landes größtenteils zu evakuieren.

Nachbeben

Nur 30 Minuten! Die Menschen in Sumatra und auf den Andamanen und Nikobaren hätten wohl auch unter anderen Umständen keine Chance gehabt, dem Tsunami zu entgehen. Zu nahe lebten sie am Epizentrum, zu kurz war die Vorwarnzeit. Doch in Thailand und Indien, auf Sri Lanka, den Malediven und in Ostafrika war die Vorwarnzeit nicht in Minuten bemessen, sondern in Stunden. Wenn Kenia in 30 Minuten seine Küsten größtenteils evakuieren konnte, warum hätte dies in Asien nicht auch gelingen können? Zehntausende wären gerettet worden.

So aber sterben binnen acht Stunden mehr als 300 000 Menschen. Wohl ein Drittel von ihnen sind Kinder.

Wenig werde sich ändern, prophezeien schon bald darauf die Experten (siehe Seite 122). Die Atommacht Indien werde sich weiterhin als regionale Vormacht aufspielen. Der Bürgerkrieg in Aceh werde weiterschwelen und der in Sri Lanka auch. Den Naturvölkern der Andamanen und Nikobaren drohe auch in Zukunft das Aussterben. Und warum sollte die Tourismusbehörde in Thailand ihren immensen Einfluss verlieren? Die Reisenden hätten ein kurzes Gedächtnis. Bald seien die Strände wieder begehrte Ziele der Sonnenhungrigen. Und die ruinierten Fischer? Gesamtwirtschaftlich gesehen für die meisten Staaten nur eine Marginalie.

Doch kann man da wirklich so sicher sein?

Wird nicht die schiere Zahl der Opfer eine Wirkung entfalten? Die Welle hat Zehntausende Waisen zurückgelassen – und Zehntausende Eltern, die ihre Kinder nicht haben retten können. Wird

Nahrung, Kleidung, Sicherheit: Drei Wochen nach der Katastrophe lebt dieser Junge in einem Lager, das in der Stadt Kalmunai auf Sri Lanka eingerichtet worden ist. Einige tausend Kinder sind zu Waisen geworden, Zehntausende sind obdachlos, unzählige Schulen zerstört oder in Notunterkünfte verwandelt

das an den Gesellschaften am Indischen Ozean tatsächlich spurlos vorübergehen? Wird nicht zumindest in der Provinz Aceh das Leben für immer anders sein? In jenen Minuten, in denen die Welle zuschlug, sind allein hier etwa fünf Prozent der Bevölkerung ertrunken. Einer von 20 Einwohnern.

EINE VERÄNDERUNG IST wohl schon absehbar: Tsunamis sind nicht länger ein „Pazifik-Problem". Die Anrainerstaaten des Indischen Ozeans haben versprochen, binnen weniger Jahre ein dem Stillen Ozean vergleichbares internationales Warnsystem aufzubauen.

Dann werden, hoffentlich, Messbojen im Meer wachen, damit Forscher schnell und zuverlässig über einen Tsunami unterrichtet werden. Dann werden, hoffentlich, in den Wetterämtern und Katastrophenschutzbehörden Menschen arbeiten, die es wagen, eine Warnung rechtzeitig auszusprechen. Und es werden, hoffentlich, Kommunikationsnetze aufgebaut, um die Menschen zu alarmieren, die vom Meer leben oder sich an seinen Gestaden erholen. Denn dieser letzte Schritt in der Alarmkette wird wohl der schwierigste sein.

SELBST IN KENIA, wo viele Menschen schnell reagieren, sind sie, ein tragisches Mal, nicht schnell genug: In Malindi ist Samuel Njoroge im Wasser, als die Welle kommt, ein 20 Jahre alter Mechaniker aus Nairobi. Er badet zusammen mit seinem Onkel, der Strand liegt nur gut drei Meter hinter ihnen.

Die Woge ist nicht hoch, doch ihr Sog übermächtig. Njoroge und sein Onkel werden unter Wasser gezogen. Italienische Touristen springen hinzu und helfen. Schließlich sind die beiden Männer wieder am Ufer. Der Onkel überlebt – doch für seinen Neffen kommt die Rettung zu spät. Er ist bereits ertrunken.

Es ist das erste Mal, dass Samuel Njoroge im Meer geschwommen ist. □

Cay Rademacher, 39, ist Historiker und der Geschäftsführende Redakteur von GEO*EPOCHE*.
Ergänzende Recherche: Dr. Christine Beil, Helge Bendl, Kirsten Pörschke, Tilman Wörtz.

Friedlicher Einsatz: US-Soldaten werfen Wasserbehälter und Reissäcke in Indonesiens Provinz Aceh ab

Nach der Flut

Hilfe zu organisieren ist ein schweres Geschäft: Die Mitarbeiter des UN-Koordinationsbüros für humanitäre Hilfe (OCHA) wissen das. Sie sind meist die Ersten am Ort einer Katastrophe Und analysieren: Wie groß ist der Schaden? Was wird gebraucht? Und vor allem: Wer kann helfen? Jetzt müssen die Vereinten Nationen – nach der ersten akuten Nothilfe, an der sich insgesamt mehr als 40 Länder beteiligt haben – in den nächsten sechs Monaten Hilfe für fünf Millionen Menschen in 13 Ländern organisieren: die größte Aktion in ihrer Geschichte

Mehr als 60 Flüchtlinge aus Banda Aceh drängen sich im Rumpf eines Transportflugzeuges der australischen Armee. 500 Menschen haben seit dem frühen Morgen in sengender Hitze auf Hilfe gewartet. Nach und nach werden sie nun ausgeflogen. Wo immer auch die Rettungskräfte an der Westküste Sumatras landen, werden sie von Verzweifelten überrannt – von Menschen, die tagelang ohne Obdach, Essen und sauberes Trinkwasser waren

Chinesische Sanitäter behandeln in einem Feldlazarett am Flughafen von Banda Aceh einen schwer verletzten Mann. Einen Monat nach der Katastrophe arbeiten in der Provinzhauptstadt im Norden Sumatras mehr als 350 internationale Hilfsorganisationen – von der Heilsarmee aus Hongkong bis zu den »Architekten ohne Grenzen« aus den USA. Ärzte müssen häufig schwere Lungenentzündungen behandeln – verursacht durch den feinen Sand, den viele Opfer unter Wasser geschluckt haben

Erschöpft greifen die Frauen zu den Wasserflaschen, die Helfer nach Karaitivu an Sri Lankas Ostküste gebracht haben. Eine Woche nach dem Unglück haben sich Hunderttausende in mehr als 750 Flüchtlingslager auf der Insel gerettet. Denn in ihre zerstörten Dörfer können viele Menschen nicht mehr zurück. Die Regierung will nun ganze Ortschaften ins Landesinnere verlegen

Im thailändischen Takua Pa öffnen Helfer in Schutzanzügen ein Massengrab. Kurz nach der Flutkatastrophe sind hier mehrere hundert Leichen vergraben worden, weil es zu wenige Kühlcontainer gab, um sie bis zur endgültigen Identifikation zu lagern. Jetzt kennzeichnen Holzpflöcke mit Nummern die vorläufigen Gräber der Toten – um irgendwann vielleicht doch noch per DNS-Abgleich herauszufinden, wer sie sind

1311

Die Flut hat in den zerstörten Hotelanlagen und Geschäften der thailändischen Ferieninsel Ko Phi Phi Don Pässe, Führerscheine, Kreditkarten, Studentenausweise und Vielfliegerkarten der ausländischen Besucher zurückgelassen. Polizisten sortieren sie, um Hinweise auf Tote und Vermisste zu finden. Allein in Thailand starben schätzungsweise mehr als 2400 Touristen in den Fluten. Kritiker werfen Regierung und Rettungskräften vor, Ausländer bevorzugt zu behandeln. Tatsächlich werden die Folgen der Katastrophe nirgendwo so schnell bewältigt wie hier

SWEDEN
UK
Italy
GER many
MPS
BANCA DAL 1472
VISA
HSBC
DEBIT CARD
AIB
DEBIT CARD
MINT

Der Tsunami hat in der Stadt Kalmunai an der Ostküste Sri Lankas Häuser beschädigt, Straßen überflutet, Menschen mit sich gerissen. Obwohl starker Regen die Hilfslieferungen und Aufräumarbeiten erschwert, versuchen Arbeiter mit einem Bagger die Straßen frei zu schieben – beobachtet von zwei einheimischen Mädchen. Die Ostküste war bereits vor der Flut nur schlecht mit dem restlichen Straßennetz des Landes verbunden. Der Wiederaufbau wird Jahre dauern

VON ANDREA BÖHM

Für diese Katastrophe hat sich die Erde einen Jahrestag des Elends ausgesucht. Am 26. Dezember 2003 sammelte Wladimir Sacharow im Krisenstab des „UN-Büros für die Koordination humanitärer Angelegenheiten“ in Genf erste Meldungen aus der iranischen Stadt Bam: Erdbeben der Stärke 6,5 auf der Richter-Skala, Zahl der Toten wahrscheinlich fünfstellig, Stadt zum großen Teil zerstört; Irans Regierung hat um internationale Hilfe gebeten.

Ein Jahr danach, am Abend des 26. Dezember 2004, sitzt Wladimir Sacharow im Flugzeug nach Sri Lanka und weiß: Seebeben der Stärke 9,0 im Indischen Ozean, gefolgt von einem Tsunami; wahrscheinlich Zehntausende von Toten, weite Strecken der Küste zerstört, Sri Lankas Regierung hat um internationale Hilfe gebeten.

Sacharow, 55, gebürtiger Russe und gelernter Biochemiker, gehört zur schnellsten Truppe, welche die Vereinten Nationen im Krisenfall aufbieten können: zum „Office for the Coordination of Humanitarian Affairs“ mit seiner Unterabteilung „United Nations Disaster Assessment and Coordination“ – im hausinternen Kürzel-Jargon kurz OCHA und UNDAC genannt.

Menschen wie Sacharow sieht man nicht im Fernsehen. Sie teilen keine Notrationen aus, sie impfen keine Kinder. Sie machen Bestandsaufnahme: Wie groß ist der Schaden? Was und wer wird gebraucht? Was und wer wird nicht gebraucht? „Eine große Katastrophe“, sagt er, „verläuft oft in zwei Akten. Erst kommt ein Erdbeben, ein Tsunami oder ein Krieg. Und dann kommt die Hilfe.“

In Sri Lanka Chaos zu verhindern und Hilfe zu koordinieren – so lautet der Auftrag für UNDAC-Mission Nummer 125, die er leitet. Die Missionen 126, 127 und 128 brechen wenig später nach Thailand, Indonesien und zu den Malediven auf. Deren Mitglieder – Zivilschutz-Experten, die für die UN auf Abruf einsetzbar sind – fliegen aus Argentinien, von den Philippinen, aus Neuseeland, Finnland und Deutschland ein.

Schon bald nach der Katastrophe verladen Mitarbeiter von Unicef in Kopenhagen die erste Hilfslieferung. Auf Sumatra können zahlreiche Orte nur aus der Luft mit Medikamenten, Zelten, Reis und Wasser versorgt werden – viele Straßen sind zerstört

Im OCHA-Büro in Genf bildet sich unterdessen die „Task Force" für die Katastrophe. Ein österreichischer Major wird die täglichen Lageberichte zusammenschreiben: wie viele Schlafmatten das Internationale Rote Kreuz in Trincomalee ausgegeben hat; ob in Banda Aceh der Impfstoff gegen Masern ausreicht; wen man im anarchischen Somalia mit der Verteilung von Notrationen betrauen kann.

Eine niederländische Diplomatin wird die Geberländer beraten, eine dänische Zivilschutzexpertin militärische und zivile Hilfsgüter vermitteln. Wer braucht am dringendsten Behelfsbrücken der indischen Armee? Wohin soll das Hospitalschiff der Bundeswehr? Wie schnell sind Antonow-Transportmaschinen aus der Ukraine zu bekommen?

Der Rest der Genfer Belegschaft ist wie Sacharow ins Tsunami-Gebiet unterwegs oder behält die anderen Katastrophen der Welt im Auge: zum Beispiel 180 000 Flüchtlinge nach Kämpfen im Ost-Kongo sowie Überschwemmungen nach Regenfällen in Costa Rica.

ALS WLADIMIR SACHAROW am 27. Dezember um 11 Uhr Ortszeit in Colombo aus dem Flugzeug steigt, glaubt er, in der falschen Stadt gelandet zu sein. Von Panik und Schock keine Spur, ebenso wenig von Helfern und Hilfsgütern. Der Tsunami hat Sri Lankas Hauptstadt weitgehend verschont.

Doch nur wenige Kilometer weiter südlich haben die Wellen Dörfer ausradiert, Brücken und Häuser weggeschwemmt. Zivilisten mit Mundtüchern sammeln Leichen ein. Zwischen eingeknickten Bootsstegen hängen Autowracks, in den zertrümmerten Straßen findet man Fischerboote; bei Hikkaduwa an der Südwestküste liegt wie weggeworfen ein Personenzug, den die Welle aus den Gleisen gerissen hat.

Sri Lanka ist Schauplatz eines Krieges zwischen der Armee und tamilischen Rebellen und somit seit Jahrzehnten Sorgenkind der internationalen Gemeinschaft. Das erweist sich jetzt als Segen. Das Kinderhilfswerk der UN, das Welternährungsprogramm, Hilfsorganisationen wie „Oxfam" und „Ärzte ohne Grenzen" haben Personal, Lagerhäuser oder gute Kontakte vor Ort.

Als Sacharow um 19 Uhr ein Treffen aller Hilfswilligen im UN-Haus in Colombo einberuft, kommen an die 100 Leute, auch Vertreter der Ministerien und Botschaften. Chaos verhindern – das heißt an diesem Abend: Mobilfunknummern austauschen und absprechen, dass nicht jede Gruppe auf eigene Faust ausschwärmt und eine Bedarfsanalyse erstellt. Alle Informationen sollen bei den UN-Leuten und der Regierung einlaufen – am besten in deren Lagezentrum.

Einigen Helfern fehlt die Einsicht, dass sie das Chaos nur vergrößern

Lagezentrum? Es existiert keines. Sacharow gibt den Regierungsbeamten einen Schnellkurs in Katastrophenmanagement – Krisenstab, Informationsfluss, Befehlshierarchie. Je dringlicher die Situation, desto grollender sein Englisch. Das schafft aufmerksame Zuhörer.

Danach helfen seine Leute, im Sekretariat der Präsidentin Chandrika Bandaranaike Kumaratunga Telefon- und Internetanschlüsse zu legen, eine Website zu entwerfen und geeignete Landkarten zu finden. So entsteht das „Center for National Operations" der Regierung.

„Auf Initiative der Präsidentin", heißt es nach offizieller Lesart.

Die ersten Berichte aus den heimgesuchten Regionen lesen sich wie winzige Stücke eines riesigen Puzzles: In Batticaloa an der Ostküste hat die Armee die Bergung der Leichen übernommen; das Welternährungsprogramm verteilt Notrationen mit Linsen, Zucker, Reis; Dorfgemeinden aus dem Landesinneren helfen mit Kleidern und Nahrung.

Im Bezirk Galle an der Südküste notieren zwei UNDAC-Helfer 1750 Tote, 20 000 Obdachlose und 29 „informelle" Flüchtlingslager: „Brauchen dringend Reis, Linsen, getrockneten Fisch, Milchpulver, Bettlaken, Hygiene-Beutel, Medikamente. Küstenstraße nach Colombo befahrbar; Eisenbahnlinie an mehreren Punkten durchtrennt."

Die Angst vor Seuchen durch verschmutztes Wasser wächst. Das Flücht-

lingshilfswerk der UN kündigt 18 000 Schutzplanen sowie 17 000 Plastikmatten, Kochutensilien, Wasserkanister und Kleidung an. Aus Russland, Frankreich, Japan, den Niederlanden sind Flugzeuge mit Hilfsgütern und Helfern unterwegs.

Am zweiten und dritten Tag tritt ein, was Wladimir Sacharow befürchtet hat. Auf dem Flughafen in Colombo drängeln sich Feuerwehrleute aus Pisa, Hunde-Suchtrupps aus Moskau, Angehörige der Heilsarmee aus Hongkong, Spezialisten für Flugsicherheit aus Dubai sowie medizinische Teams aus Spanien, Israel, Österreich, Südkorea, Griechenland, Japan.

Die Welt möchte helfen, sie möchte heilen – und sie möchte, bitte schön, am Flughafen abgeholt werden. Das Telefon im UN-Haus klingelt ununterbrochen. „Wir warten seit Stunden am Flughafen! Wo ist unsere Unterkunft? Warum gibt es keine Autos?"

Die Teams von „Ärzte ohne Grenzen" und vom deutschen Technischen Hilfswerk sind professionell ausgerüstet und werden dringend gebraucht. Anderen Helfern dagegen fehlt es am Nötigsten – auch an Englisch-Kenntnissen und der Einsicht, dass sie im Weg sind.

Außerdem gibt es ein Überangebot an Ärzten. Sacharow schickt zwei seiner Leute an den Flughafen, um eine Empfangsstelle einzurichten.

Beim Koordinationstreffen am Morgen des 30. Dezember zeigen sich im Kampf gegen das Chaos kleine Lichtblicke: Das THW untersucht im „Lighthouse"-Hotel Wasserproben; die Minen-Spezialisten der UN halten die Gefahr durch aufgeschwemmte Landminen für begrenzt und warnen vor hysterischen Presseberichten; die Kartographen von der britischen Organisation „Map Action" sind einsatzbereit, sobald sie einen DIN-A3-Drucker haben. Und um elf Ärzte aus Budapest, die allen freundlichen Warnungen zum Trotz in Colombo gestrandet sind, soll sich der ungarische Honorarkonsul kümmern.

Wladimir Sacharow sitzt unterdessen 300 Kilometer nördlich in Kilinochchi unter fürsorglicher Bewachung der „Liberation Tigers of Tamil Eelam" vor einem TV-Gerät. Kilinochchi liegt im Gebiet der tamilischen Rebellen. Sie haben die UN-Delegation mit einem Propaganda-Film über die Aufräumarbeiten der „Tigers" nach dem Tsunami empfangen. Dann klappt einer der Rebellen seinen Laptop auf und führt per Power-Point-Präsentation durch einen Dreijahresplan für den Wiederaufbau in den tamilischen Provinzen.

Derart stramm organisierte Katastrophenopfer hat Wladimir Sacharow noch nie getroffen.

So beginnt in Sri Lanka eine der größten Hilfsaktionen der Geschichte. 13 Länder sind vom Tsunami betroffen, sechs davon schwer, drei sind zugleich auch noch Bürgerkriegsgebiete: Indonesien, Sri Lanka und Somalia. Die Zahl der Toten und Vermissten steigt in den folgenden Wochen auf mehr als 300 000. Anderthalb Millionen Menschen sind obdachlos, rund fünf Millionen brauchen Nothilfe. Teile der indonesischen Provinz Aceh sehen aus wie nach einem Atombombenangriff. Bilder verstörter Touristen, die an thailändischen Stränden nach Verwandten suchen, gehen um die Welt.

Die Katastrophe – ebenso apokalyptisch wie scheinbar unpolitisch – trifft eine durch Medien und Tourismus globalisierte Welt. Helfen wollen, helfen

Deutschlands Politik und der Tsunami

VON RALF BESTE

26. Dezember 2004: Joschka Fischer verbringt seine Weihnachtsferien in Berlin. Endlich will er wieder laufen und sein Buch über die „Rückkehr der Geschichte" in die internationale Politik zu Ende schreiben. Gegen 9.15 Uhr klingelt das Telefon. Fischers stellvertretender Büroleiter, Clemens von Goetze, informiert ihn über den Tsunami. Die Agenturen melden lediglich ein paar hundert Tote. Doch der Minister, der sich privat mit den todbringenden Wellen beschäftig hat, fürchtet: „Das werden mehr als 10 000 Tote."

Noch am Morgen setzt das Auswärtige Amt einen Krisenstab ein. Zur dritten Sitzung gegen 17 Uhr kommt Fischer ins Krisenreaktionszentrum. „Jetzt muss erst mal über das Geld für die Soforthilfe entschieden werden", kündigt er an.

Die Beamten sind vorsichtig, schlagen 600 000 Euro als ersten Hilfsbeitrag der Bundesregierung vor. Schließlich ist das Jahr fast abgelaufen, der 41 Millionen Euro starke Haushaltstitel 68712-029 („Humanitäre Hilfsmaßnahmen im Ausland außerhalb der Entwicklungshilfe") ist fast ausgeschöpft. Fischer will mehr: eine Million Euro. Am Abend gegen 20 Uhr fliegt ein Team des Technischen Hilfswerkes mit Spezialgerät zur Trinkwasseraufbereitung nach Sri Lanka.

27. Dezember: Fischer versucht, sich per Telefon ein eigenes Bild von der Lage zu machen. In manchen Krisengebieten muss der deutsche Konsulardienst erst organisiert werden: Auf den Malediven und in Phuket gibt es lediglich deutsche Honorarkonsuln. Die ersten Diplomaten aus Berlin werden zur Verstärkung in Marsch gesetzt.

Als Außenminister hat sich der Grüne einen Ruf als strategischer Denker erworben. Doch er ist davon überzeugt, dass die Deutschen handfeste Taten statt wolkiger Worte erwarten, wenn sie in Not kommen – und im Zweifelsfall dem Minister gnadenlos dessen Versagen vorwerfen. Bei Entführungen deutscher Staatsbürger, wie 2003 in der Sahara, war Fischer deshalb stark engagiert. Nach der Sitzung des

Luftbrücke: Die Gegend südlich von Banda Aceh ist von der Außenwelt weitgehend abgeschnitten und kann nur mit Hubschraubern versorgt werden. Weil sichere Landeplätze fehlen, müssen die Pakete in den Schlamm geworfen werden. Die Nothilfe setzt im Norden Sumatras spät ein – manche der Verletzten können die Retter erst nach acht Tagen in eine Klinik ausfliegen

müssen – das wird in den nächsten Tagen und Wochen zur Katharsis. Irak-Krieg, Schuldenfalle, Massenmord in der sudanesischen Provinz Darfur: All das verblasst, als sich die Welt am 26. Dezember 2004 in ein Dorf der Nächstenhilfe verwandelt.

Und wer anders als die Vereinten Nationen sollte in diesem Moment Regie führen? Doch die Weltorganisation ist schwer angeschlagen. Sie hat nach den Worten ihres Generalsekretärs Kofi Annan ein „annus horribilis" hinter sich. Ein fürchterliches Jahr.

Im Kongo ist die ohnehin umstrittene UN-Friedensmission vollends in Verruf geraten, weil Blauhelm-Soldaten minderjährige Mädchen sexuell missbraucht haben.

Im Fall Darfur haben sich die Mitglieder des Sicherheitsrats wieder einmal gegenseitig blockiert; die UN-Generalversammlung hat keine Verurteilung der sudanesischen Regierung zustande gebracht. „Wozu diese Organisation?", fragte wütend der amerikanische UN-Botschafter: „Was soll das alles?"

Das Verhältnis zwischen der Bush-Regierung und dem UN-Generalsekretariat ist auf dem Tiefpunkt, seit Kofi Annan den Irak-Krieg als völkerrechtswidrig bezeichnet hat.

Auch im Kapitol, dem US-Parlament, stehen die Vereinten Nationen am Pranger, weil sie sich in den Augen einflussreicher Abgeordneter im Irak der Kollaboration mit Saddam Hussein schuldig gemacht haben: Zwischen zehn und 20 Milliarden Dollar soll der irakische Diktator trotz eines Wirtschaftsembargos bis zu seinem Sturz in seine Kassen geleitet haben – zum Teil im Rahmen des UN-Programms „Öl für Lebensmittel".

Um die Leiden der Zivilbevölkerung zu lindern, war es dem Irak ab 1996 unter UN-Aufsicht gestattet worden, mit Öleinnahmen Lebensmittel und Medikamente zu importieren. Das Programm hielt Millionen von Menschen am Leben. Gleichzeitig hielt Saddam Hussein bei den beteiligten Firmen die Hand auf; mehrere UN-beauftragte Unternehmen stellten skandalös überhöhte Rechnungen aus;

auch der Leiter des UN-Programms Benon Sevan steht seither unter dem Verdacht der persönlichen Bereicherung.

Inmitten der Empörung geht freilich unter, dass Saddams Clique ungleich viel mehr Geld aus dem von den USA geduldeten Erdölschmuggel mit Jordanien und der Türkei kassiert hat. Stattdessen entwickelt sich die Affäre in der US-Presse zu Kofi Annans persönlichem „Oil for Food"-Skandal und zum PR-Desaster für die Uno.

Es ist der vorläufige Höhepunkt des Kampfes zwischen der Weltorganisation und der Supermacht. Dahinter steckt nicht nur Empörung über Misswirtschaft oder Rache für Annans Kritik am Irak-Krieg – hier prallen auch Weltbilder und Ideale aufeinander.

In Washington war während des Zweiten Weltkriegs die Idee der „Vereinten Nationen" als Bollwerk gegen das Böse, gegen Krieg und Genozid entstanden. Gut 60 Jahre später sind die UN und ihr mächtigster Mitgliedsstaat zutiefst darüber zerstritten, was das „Böse" ist, wie man es bekämpft und wessen Auslegung von internationalem Recht und globaler Moral in Zukunft gilt.

Längst befinden sich die reichen Länder im Rennen um die Spendenweltmeisterschaft

Für viele US-Politiker ist die Antwort klar: Die Uno ist zu schwach für Friedenseinsätze, zu korrupt für humanitäre Kampagnen. Senatoren drohen mit der Sperrung amerikanischer Gelder für den UN-Haushalt und fordern Annans Rücktritt. Dessen große Reformagenda, die er bis zu seinem Ausscheiden Ende 2006 als Erbe hinterlassen will, gerät in Gefahr. Anfang Dezember 2004, so raunen Diplomaten in New York, spielt er tatsächlich mit dem Gedanken an Rücktritt. Er bleibt – wenn auch angeschlagen.

Als am 26. Dezember der Tsunami über die Küsten des Indischen Ozeans rollt, befindet sich Kofi Annan in den Weihnachtsferien im US-Bundesstaat Wyoming. Zwar telefoniert er von dort sofort mit Regierungschefs, Botschaftern und seinem Mitarbeiterstab. Doch kehrt er erst drei Tage später nach New York zurück.

Da ist bereits ein anderer zur Symbolfigur der Katastrophenhilfe geworden: Jan Egeland, der norwegische UN-Nothilfekoordinator. Egeland leitet das OCHA-Büro und ist somit der Chef von Wladimir Sacharow.

4. Januar 2005, Tag zehn der Hilfskampagne. Jan Egeland hat es seither auf knapp 40 Stunden Schlaf gebracht. Er hat eine heftige Kollision mit der US-Regierung hinter sich, nachdem er bei einer Tsunami-Pressekonferenz die Knauserigkeit der reichen Länder im Angesicht von Aids und Armut angeprangert hat. Das hatte der US-Präsident prompt auf Washington gemünzt und den Norweger als „irregeleitet und schlecht informiert" abgekanzelt. Als George W. Bush zudem eine „Kerngruppe" von Ländern ankündigte, die unter amerikanischer Führung ihre Hilfe koordinieren sollte, schien sich der Konflikt zwischen den USA und der UN in der Tsunami-Katastrophe fortzusetzen.

Ein paar Tage später waren die Wogen geglättet. Seither ist Egeland von allen als der Nothilfe-Koordinator anerkannt, hat an Statur gewonnen, aber auch an Blässe im Gesicht. In dem kleinen, friedensblau dekorierten „Briefing Room" des New Yorker Hauptquartiers scheint Egeland selbst noch nicht zu fassen, was und wen er koordinieren muss: zunächst die betroffenen Nationen.

Darunter Indonesien, dessen Armee misstrauisch die Invasion der Helfer in der ehemals abgeriegelten Bürgerkriegsprovinz Aceh beobachtet. Und

Krisenstabes geht er nachmittags erstmals vor die Presse. „Es ist zu befürchten, dass auch deutsche Landsleute unter den Opfern sind", sagt Fischer.

Abends wird seine Befürchtung bestätigt. Um 19 Uhr schaltet er zu Hause die Nachrichten an. Das ZDF berichtet über massive Zerstörungen in einem Ort namens Khao Lak. Dort hätten viele Deutsche Ferien gemacht. Fischer ruft seinen Mitarbeiter von Goetze an: „Finden Sie raus, was da passiert ist." Doch in Thailand ist es schon mitten in der Nacht.

28. Dezember: Ein junger deutscher Diplomat darf frühmorgens in einem Hubschrauber der thailändischen Armee mitfliegen, um Khao Lak zu erkunden. Aus der Luft sieht er den völlig zerstörten Badeort. „Leichenberge am Strand", meldet der Diplomat nach Berlin, als dort der Tag beginnt. Fischer mag die Meldungen kaum glauben, aber er weiß: Die Weihnachtsferien sind endgültig vorbei. Er ruft Gerhard Schröder an: Der müsse seine Ferien ebenfalls abbrechen und nach Berlin kommen.

Beide können sich gut daran erinnern, wie wichtig es für Politiker in Katastrophenzeiten ist, zur rechten Zeit am rechten Ort zu sein: Bei der Elbflut 2002 stand Schröder binnen kurzem in Grimma, in Gummistiefeln, und versprach den Betroffenen Hilfe. Sein Herausforderer Edmund Stoiber machte weiter an der Nordsee Urlaub – und verlor die Bundestagswahl.

Auch Fischers engste Mitarbeiter werden zurückgerufen. Sein Sprecher Walter Lindner, der nebenbei Musik macht und in seinem Tonstudio eine neue CD aufnehmen will, muss seine Co-Musiker nach London und München zurückschicken. Vor der Presse warnt Fischer: „Wir müssen Schlimmes befürchten." Die Nothilfe wird auf zwei Millionen Euro aufgestockt.

Anschließend geht er zum Essen ins „Refugium" im Französischen Dom auf dem Gendarmenmarkt. Fischers Büroleiterin Helga Schmid, ebenfalls zurückgeeilt, wickelt beim Essen die Telefonate ab. Gegen halb drei klingelt das Handy. Der thailändische Außenminister Surakiart Sathirathai ruft an, er stehe gerade am Strand von Phuket. Die Leitung bricht ab, zweiter Versuch.

Fischer geht im beinahe leeren Lokal auf und ab; seine Stimme hallt durch den Saal. „Your Excellency", brüllt Joschka Fischer in sein Mobiltelefon, „wir hören schockierende Nachrichten aus Khao Lak." 1500 Tote habe man dort schon gefunden, meldet der Thailänder. „Wie viele Ausländer?" Das sei noch unklar.

„Wir schicken weitere Forensik-Experten", verspricht Fischer. „Und sagen Sie bitte Bescheid, wenn Sie Neues erfahren." Zu diesem Zeitpunkt rechnet er mit 8000 bis 10 000 betrof-

Somalia, dessen Regierung aus Sicherheitsgründen immer noch im kenianischen Exil sitzt.

Dann den Apparat der internationalen Katastrophenhilfe. In Rom befindet sich das Logistikzentrum der UN, in Bangkok die Schaltstelle für militärische und zivile Hilfe. Der operative Teil des OCHA-Büros sitzt in Genf, der politische in New York. Dort warten auch die UN-Botschafter von 24 Geberländern in einer „Humanitarian Liason Working Group" auf Information.

Absprachen mit den anderen UN-Organisationen, die sich bei früheren Noteinsätzen oft auf die Füße traten, sind im „Inter Agency Standing Committee" in Genf zu treffen, wo auch Vertreter vom Internationalen Roten Kreuz, dem Roten Halbmond und anderer humanitärer Organisationen dazukommen. In Norwegen hat Egeland, 46, früher das Rote Kreuz geleitet, er kennt die meisten Akteure beim Vornamen. Wie man mit sperrigen Generälen oder Politikern umgeht, weiß er, seit er in Guatemala einen Waffenstillstand zwischen Rebellen und Armee vermittelt und in Oslo heimlich Emissäre Israels und der PLO an einen Tisch gebracht hat.

Aber alle Koordination, alles diplomatische Geschick hilft nicht gegen die Regenfluten, die in den Tagen nach dem Jahreswechsel in Sri Lanka Straßen unter Wasser setzen. Auch nicht gegen den Wasserbüffel, der in Banda Aceh vor eine landende Boeing 737 lief, weshalb der Flughafen stundenlang blockiert war. Dort stapeln sich bereits Tausende Tonnen von Hilfsgütern, die nicht verteilt werden können, weil die Straßen unpassierbar sind, weil alle Telefonleitungen zusammengebrochen sind, weil immer noch viele Überlebende unerreichbar sind für die Helfer.

„Das lässt mich verzweifeln", sagt Egeland, und man sieht es ihm an. Dann dankt er der amerikanischen Marine, die von ihren Schiffen aus vor der Küste Sumatras Hubschraubereinsätze fliegt.

Das Pentagon hat unter anderem seine „Expeditionary Strike Group Five" geschickt. Solche schwimmenden Militärstützpunkte mit kleinen Flugzeugträgern, Jets, Helikoptern, Amphibienfahrzeugen, Bordhospitälern, Trinkwasseranlagen und Leichenhallen sollen Amerika militärisch autark machen. Doch jetzt sind sie Teil einer Rettungskampagne – und Werbeträger für das „gute Amerika" im muslimischen Indonesien.

Egeland sind solche Überlegungen im Moment völlig egal. Es hat ihn vier Monate gekostet, um fünf Helikopter für den humanitären Einsatz in Darfur aufzutreiben. Jetzt hat er innerhalb einer Woche fünf Schiffe mit Hubschraubern im Einsatzgebiet. Noch dringender aber

Ein Elefant räumt in der Stadt Banda Aceh Trümmer beiseite. Die Tiere werden dort eingesetzt, wo schweres Räumgerät versagt. Hin und wieder stoßen die Räumkommandos dabei immer noch auf Tote

braucht er jetzt ein C-17-Transportflugzeug, mit dem man schweres Räumgerät einfliegen kann. London sagt es zu.

Seine Bemerkung über den Geiz des Westens ist nicht vergessen. Aber vielleicht hat sie dazu beigetragen, das Rennen um die Spendenweltmeisterschaft auszulösen. Zwei Milliarden Dollar sind bereits zugesagt. In zwei Tagen treffen sich Regierungschefs und Außenminister in der indonesischen Hauptstadt Jakarta zu einem Gebergipfel.

„Eine Bitte hätte ich noch an die Geberländer", sagt Egeland. „Bringen Sie das Geld, das sie versprochen haben, auch wirklich mit."

ES IST KURZ VOR 13 UHR New Yorker Zeit. In Genf bereiten sich die OCHA-Finanzexperten auf die nächste Nacht-

Drei Tage nach dem Unglück bergen Helfer einen Touristen aus den Trümmern eines zerstörten Hotels im thailändischen Khao Lak. An der Suche nach Überlebenden beteiligt sich auch eine deutsche Hundestaffel

schicht vor. Sie haben noch anderthalb Tage Zeit, um den „Flash Appeal" zu formulieren: den Spendenaufruf, den Kofi Annan in Jakarta präsentieren wird. Es ist der Kostenvoranschlag für die Hilfskampagne.

8 064 000 Dollar braucht Unicef für Schulen auf den Malediven. Die Foundation for Coexistence in Sri Lanka soll für 300 000 Dollar 500 Familien im Distrikt Trincomalee mit Notunterkünften und Kochgeschirr ausrüsten. Islamic Relief Indonesia wird mit 200 000 Dollar für die „Reparatur von mindestens 25 Wasserpumpen und den Aufbau von 100 Latrinen" veranschlagt. Care International soll mit 1 869 000 Dollar zwei Monate lang 10 000 Familien an der Küste Somalias ernähren.

Die 200 000 Dollar für ein Hebammen-Projekt auf den Seychellen streicht man in Genf dagegen. „Flash Appeals" haben einen zwiespältigen Ruf. Zu oft wurden so Projekte finanziert, die nichts mit Nothilfe zu tun hatten.

Auf den 86 Seiten des UN-Spendenaufrufs kommen so insgesamt 977 Millionen Dollar zusammen, die helfen sollen, fünf Millionen Menschen in den nächsten sechs Monaten auf die Beine zu helfen. Umgerechnet sind es knapp 200 Dollar pro Kopf.

738 Millionen werden von den Geberländern einige Tage später auf der zweiten Konferenz in Genf zugesagt: umgerechnet etwa 150 Dollar pro Betroffenen. Das klingt zunächst, als müsste man die Welt wieder der „Knauserigkeit" zeihen – doch im Genfer OCHA-Büro murrt man nicht etwa über Geiz, sondern über den Spendenüberfluss.

Denn neben den 738 Millionen Dollar an UN-Geldern für die ersten sechs Monate wollen Länder wie Australien, Deutschland, Großbritannien, die USA sowie die EU insgesamt mehrere Milliarden Dollar an staatlichen Mitteln und privaten Spenden in den nächsten Monaten und Jahren in das Tsunami-Gebiet leiten.

Die Internationale Föderation der Rotkreuz- und Rothalbmond-Gesellschaften hat bereits die Rekordsumme von 1,17 Milliarden Dollar eingesammelt – genug für einen „Zehn-Jahres-Aufbauplan in der Region", wie ein Sprecher sagt. Amerikanische Hilfsorganisationen verbuchen in den ersten zwei Wochen über 340 Millionen Dollar Spenden für die Tsunami-Opfer; die französische Organisation „Ärzte ohne Grenzen" ruft „Stopp!" und bittet ihre Spender, das Geld auch in anderen Notgebieten einsetzen zu dürfen.

„Das hätten wir auch machen sollen", hört man auf den Fluren von OCHA.

Gewiss, die Geberländer – allen voran die skandinavischen, aber auch Kanada und Deutschland – haben in den letzten Jahren dazugelernt und sich verpflichtet, schneller und früher auf das OCHA-Konto einzuzahlen, damit Jan

fenen Europäern. Er befürchtet, dass mehrere hundert Deutsche umgekommen sind. „Jetzt muss der Innenminister überlegen, wann er Trauerbeflaggung verordnet", sagt er leise.

Die Finanzhilfe reicht nicht mehr, beschließen Schröder und Fischer nachmittags am Telefon und erhöhen die deutschen Beiträge auf 20 Millionen Euro.

Ein fliegendes Lazarett der Bundeswehr bricht nach Fernost auf, um Europäer zu evakuieren. Wegen des enormen Anstiegs der Anrufe reichen die Telefone im Krisenreaktionszentrum nicht mehr aus. Das Außenministerium bezieht ein zweites Call-Center ein paar Straßen weiter. Beamte des Hauses werden im Urlaub angerufen und gebeten, freiwillig an der Hotline zu arbeiten.

29. Dezember: Morgens um zehn Uhr betritt Fischer den Krisenstab. Heidemarie Wieczorek-Zeul sitzt bereits da. Die Entwicklungsministerin ist für die humanitäre Nothilfe nicht zuständig, nur für den Wiederaufbau. Bahnen sich wieder die üblichen Rangeleien zwischen Fischer und Wieczorek-Zeul um das Sagen in der Dritte-Welt-Politik an?

Bei der Stabilisierung Osttimors 1999, dem Hochwasser 2000 in Mosambik, dem deutschen Engagement in Afghanistan und der Hilfe beim Massenmord im Sudan 2004 sind die beiden Minister immer wieder aneinander geraten. Wieczorek-Zeul will die Definition der deutschen Außenpolitik in der Dritten Welt nicht dem Grünen überlassen, Fischer dagegen sieht in dem Entwicklungsministerium eine Art ihm nachgeordnete Behörde.

Diesmal wird der Konflikt gelöst, bevor er ausbricht. Gerhard Schröder entscheidet, dass Fischers Ministerium die Führung auch beim Wiederaufbau übernimmt. Er will nicht, dass das übliche Hickhack zwischen den Ministern die Anstrengungen der Regierung schwächt.

Um elf Uhr kommt der Bundeskanzler in den Krisenstab und hört den Lagebericht: sechs deutsche Tote in Sri Lanka, 20 in Thailand, doch eine „deutlich dreistellige Zahl" von deutschen Opfern sei zu erwarten – wer jetzt noch fehlt, so die Befürchtung im Krisenstab, ist wahrscheinlich tot.

Mittags sitzen Schröder und Fischer im Kanzleramt zusammen. Schröder grübelt darüber, „wie das ist, wenn deine eigenen Kinder weggerissen werden". Beide tragen dunkle Anzüge. „Das Leid ist, und das ist uns wichtig, unteilbar in unserer einen Welt", sagt der Kanzler später vor der Presse.

Für Schröder und Fischer ist der erste Teil des Dramas überstanden. Sie haben schnell reagiert. „Das Handeln in globalem Maßstab in Echtzeit führt zu permanentem Druck", stöhnt

Gebet: Helfer in Banda Aceh erweisen einem Toten die letzte Ehre. Zwei Wochen nach der Flutkatastrophe liegen im Zentrum der Stadt keine Leichname mehr auf den Straßen, aber unter den Trümmern werden nach wie vor Verschüttete gefunden

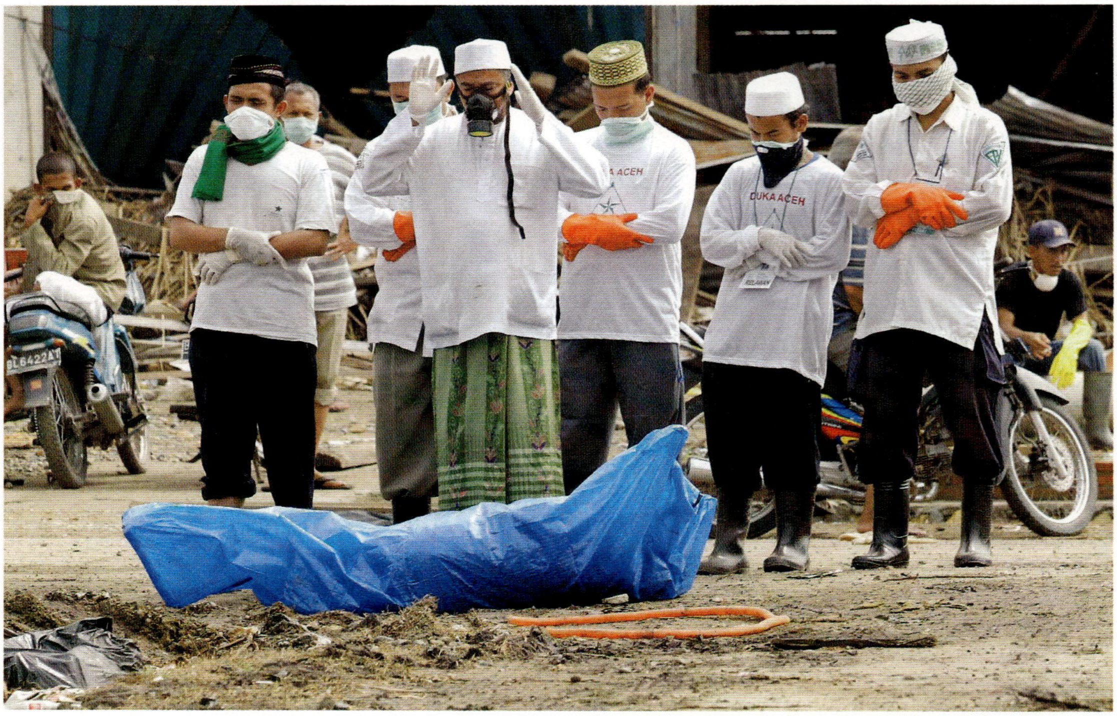

Egeland nicht bei jeder Krise mit dem Hut herumgehen muss. Aber bei den chronischen Krisen hat sich wenig geändert.

In Liberia, wo die Uno nach 14 Jahren Bürgerkrieg einen fragilen Frieden zu sichern hilft, müssen Helfer die Notrationen für eine Million Menschen reduzieren, weil nur zehn Prozent der benötigten 155 Millionen Dollar Nahrungshilfe eingegangen sind. Hungrige Ex-Soldaten aber können sich schnell wieder in plündernde Mörder verwandeln und ihr Land aus dem chronischen Elend erneut in einen Krieg stürzen.

„Complex Disaster" nennt man so etwas bei OCHA – was heißt, dass hier nicht die Natur, sondern der Mensch seine Hand im Spiel hat: dass es nicht nur Opfer, sondern auch Täter gibt. Für „komplexe Katastrophen" fließt das Geld langsamer und spärlicher als für Naturkatastrophen.

Auch der Finanzappell für das Bürgerkriegsgebiet im Kongo – mit 185 Millionen Dollar für das Jahr 2005 ohnehin knapp bemessen – ist erst zu 60 Prozent abgedeckt. Im Kongo sterben täglich mehr als 1000 Menschen an den Folgen von Krieg und Plünderungen. „Das ist wie ein Tsunami alle paar Monate", sagt Jan Egeland, wo immer man ihm dieser Tage ein Mikrofon hinhält.

Es ist ein Balanceakt: Die Welt will gelobt werden für ihre Großzügigkeit nach dem Tsunami – doch gleichzeitig muss Egeland ihr ein schlechtes Gewissen machen.

10. Januar 2005, Tag 16 der Katastrophe. Die gigantische Hilfsaktion geht einher mit einer gigantischen PR-Schlacht. Wer kann am eindrucksvollsten für Fotografen Lebensmittel verteilen? Zweifellos die USA mit ihrem Flugzeugträger, ihren Hubschraubern und ihren High-Tech-Hovercrafts.

Wer schreibt die größten Schecks? Deutschland und Japan konkurrieren um den Spitzenplatz. Wer kann sich vor laufender Kamera am besten in Szene setzen? Schwer zu sagen, jedenfalls versuchen es alle.

Nachdem innerhalb von einer Woche zwölf Außenminister samt jeweiligem Sicherheitstross bei Ortsterminen in Phuket die Arbeit der Helfer blockiert haben, platzt dem UN-Koordinator in Thailand der Kragen. „Keine weiteren Politikerbesuche!", fordert er in einem Rundfunk-Interview.

13. Januar 2005. Die elf jungen Leute, die einem Helikopter der US-Navy entsteigen, tragen grüne OP-Kleidung. Im Gepäck, das sie auf einer Wiese nahe der indonesischen Ortschaft Keude Teunom entladen, haben die Medizinstudenten aus Texas auch eine Gitarre und zwei Amputationssägen.

„Wir sind gekommen, um Menschen zu retten", sagt Luana Sudan, Mitglied der International Service Partners, einer Baptistengruppe. Dann verschwinden sie singend in Richtung Urwald.

Dr. Richard Munz, Einsatzleiter eines deutschen Rote-Kreuz-Teams, das in Keude Teunom ein Zelt-Hospital aufgeschlagen hat, schaut der fröhlichen Jungschar noch eine Weile hinterher und schüttelt den Kopf. „Hilfe", sagt er: „Die Retter kommen."

Nur eine halbe Stunde später landet der nächste Hubschrauber. Ein Schwede ist mit seinem privaten Helikopter von Skandinavien aus in acht Tagen bis nach Sumatra geflogen. „Braucht hier jemand Reis?", will er nun wissen und fliegt enttäuscht wieder ab, als er den riesigen Stapel von Reissäcken am Rande der Wiese sieht. Andere sind schneller gewesen.

Überall in der Provinz Aceh geht es so zu. Hier, wo die Welle die schrecklichsten Verwüstungen angerichtet hat, treffen – wie vielleicht nirgendwo sonst – nach drei Wochen Profi-Helfer und Amateure aufeinander, multinationale Organisationen und Einzelkämpfer, Retter, die gut ausgerüstet sind, und solche, die bloß guten Willens sind.

In Meulaboh etwa, einer der größten Städte der Provinz, 60 Kilometer südöstlich von Keude Teunom. Das Krankenhaus liegt hier glücklicherweise weit ab vom Meer im höher gelegenen Teil der Stadt. Das Gebäude ist intakt, doch viele Angehörige des Personals fehlen: Mehr als ein Viertel der Einwohner sind in den Wellen umgekommen, darunter auch viele Ärzte und Pfleger. Mediziner der Armee Singapurs haben gemeinsam mit Krankenschwestern aus Südkorea die Notaufnahme des Krankenhauses übernommen.

Eine Indonesierin übersetzt den Ärzten ins Englische – und wenn es denn einer will, auch ins Deutsche. Indah Fuldner, 39, lebt seit 15 Jahren in Krefeld als Programmiererin. Sie hörte in den Nachrichten von der Katastrophe und sah die Bilder aus ihrer Heimat. Kurz entschlossen stieg sie ins Flugzeug nach Jakarta, „um irgendwie zu helfen". Beim indonesischen Roten Kreuz teilte man sie einer Gruppe koreanischer Krankenschwestern zu, so ist sie nach Meulaboh gekommen.

Der Vorplatz des Krankenhauses zeugt vom ganzen Elend dieser Tage. Ein Kind stützt seinen Vater, der sich mit einem gebrochenen Bein zum Eingang schleppt; von einem Pick-up wird ein lebloser Körper abgeladen; ein vielleicht zwölfjähriges Mädchen trägt ein schreiendes Kind auf dem Arm.

Das Kind heißt Nana, ist acht Jahre alt und hat in der Flut seine Eltern verloren. Nana hat viel Salzwasser geschluckt – nun hat sie eine Lungenentzündung, jeder Atemzug tut ihr weh.

In einem Zimmer des Krankenhauses sitzt eine etwa 40-jährige Frau auf dem Boden und wiegt ihren Oberkörper. Starr schaut sie an die Wand. „Seit dem Tsunami spricht sie kein Wort mehr", sagt Indah Fuldner. Sie streichelt der Frau übers Gesicht. „Nach drei Tagen hat sie mir ihren Namen gesagt, sie heißt Nurmazizar, mehr wissen wir nicht von ihr."

Immer wieder fällt die Elektrizität im Krankenhaus aus, weil das Notstromaggregat nicht richtig funktioniert. „Sie müssen einer dieser Hilfsorganisationen sagen, dass die das reparieren sollen", sagt Indah Fuldner zum Chef des Krankenhauses.

Der ist verunsichert: „Das Aggregat hat doch schon vor dem Tsunami nicht funktioniert."

„Egal", sagt Indah Fuldner, „die sind froh, wenn sie eine Aufgabe haben." Drei Tage später haben französische Elektriker die Notstromversorgung wieder instand gesetzt.

Es gibt sie, die selbstlosen Helfer. Die sehen, was gebraucht wird, und die anpacken. Auch der deutsche Flugzeugingenieur Christian von Strombeck, 31, gehört zu ihnen. Eigentlich wollte der mit einer Indonesierin verheiratete Unternehmer seine zwei nagelneuen Cess-

Spendenrekorde garantieren keine Brückenreparatur, Sondersendungen heilen kein Trauma

Fischer. Dem hat er seinen Urlaub geopfert. Politiker anderswo tun das nicht und werden prompt dafür gerügt: Der finnische Außenminister muss sich für schlechte Informationspolitik entschuldigen, Großbritanniens Premier Tony Blair rechtfertigen, weshalb er weiter in Ägypten Urlaub machte.

Doch auch der deutsche Beitrag hat Mängel, das wird Joschka Fischer nach wenigen Tagen bewusst: Während die USA eine Flugzeugträger-Gruppe vor Sumatra postieren, und GIs per Helikopter Frauen und Kinder retten, wird das Lazarettschiff „Berlin" zwei Wochen brauchen, bis es vor Banda Aceh ankert. Mangels leistungsfähiger Transport-Flugzeuge müssen die Deutschen für viel Geld russische Transporter chartern, um Hilfe einzufliegen.

1. Januar 2005: Das neue Jahr ist keine halbe Stunde alt, da zeigt sich der Außenminister im Krisenreaktionszentrum, um den zwei Dutzend Mitarbeitern für ihren Einsatz rund um die Uhr zu danken. Er bleibt eine Stunde. Nach Feiern ist niemandem zumute – man hätte dafür auch keine Zeit. In den folgenden Tagen leitet Fischer weiter jeden Morgen um zehn Uhr den Krisenstab, überlässt aber seinem Staatssekretär Scharioth die täglichen Pressekonferenzen.

3. Januar: Fischer besucht Schröder im Kanzleramt. Beim Mittagessen in Schröders Büro reden die beiden über die weiteren Schritte. Zunächst geht es um die konkrete Wiederaufbauhilfe. Schröder schlägt 500 Millionen Euro für drei bis fünf Jahre vor. Fischer stimmt zu, doch er staunt ein wenig. Ist die „gegriffene Summe", wie Schröder es später freimütig einräumt, nicht ein bisschen hoch?

Die 500-Millionen-Entscheidung birgt ein Risiko. Die Regierung kann wie bei der Elbflut 2002 Tatkraft und Großzügigkeit zeigen – oder bei einer billigen Kopie ihres Wahlkampferfolges erwischt werden. Schröder und Fischer reden nicht offen über dieses Risiko. Sie tragen den Entschluss gemeinsam – bis sich möglicherweise zeigt, dass er falsch war.

5. Januar: Das Kabinett trifft sich zur Sondersitzung, anschließend treten Schröder und Fischer vor die Bundespressekonferenz. Schröder verkündet die 500-Millionen-Hilfe. Die Frage, ob andere Hilfsbeiträge – etwa ein Schuldenerlass oder Beiträge an die EU oder die UN – dazu zählen, lässt er offen. Nachher philosophiert Fischer in einem Lokal unter einem der S-Bahn-Bögen Berlins über die Bedeutung der Monsterwelle. „Ich bin der erste deutsche Außenminister, der es mit einem Tsunami zu tun hat", seufzt er. Wenn er Fukuyama hieße und Japaner wäre, dürfte er sich nicht

na-Flugzeuge dazu nutzen, Fische von entlegenen Dörfern zur Fabrik seiner Frau zu befördern.

Seit dem 28. Dezember aber fliegt von Strombeck täglich Hilfsgüter, Personal in das und Verletzte aus dem Krisengebiet. Sein Büro ist ein Zelt am Flughafen von Medan, drei Särge stehen davor, auf denen die wartenden Fluggäste sitzen können. Man darf nicht empfindlich sein in diesen Zeiten.

Christian von Strombeck war am 28. Dezember der Erste, der es wagte, auf der zerstörten Landebahn von Meulaboh mit einem Flugzeug aufzusetzen. Seither halten seine zwei Cessna Caravan bis zu viermal täglich die Verbindung zwischen Medan und Meulaboh.

Die Flugstrecke ist atemraubend schön: Gebirgszüge mit unberührtem Regenwald, dessen sattes Grün nur ab und zu von silbernen Wasserfällen durchbrochen wird. Dann fallen die Berge plötzlich ab in Richtung Meer, und wie abgefault zieht sich ein zwei Kilometer tiefer Küstenstreifen braun und schmutzig zwischen blauem Ozean und grünem Dschungel bis zum Horizont.

Irgendwo an dieser Trennlinie geht am 13. Januar eine Gruppe Jungs und Mädels aus Texas verloren. Die fröhliche Schar, die singend in den Regenwald gezogen ist, wird kurz darauf als vermisst gemeldet. Zwei Tage später erst wird man sie in einem Dorf wiederfinden, wo sie im Kreis vor einer Hütte sitzen und Familienfotos von zu Hause zeigen.

„Eine Frau hat geweint“, sagt einer der Retter aus Texas ergriffen, „als sie mein Kind auf dem Foto gesehen hat.“

AM GLEICHEN TAG kann Jan Egeland in New York vermelden, dass die Weltgemeinschaft tatsächlich Enormes geschafft hat: Eine Million Menschen werden mit Nahrung versorgt. Trinkwasser und Medikamente erreichen fast alle betroffenen Gebiete. Es sind keine Seuchen ausgebrochen. Die befürchtete „zweite tödliche Welle“ aus Cholera, Typhus und Masern konnte rechtzeitig gestoppt werden.

Der Politiker-Stau im Katastrophengebiet löst sich ein paar Tage später von selbst auf. Minister und Medien ziehen weiter ins japanische Kobe, wo am 18. Januar die seit langem geplante UN-Konferenz zur Katastrophenvorsorge stattfindet. Ursprünglich hatten die Organisatoren befürchtet, dass sich kaum jemand für ihre Expertenrunden zu Vulkanausbrüchen, Heuschreckenplagen oder Erdspalten interessieren würde. Dann kam der Tsunami. „Frühwarnsystem“ heißt jetzt das magische Wort in den Konferenzsälen von Kobe.

Hätte es eines im Indischen Ozean gegeben, wären Zehntausende noch am Leben. Spätestens jetzt wird klar, dass Naturkatastrophen nicht „unpolitisch“ sind. Sie treffen die Armen schlimmer als die Reichen. Am zweiten Konferenztag ereignet sich im Pazifik vor den Izu-Inseln ein Erdbeben der Stärke 6,8 auf der Richter-Skala. Die japanischen Behörden rufen für die Inselkette südlich von Tokio einen Tsunami-Alarm aus. Dann die Entwarnung: Der Meeresspiegel steigt zwar um 30 Zentimeter, doch es bilden sich keine Riesenwellen.

MOHAMED LATHEEF ist nicht nach Kobe gefahren, sondern in den USA geblieben. Er hat dort zwei Ämter zu erfüllen – als Botschafter der Malediven in Washington und als Botschafter der Malediven bei den Vereinten Nationen in New York. Er kommt gerade von der Amtseinführung für George W. Bush zurück, hat sich dort dessen Rede angehört, aber keine Partys besucht: Das gehört sich nicht für einen Botschafter, dessen Land am 26. Dezember für kurze Zeit untergegangen ist.

Die Malediven waren auf einem guten Weg. Mitte Dezember 2004 hatten die UN sie von der Liste der am we-

Jan Egeland, der UN-Koordinator für humanitäre Hilfe, mahnt die Staaten, das von ihnen versprochene Spendengeld auch zu schicken. UN-Generalsekretär Kofi Annan streitet sich derweil mit den USA darum, wer die weltweite Hilfsaktion leiten soll

nigsten entwickelten Länder gestrichen, nachdem der Inselstaat einen erheblichen Teil seiner Auslandsschulden abbezahlt hatte. Dann kam der Tsunami. Die Nothilfe, sagt Mohamed Latheef, habe einwandfrei funktioniert: Wie überall im Tsunami-Gebiet halfen sich die Einheimischen zunächst selbst. Dann entsandten Indien und Pakistan ihr Militär, das arme Bangladesch schickte Hilfsgüter.

Jan Egeland sei für die Menschen seines Landes jetzt „ein Held", denn die Uno sei prompt zur Stelle gewesen. „Obwohl wir ein so kleines Land sind, hat man unsere Not ernst genommen." Gerade weil die Malediven ein so kleines Land sind, ist ihnen das Chaos der Helfer erspart geblieben, denn außer den Vereinten Nationen waren nur das Internationale Rote Kreuz und der Rote Halbmond präsent.

Nun kommt der Wiederaufbau. Ein Drittel aller Fischerboote sind zerstört, ein Viertel der Hotels verwüstet, die anderen stehen fast leer. 15 000 Menschen leben in Notunterkünften. Im Verlauf der nächsten Jahre müssen Zehntausende Bewohner umgesiedelt werden auf hochwassergeschützte Inseln. Dafür brauchen die Malediven nun die Hilfe der internationalen Geberländer.

Doch darum war es in der Vergangenheit nicht immer gut bestellt.

Zum Beispiel Hurrikan „Mitch". Der wütete im Oktober 1998 fünf Tage lang in Zentralamerika, vor allem in Honduras. 9000 Tote, neun Milliarden Dollar Sachschaden und ein über große Strecken verwüstetes Land. Die Soforthilfe kam schnell, die USA, Kanada und Mexiko schickten ihr Militär, Hilfsorganisationen und Vereinte Nationen ihre Experten.

Sechs Monate nach dem Hurrikan versprachen Regierungen und Hilfsorganisationen bei einer Geberkonferenz neun Milliarden Dollar und langfristige Programme, um nicht nur die Sturmschäden zu beheben, sondern in der ganzen Region eine neue, bessere Infrastruktur zu schaffen.

Die Fußangeln versteckte man wie immer im Kleingedruckten: Ein Teil der Summe wurde als Kredite ausgegeben, ein anderer mit Erlass der honduranischen Auslandsschulden verrechnet.

Geberländer wie Japan und die Schweiz finanzierten den Brückenbau nur dann, wenn die Aufträge an Firmen aus ihren Ländern vergeben wurden; die USA bezahlten nur Projekte, die vom Army Corps of Engineers abgesegnet worden waren. Gegen den Willen der Regierung Clinton drehte der amerikanische Kongress nach zwei Jahren den Geldhahn zu und zwang viele Organisationen zum Abzug. Die EU wiederum brauchte mehr als zwei Jahre, um ihre Aufbauhilfe überhaupt in Gang zu setzen.

Im iranischen Bam, wo das Erdbeben vom 26. Dezember 2003 fast 30 000 Menschen tötete und 85 Prozent der Stadt zerstörte, wollte die Weltgemeinschaft vieles besser machen, doch auch hier bietet sich ein Jahr später ein ernüchterndes Bild: Noch immer ragen verbogene Stahlträger aus Trümmerhaufen, neigen sich abbruchreife Häuser in gefährlichem Winkel gen Boden.

Die meisten Obdachlosen haben ihre Zelte inzwischen verlassen und sind in Übergangslager gezogen: Bis zu acht Personen leben in 24 Quadratmeter großen Quadern, die aussehen wie weiße Schuhschachteln. Händler verkaufen in Bretterbuden alles Mögliche – vom Teppich bis zur Marlboro-Packung. Unter den traumatisierten Einwohnern sind Drogenabhängigkeit und Medikamentenmissbrauch rapide gestiegen. Die

Der braune Küstenstreifen im Grün des Regenwalds wirkt wie abgefault

beklagen. Aber er sei Deutscher und heiße Fischer; da müsse er schon eher mit gebrochenen Deichen und Sturmfluten rechnen.

Fischer entscheidet, selbst in die Region zu reisen. Er will nur Linienmaschinen nehmen, um zu vermeiden, dass sonst Hilfsflüge behindert werden. Staatssekretär Scharioth wird beauftragt, mit einer Arbeitsgruppe Schwachstellen im Krisenmanagement auszumerzen. Es zeigt sich, dass die Telefon-Hotline ein solcher Schwachpunkt ist: Das Computersystem stürzt ab, die Eingabemasken zur Aufnahme von Suchaufträgen sind zu kompliziert.

7. Januar: Fischer fliegt nach Brüssel, wo sich die EU-Außenminister treffen. Er trägt Bedenken gegen den Vorschlag der EU-Kommissarin Benita Ferrero-Waldner vor, eine gemeinsame Krisen-Eingreiftruppe einzurichten: „Wir müssen Doppelungen vermeiden."

Doch in Brüssel geht es nicht nur um Kooperation, sondern auch um Rivalitäten. Italiens Außenminister Gianfranco Fini bemerkt spitz, er werde genau prüfen, welche der „großzügigen Hilfszusagen" auch tatsächlich eingehalten werden – die Italiener sind davon überzeugt, dass Berlin mit der 500-Millionen-Spende versucht, seine Kandidatur für den UN-Sicherheitsrat zu erkaufen. Italien will das aus Statusgründen um jeden Preis verhindern. Fischer kontert, Deutschland habe seine „Zusagen bisher immer erfüllt".

Natürlich hat Fini Recht: Genussvoll registrieren Schröder und Fischer, dass ihre Hilfszusage „rund um die Welt Beachtung findet", wie Fischer es formuliert. Nach außen behauptet Schröder freilich: „Das eine hat mit dem anderen nichts zu tun."

Noch am Abend bricht Fischer nach Fernost auf. Neben den drei engen Mitarbeitern, zwei Fachbeamten und den Leibwächtern begleiten ihn zeitweise ein Brigadegeneral der Bundeswehr sowie der Präsident des Bundeskriminalamtes. Keiner der Beteiligten kann sich an eine derart umfassende Kooperation der Sicherheitsbehörden erinnern.

9. Januar: Mit dem Hubschrauber fliegt Fischer von Phuket nach Khao Lak. Jetzt ist der meiste Schutt am Strand bereits beseitigt. Die Leichenberge sind abgeräumt – in vier Tempel, die als Leichenhäuser dienen. Fischer ist von Massengräbern im Kosovo einiges gewöhnt, doch im Obduktionszelt bleibt ihm beim Anblick der obduzierten Wasserleichen schier die Luft weg.

„Was ich hier und heute erlebt und gehört habe, war grauenvoll", sagt er nachher knapp. Noch am nächsten Tag riechen der Minister und seine Leute den Verwesungsgeruch am eigenen Körper, auch unter der Dusche haben sie ihn nicht wegspülen können.

10./11. Januar: Fischer besucht die Regierungen in Jakarta und Colombo. Auf dem Rückflug macht die Maschine nachts einen Zwischenhalt auf den Malediven. Hier trifft der Minister deutsche Helfer – zwei THW-Männer, die die Brunnensanierung auf der Insel organisieren.

12. Januar: Fischer landet morgens in Berlin, fährt zum Duschen nach Hause und dann ins Kabinett, wo er mit 15 Minuten Verspätung um Viertel vor zehn eintrifft. Er redet eine Viertelstunde, referiert nüchtern über seine Gespräche. Jede persönliche Regung verkneift er sich: „Das kann man nicht beschreiben", kommentiert er seinen Besuch in Khao Lak.

Gerhard Schröder überträgt die weitere Koordination der deutschen Hilfs- und Aufbaumaßnahmen einem interministeriellen Ausschuss unter Leitung des Auswärtigen Amtes. „Wir müssen jede Ressort-Eitelkeit zurückstellen, sonst ist die Sache schon verloren", erklärt er den Ministern und verhängt ein Reiseverbot für Kabinettsmitglieder, um ein peinliches Profilierungsrennen zu vermeiden. Heidemarie Wieczorek-Zeul fühlt sich düpiert. Ein paar Tage später lässt sie sich von Schröder die Sondererlaubnis geben, wenigstens nach Sri Lanka zu fliegen.

13. Januar: Gegen 4.30 Uhr erreicht das Lazarettschiff „Berlin" die Küste vor Banda Aceh. Nachmittags berichtet Fischer bei der Grünen-Fraktionsklausur in Wörlitz von seiner Reise und breitet seine Sorge aus, ohne eigene große Transportflugzeuge könnten die Deutschen auch bei künftigen Krisen zu langsam sein. Die Amerikaner, klagt der Grüne, seien mit ihrer Hilfe „viel schneller gewesen". Fischer möchte vier Boeing-C-17-Transporter beschaffen, weiß aber nicht, wie das zu finanzieren wäre.

Doch dieser Vorschlag gilt schon der nächsten Krise, denn die Tsunami-Katastrophe ist für Fischer in ihren unmittelbaren Folgen zunächst bewältigt. Der Krisenstab tagt weiter unter Scharioths Leitung, der Minister lässt sich nur noch über den Stand informieren.

Seine nächste Reise führt ihn in die USA, wo er mit der neuen Außenministerin Condoleezza Rice über klassische Themen der Außenpolitik redet: Iran, Irak, Nahost. □

Ralf Beste, 38, Redakteur im Hauptstadtbüro des „Spiegel", beobachtet Joschka Fischer bei dessen Regierungsarbeit.

iranische Regierung beklagt, von der versprochenen einen Milliarde Dollar Aufbauhilfe seien bislang nur 17 Millionen eingetroffen.

Daran ist sie allerdings mitschuldig. Das Misstrauen der Regierung gegenüber ausländischer Hilfe und die oft undurchdringliche iranische Bürokratie haben die Geduld der Helfer und Geber ebenso strapaziert wie der ambitionierte Plan für den Wiederaufbau. Das neue Bam soll erdbebensicherer sein, seinen historischen Kern behalten und kinderfreundlicher werden. Breitere Straßen, mehr Parks, mehr Grünflächen, mehr Nachbarschaftszentren. In zehn Jahren wird man vielleicht beurteilen, ob hier mit planerischem Größenwahn Geld verschwendet worden oder tatsächlich ein urbaner Neuanfang gelungen ist.

Vor allem aber lehrt das Beispiel Bam, dass die ausländischen Helfer nicht so omnipotent sind wie die TV-Berichte oft glauben machen – gleichgültig, ob diese Helfer nun mit dem Flugzeugträger oder dem Geldkoffer kommen. Millionen Kubikmeter Schutt lassen sich weder in Bam noch in Aceh in ein paar Monaten abtragen; Spendenrekorde garantieren noch keine Brückenreparatur; Sondersendungen heilen kein Trauma.

26. Januar 2005. Genau einen Monat nach dem Tsunami haben in der Provinz Aceh mehr als 100 Schulen den Unterricht wieder aufgenommen. Viele Stühle bleiben leer. Allein in der Provinzhauptstadt Banda Aceh ist vermutlich jedes dritte Schulkind ums Leben gekommen.

Die Überlebenden haben am ersten Tag keinen regulären Unterricht, sondern suchen im Schutt nach brauchbaren Schulbüchern und Tafeln. „Hauptsache, ein Stück Alltag kehrt zurück", sagt der Sprecher des UN-Kinderhilfswerks Unicef. An den Stränden werden immer noch Hunderte von Leichen geborgen. Die Zahl der Toten und Vermissten in Indonesien liegt jetzt bei 229 000.

Was den Malediven erspart geblieben ist und in Sri Lanka offenbar halbwegs kanalisiert werden konnte, hat Banda Aceh mit voller Wucht erfasst: das Chaos der Helfer. Die Provinz Aceh war aufgrund des Krieges zwischen Armee und muslimischen Rebellen vor dem Tsunami weitgehend isoliert. Jetzt schätzt ein Sprecher des indonesischen Gesundheitsministeriums die Zahl der anwesenden humanitären Organisationen auf 350, kleinere Gruppen nicht mitgerechnet.

Hält die internationale Gemeinschaft sich diesmal an ihre Versprechen?

Manche der Obdachlosen haben zwar keine Zelte, aber inzwischen vier Plastikeimer und 14 Plastikbecher aus den Beständen verschiedener Helferorganisationen. 20 Not-Hospitäler machen sich gegenseitig Patienten abspenstig, um ihren Einsatz vor dem Spendenpublikum daheim zu rechtfertigen.

Zwischen Moschee und Notunterkunft bieten Mitglieder der Scientology Church in einem Zelt „dianetische Massagen" an, um den Tsunami-Opfern „die negative Energie zu entziehen". Amerikanische Tierschützer der Humane Society International wollen „allein gelassenen Tieren helfen", deren Besitzer in der Flut ertrunken sind. Und die Internationale Bibelgesellschaft aus dem schwäbischen Schorndorf verteilt Bücher mit dem Titel: „Wenn die ganze Welt für dich zusammenbricht", übersetzt in alle Sprachen des Tsunami-Gebiets.

Außer „Ärzte ohne Grenzen" haben in Banda Aceh auch die „Feuerwehr ohne Grenzen", die „Architekten ohne Grenzen" und die „Telecom ohne Grenzen" ihr Terrain abgesteckt. Letztere

Das Rote Kreuz und die Katastrophe Nummer 28

Auch das Internationale Rote Kreuz, die größte humanitäre Organisation der Welt, wird nach dem Tsunami-Unglück gefordert wie niemals zuvor

VON JULIANE VON MITTELSTAEDT

Nummer 28 erreicht Genf um 6.30 Uhr Ortszeit. Es ist der zweite Tag nach Heiligabend, und eigentlich hatte Peter Rees gehofft, das Jahr würde ohne eine weitere Katastrophe zu Ende gehen. Doch ein Anruf aus Bangkok macht seine Hoffnung zunichte. Für Millionen Menschen rund um den Indischen Ozean ist eine neue Zeitrechnung angebrochen: Es gibt jetzt „vor dem Tsunami" und „nach dem Tsunami".

Sofort eilt der Brite in sein Büro im Norden von Genf. Das Gebäude: unscheinbar, Waschbetonsäulen, davor zwei Fahnen im Wind, rotes Kreuz und roter Halbmond auf weißem Grund. Es ist das Sekretariat der Internationalen Föderation der Rotkreuz- und Rothalbmond-Gesellschaften, der größten humanitären Organisation der Erde: 97 Millionen Mitglieder und freiwillige Helfer, 300 000 Angestellte, gegründet 1919. Jahr für Jahr unterstützen die 181 nationalen Gesellschaften zusammen 233 Millionen Hilfsbedürftige. Bebt irgendwo auf der Welt die Erde, wird hier die Hilfe der Rotkreuz-Gesellschaften aufeinander abgestimmt.

Die 200 ständigen Genfer Mitarbeiter legen – in Zusammenarbeit mit den Vereinten Nationen – fest, welche Hilfsgüter die Betroffenen brauchen und wohin sie gebracht werden – Kauf, Transport und Verteilung der Güter organisieren dann die nationalen Gesellschaften. Damit sind die Koordinatoren so etwas wie die Leitstelle der Weltfeuerwehr, und Peter Rees ist ihr Einsatzleiter. Denn Leben retten ist vor allem eine Frage der Logistik.

Während in Sri Lanka, Indonesien und Indien am Mittag des 26. Dezember bereits Tausende Rotkreuz-Helfer und andere Freiwillige nach Verschütteten suchen und Leichen bergen, kommt die Zentrale dieses weltumspannenden Hilfsimperiums langsam auf Hochtouren.

Um 10.00 Uhr mitteleuropäischer Zeit tritt die „Tsunami Task Force" zum ersten Mal zusammen. Hektisch telefonieren Rees und Kollegen – darunter Norweger, Spanier, US-Amerikaner, Panamaer – mit den Krisenhelfern von UN, OCHA und UNDAC. Außerdem unterrichten sie ihre Schwesterorganisation, das Internationale Komitee vom Roten Kreuz (IKRK) – dessen Büro acht Autominuten entfernt liegt –, und sprechen alle geplanten Aktionen mit dessen Mitarbeitern ab.

Rotkreuz-Helfer bergen in Banda Aceh Tote. Ihre Arbeit wird von Genf aus koordiniert, der Zentrale der 181 nationalen Rotkreuz- und Rothalbmond-Gesellschaften

Das IKRK soll den Hilfseinsatz auf Sumatra und in den Tamilengebieten Sri Lankas leiten, Krankenstationen aufbauen, Hilfsgüter der Rotkreuz-Föderation verteilen und mit deren Katastrophenhelfern zusammenarbeiten, da es in diesen zwei Kriegsprovinzen bereits seit Jahren Helfer stationiert hat. Ein Sonderfall, denn das 1863 gegründete IKRK ist eigentlich nur für die Wahrung des Völkerrechts, für Konfliktvermittlung, die Betreuung von Kriegsopfern und die Suche nach Vermissten zuständig – die Föderation und ihre Mitgliedsgesellschaften dagegen für den humanitären Beistand nach Naturkatastrophen.

Beide Organisationen arbeiten im Normalfall unabhängig voneinander. Aber bei dieser Katastrophe, das ahnen die Helfer schon, scheint nichts normal zu sein.

Schon um 9.30 Uhr – sieben Stunden, nachdem der Tsunami auf die Küste Sumatras geprallt ist, und noch bevor die ersten deutschen Fernsehstationen die Nachricht melden – stellt die Rotkreuz-Föderation 650 000 Euro Soforthilfe bereit. Sechs Stunden später wird der erste Spendenaufruf veröffentlicht: 4,8 Millionen Euro erbitten die Genfer als Nothilfe für die Tsunami-Opfer. Innerhalb

bietet statt spiritueller Sprüche immerhin handfeste Satelliten-Telefone, mit denen Mitarbeiter von Hilfsorganisationen und Einheimische kostenlos telefonieren können.

So unansehnlich und absurd das Chaos ist: Zumindest gibt es jetzt Trinkwasser und Nahrungsmittel. In New York steht an diesem 26. Januar Jan Egeland vor der Presse und zieht nach einem Monat Bilanz: 1,2 Millionen Menschen mit Nahrungshilfe versorgt, 500 000 mit Trinkwasser, mehrere hunderttausend mit Notunterkünften. Weiterhin keine Ausbrüche von Krankheiten, kein Anstieg von Mangelernährung.

Fürs erste ist gerettet, wer noch zu retten war. Das US-Militär zieht sich aus Aceh zurück, Flugzeugträger werden durch zivile Frachtschiffe und UN-Helikopter ersetzt. Sanitäranlagen, Hospitäler, Schulen müssen wiederaufgebaut werden – all jene Projekte, die in Kofi Annans Spendenappell vom 6. Januar so detailliert aufgelistet worden sind.

Und weil man die Zahlen so schnell wieder vergisst: 977 Millionen Dollar hatten die Vereinten Nationen veranschlagt; 848 Millionen Dollar haben die Geberländer inzwischen zugesagt. 396 Millionen Dollar sind bis Anfang Februar bei den UN eingegangen. Weitere 245 Millionen, so Egeland, „sind in der Post".

Noch besteht also Hoffnung, dass sich die internationale Gemeinschaft

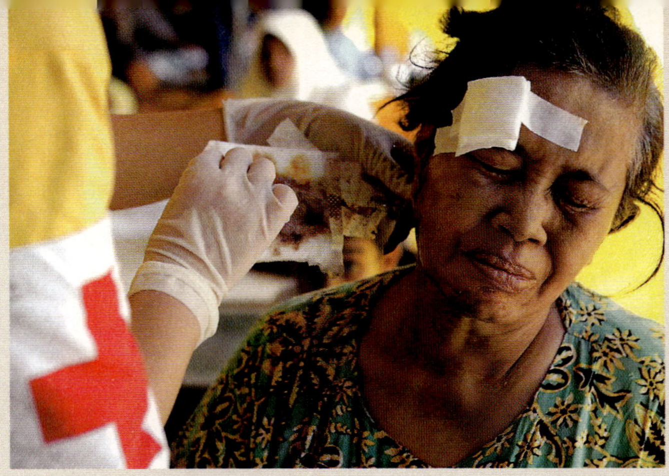

Eine Helferin des Roten Kreuzes versorgt eine Frau. Fünf mobile Krankenstationen betreibt die Organisation im Katastrophengebiet

von zwölf Stunden ist er erfüllt.

Als die Regierungen von Sri Lanka, Indonesien und den Malediven kurz darauf offiziell um die Hilfe des Roten Kreuzes bitten, ist das der Startschuss für Peter Rees und sein Team. Von nun an wird ein vorher festgelegter und Hunderte Male erprobter Plan abgearbeitet, Punkt für Punkt. Die Katastrophe ist hier Alltag, der Tsunami die Nummer 28 in diesem Jahr.

Noch ahnt in Genf niemand, dass dem Roten Kreuz einer seiner größten Einsätze aller Zeiten bevorsteht.

Die Logistik ist am wichtigsten: Funktioniert sie nicht, dann kommt das Falsche an – oder auch mal gar nichts", sagt Isabelle Sechaud. Die Schweizerin rechnet nicht in Opferzahlen, sondern in Reisportionen und Wasserlitern. Innerhalb weniger Stunden muss sie entscheiden, was geliefert werden soll, wie viel und wohin. Ob Leichensäcke oder Wasserflaschen. Ob 100 oder 100 000.

Auf ihrem 25-seitigen Einkaufszettel stehen später unter anderem Generatoren, Geländewagen, Ersatzteile, Medikamente – aber auch 500 Fußbälle für Kinder, 25 000 Sarongs, 100 000 Unterhosen, Größe M, 255 000 Moskitonetze und 6,6 Millionen Wasserentkeimungstabletten. Eine Notausrüstung für Katastrophen aller Art hält die Föderation stets in eigenen, rund um den Erdball verteilten Lagern bereit. Die erste Frachtmaschine startet am Morgen des 29. Dezember von Kopenhagen aus in Richtung Colombo, beladen mit Notfall-Medikamenten für 100 000 Menschen. Den größten Teil der benötigten Hilfsgüter müssen die nationalen Rotkreuz-Gesellschaften jedoch nach den Vorgaben von Sechauds Liste einkaufen.

Meist haben sie bereits Verträge mit den Herstellern, welche die im voraus bestellten Waren nun ausliefern. Im besten Fall gelangen die Hilfsgüter auf diese Weise binnen 24 Stunden an ihr Ziel, manchmal dauert es aber auch fünf oder sechs Tage. Diesmal trifft die erste internationale Rotkreuz-Hilfe nach drei Tagen in Colombo ein, das indonesische Medan erreicht sie am 2. Januar. Einen Monat nach dem Tsunami sind 102 Hilfsflüge in der Krisenregion angekommen, 23 sollen noch folgen.

Während die Logistikabteilung ihre Lieferungen in die Katastrophenregion dirigiert, trommelt Peter Rees die Helfer zusammen. Er schickt eine SMS an 320 Mitarbeiter in aller Welt, von denen die meisten als Ärzte, Logistiker, Seuchenexperten, Ernährungswissenschaftler oder Techniker tätig sind. Sie haben sich schon vor Monaten bereit erklärt, im Notfall alles stehen und liegen zu lassen, um als Mitglied eines „Field Assessment and Coordination Teams" (FACT) für zwei bis vier Wochen in eine Katastrophenregion zu fliegen.

Noch am 26. Dezember bricht das erste Erkundungsteam nach Sri Lanka auf, an den darauf folgenden Tagen auch nach Indonesien und auf die Malediven. Sie sollen sich ein Bild von der Lage machen und Hilfsmaßnahmen empfehlen.

Gleichzeitig werden „Emergency Response Units" (ERU) in Bereitschaft versetzt. Das sind Spezialistenteams für Logistik, Wasseraufbereitung, Telekommunikation sowie mobile Gesundheitsstationen. Die Ärzte und Helfer in diesen Gesundheitsstationen können bis zu 30 000 Menschen versorgen; sie organisieren Impfungen, verteilen Verbände, geben Babynahrung aus sowie Medikamente gegen Atemwegserkrankungen, Durchfälle und Infekte. 25 dieser Krisenreaktionseinheiten stehen mit technischem Gerät und insgesamt 500 freiwilligen Helfern ständig abrufbereit. Finanziert und ausgestattet werden sie von den Rotkreuz-Gesellschaften in zwölf Ländern, darunter Deutschland, Japan und die USA. Eingeführt wurde dieses System 1994, seine Feuertaufe hatte es, als der Hurrikan „Mitch" vier Jahre später Zentralamerika verwüstete.

Bei der Katastrophe mit der Nummer 28 beschließt die „Tsunami Task Force", 18 Einheiten einzusetzen – so viele wie noch nie zuvor. „Der Tsunami-Einsatz bringt unser Hilfssystem fast an seine Grenzen", bekennt der Koordinator für die humanitären Schnelleingreiftruppen, der Niederländer Pieter de Rijke. Das erste Team landet am 28. Dezember in Sri Lanka, das letzte bricht am 17. Januar ins indonesische Aceh auf. Nach zwei Wochen arbeiten mehr als 200 Abgesandte der nationalen Rotkreuz-Gesellschaf-

dieses Mal an ihr Versprechen hält. Um den langfristigen Wiederaufbau werden sich jetzt andere kümmern: die Vertreter der Weltbank, des UN-Entwicklungsprogramms – und Bill Clinton als neuer Sondergesandter des UN-Generalsekretärs.

Es ist eine brillante Personalentscheidung. Nicht nur für die betroffenen Länder, sondern auch für Kofi Annan. Seine Gegner in Washington sind in den letzten Wochen leiser geworden; die „Hilfskampagne des Jahrhunderts" hat den „Öl für Lebensmittel"-Skandal aus den Schlagzeilen verdrängt. Und jetzt wird auch noch einer der international populärsten US-Politiker unter dem Logo der Vereinten Nationen auftreten. Die Stimmung auf den Fluren des Hauptquartiers wird allmählich besser.

Jan Egeland schaltet unterdessen schon wieder um von Naturkatastrophe auf „komplexe Katastrophe". Er wird vor dem Sicherheitsrat als Nächstes über den Dauerkrieg im Norden Ugandas referieren. Dann steht das Drama in Darfur wieder auf der Tagesordnung. Seine Genfer OCHA-Abteilung hat inzwischen eine UNDAC-Mission nach Guyana im Nordosten Südamerikas entsandt, wo Tausende nach Überschwemmungen obdachlos geworden sind.

Weitere Mitarbeiter sind nach Goma im Kongo abgereist, wo der Nyiragongo-Vulkan erneut auszubrechen droht. Vor drei Jahren hatten Lavamassen die

ten rund um die Uhr in den beiden am meisten betroffenen Ländern.

Katastrophen werden in der Regel kleiner, je mehr Zeit vergeht. Diese hier aber wird größer und immer größer. Drei Tage nach der Flutwelle wird die Zahl der Toten offiziell mit 69 000 angegeben, von mehreren Millionen Betroffenen ist die Rede. Die Rotkreuz-Föderation korrigiert ihren Spendenaufruf. Jetzt bittet sie um 43 Millionen Euro für die Nothilfe. „Das ist die größte Katastrophe seit Jahrzehnten", begründet ihr Generalsekretär Markku Niskala den Appell, „und wir haben noch nicht einmal die Spitze des Eisbergs gesehen."

Am 12. Januar geht die Föderation bereits von 152 000 Toten aus und erhöht ihren Appell auf 118 Millionen Euro – es ist nun einer der größten in der Geschichte des Roten Kreuzes und soll dessen Nothilfe für ein halbes Jahr finanzieren. Seit 1919 hat die Föderation 2102-mal um Spenden in Höhe von insgesamt rund 6,5 Milliarden Euro gebeten, die zu 85 Prozent auch erfüllt wurden.

Den langfristigen Bedarf für die Tsunami-Hilfe hat Generalsekretär Niskala bereits zuvor auf der Asean-Konferenz in Jakarta genannt: 417 Millionen Euro.

Die Spendenbereitschaft ist überwältigend, schon im ersten Monat gehen 903 Millionen Euro auf den Konten der Rotkreuz-Gesellschaften und der Föderation in Genf ein. Im gleichen Zeitraum helfen 33 nationale Rotkreuz-Gesellschaften unter Oberaufsicht der Genfer Föderation zusammen mit 12 000 Freiwilligen vor Ort insgesamt 330 000 Menschen im Katastrophengebiet.

Auf Sumatra ernähren sie 40 400 Menschen, bringen 25 400 von ihnen in Zelten unter, versorgen 13 200 medizinisch und stellen täglich für 76 000 Menschen Trinkwasser her. Rotkreuz-Helfer in Sri Lanka verteilen Hilfsgüter an 48 800 Opfer, geben 25 500 ein provisorisches Obdach, versorgen 5300 Kranke und täglich 34 000 Durstige. Unterstützt werden auch Opfer der Flutwelle in Indien, Myanmar (Birma), Ostafrika und auf den Malediven.

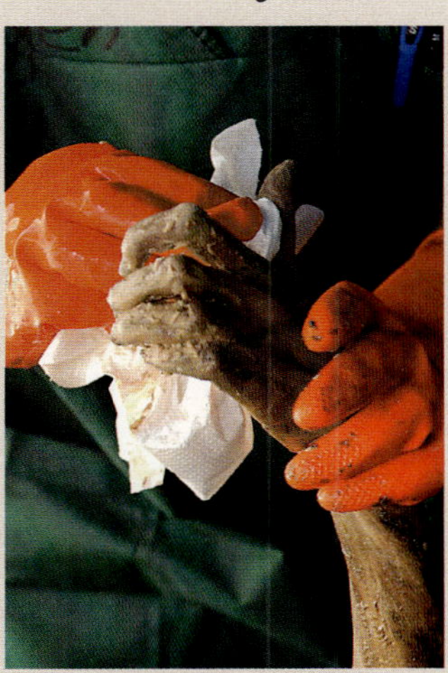

Rechtsmediziner untersuchen Fingerkuppen, Zähne und Knochen von Toten, suchen nach Narben, Implantaten und Tätowierungen. Ein DNS-Abgleich ist der letzte Hinweis auf die Identität der Opfer

Auch wenn die Flutwelle nach und nach aus den Nachrichtensendungen verdrängt wird: Für die Helfer des Roten Kreuzes ist der Einsatz noch lange nicht abgeschlossen. Nachdem ein Logistikteam seine Arbeit in Aceh aufgenommen hat, können nun jede Woche 1000 Tonnen Hilfsgüter mit Schiffen und Flugzeugen ins Land gebracht werden. Bis zu 500 000 Obdachlose sollen in der Provinz nun in den nächsten sechs Monaten mit Lebensmitteln, Kleidung und Zelten beliefert werden. Auch in Sri Lanka will das Rote Kreuz seine Hilfe noch ausweiten und 200 000 Menschen unterstützen. Auf den Malediven ist das Ziel, für 30 000 Menschen die Stromversorgung wiederherzustellen und 9000 Familien mit Baumaterial auszustatten.

Nach und nach wird die Nothilfe von langfristigen Programmen abgelöst, werden zurückkehrende Krisenhelfer durch Wiederaufbau-Manager der Föderation ersetzt. Fischer sollen neue Boote und Netze erhalten, Krankenstationen, Wohnhäuser, Schulen, Verwaltungen, ganze Dörfer neu aufgebaut werden. Außerdem werden lokale Rotkreuz-Helfer rekrutiert und geschult.

Auch wenn langsam so etwas wie Normalität einsetzt – in Genf wird die Hilfsaktion noch lange nicht zur Routine.

„Dieser Einsatz ist nicht nur einer der größten, sondern auch einer der kompliziertesten", bekennt Rees. „Wir waren nicht schlecht, aber zu langsam. Vor allem in den ersten Tagen."

Das lag daran, dass 13 so unterschiedliche Länder getroffen wurden, dass besonders in Aceh die tatsächliche Lage lange Zeit unklar blieb und viele Orte schwer zu erreichen waren; und dass in Sri Lanka wie in Indonesien die Rotkreuz-Helfer von der Flutkatastrophe schlicht überfordert waren.

Rees schließt die Augen, reibt sich über die Stirn; er hat schon viele Katastrophen miterlebt, war in Kambodscha, Afghanistan und Jugoslawien, seit er vor 25 Jahren kurz entschlossen seinen Managersessel bei einer Ölgesellschaft gegen einen Hilfsjob in einem Flüchtlingslager an der thailändischen Grenze tauschte. Aber mehr als 300 000 Tote und Vermisste und mehr als zwei Millionen Heimat- und Obdachlose sowie ein Tausende Kilometer langer Landstreifen, innerhalb weniger Stunden vom Meer leer gewaschen: Das hat er noch nicht erlebt.

„Zehn Jahre", sagt Rees und zeichnet mit dem Finger die Küstenlinie des Indischen Ozeans nach: „So lange wird es dauern, bis alles wieder so ist wie vor dem Tsunami." □

Juliane von Mittelstaedt, 25, besucht die Henri-Nannen-Journalistenschule in Hamburg.

halbe Stadt zerstört, fast eine halbe Million Menschen in die Flucht getrieben. Jetzt haben lokale und ausländische UN-Helfer über Radio ein Warnsystem mit Gefahrenstufen eingerichtet.

WLADIMIR SACHAROW SITZT wieder in seinem Genfer Büro und denkt laut über sein Lieblingsprojekt nach: eine internationale Konvention für den Katastrophenschutz, in der Zuständigkeiten geregelt, Einsatzbereiche geordnet und Hierarchien eingeführt werden – auf dass die Hilfe schneller die Menschen erreicht. Denn die nächste „Jahrhundertkatastrophe" wird kommen. Die Menschheit tanzt zwar nicht auf dem Vulkan, aber sie lebt wie in Goma viel zu nah an dessen Fuß. Sie errichtet Städte auf Erdspalten, siedelt in Sturmgebieten, manipuliert Flüsse und verändert das Klima.

Wladimir Sacharow wartet auf den nächsten Alarm. Zum Beispiel ein Erdbeben in Teheran: „Eine Megastadt ganz in der Nähe der Zone, an der sich die Arabische Erdplatte unter die Eurasische schiebt. Knapp zwölf Millionen Einwohner, nur wenige erdbebensichere Häuser." Er hat die Daten zukünftiger Katastrophen im Kopf. Das ist sein Job.

Vielleicht hilft es auch, dem Horror immer einen Schritt voraus zu sein. □

Andrea Böhm, 43, schreibt von New York aus regelmäßig für GEO und GEO*EPOCHE*. Mitarbeit: Philipp Maußhardt.

Das Rathaus im thailändischen Ferienort Phuket: Anlaufstelle für Touristen, die das Unfassbare überlebt haben

Der Schrecken, der nie endet

Nach dem Tsunami überwältigt die Menschen der Schock: Auch wer der Flut entkommen ist, wird das Unglück nicht los. Die körperlichen Verletzungen sind bald verheilt. Die seelischen Wunden aber bleiben unvergesslich – ein Leben lang

VON MARTIN LINDNER

Das Wasser ist friedlich, aber was heißt das schon? Petra Kegel musste das Zimmer wechseln. Sie hätte den Blick auf den spiegelnden See nicht ertragen.

„Wissen Sie", und der Satz springt aus ihr hervor, „ich war nicht tot!" Sie muss das betonen, weil das unglaublich ist. Weil sich der Abgrund bisher nicht geschlossen hat.

Auf dem Bodensee liegen noch die Morgennebel, und ein paar Ruderer ziehen ihre Bahnen. Mitte Januar. Petra Kegel sitzt in ihrem Zimmer, zur Seite raus und ohne Sicht auf das Wasser. Sie wollte nicht „die toughe Frau spielen". Deshalb ist sie in die Klinik in Radolfzell gekommen. Sie bittet einfach um Schutz.

Dabei hat sie die ganze Zeit über die Fäden im Grunde in der Hand behalten. Das ist ihre Art. Petra Kegel leitet eine Realschule in Heilbronn, eine Frau mit leuchtenden, braunen Augen. Doch ist der Gedanke wirklich so absurd, dass das Unheil jederzeit, zum Beispiel aus dem idyllischen See dort draußen, wieder hervorbrechen könnte?

Fast genau drei Wochen ist es her, dass Petra Kegel mit ihrem Freund beim Frühstück saß. Ein Sonntagmorgen gegen halb zehn in Thailand. Petra Kegel und Jochen Meier* kennen sich seit acht Monaten, und die Bungalow-Anlage in Khao Lak ist ein Paradies für Liebende.

Am Strand hat sich das Meer zurückgezogen, Kinder laufen hinein und suchen nach Muscheln. Am Horizont sieht man eine harmlose Schaumkrone. Langsam wächst sie,

* Name von der Redaktion geändert

wird lauter. Jochen sagt: „Wir werden einen tollen Tag haben, mit Wellen."

Plötzlich: Alle laufen. Petra und Jochen rennen um ihr Leben, fliehen eine Treppe hoch, da trifft sie das Wasser wie ein Schlag in den Rücken. Petra Kegel wird nach unten gerissen. Überall sind Luftblasen, wie in einer Sprudelflasche.

Sie fürchtet, dass sie nun sterben wird, und fühlt zugleich, dass es verlockend ist, sich hinzugeben. Ein Baum zieht an ihrem T-Shirt. Die Luft geht ihr aus. „Wenn ich jetzt von 20 zurück auf null zähle, bin ich weg."

Mag sein, es ist nur eine Illusion, aber wir brauchen sie zum Leben: dass der Tod im Grunde noch recht fern ist. Die amerikanische Psychologin Ronnie Janoff-Bulman hat von den *shattered assumptions* gesprochen, den illusionären – und durch eine radikale Erfahrung zertrümmerten – Annahmen über uns selbst und die Welt. Niemand könne seinen Alltag beispielsweise ohne die feste Überzeugung bewältigen, die Autofahrt zum Einkaufen auch zu überleben. Genau dieses Vertrauen aber werde durch die Erfahrung des Ausgeliefertseins erschüttert.

„Morgens wache ich auf und weiß, dass sich alles verändert hat", sagt Petra Kegel. „Es ist diese Angst, dass nichts mehr sicher ist im Leben."

Wer kann die Trauer ermessen? Am Strand von Cuddalore im Süden Indiens haben Eltern ihren toten Sohn gefunden, den die Flutwelle mit sich gerissen hatte. Viele der Opfer sind Kinder: Als das Meer sich plötzlich zurückzog, wagten sie sich weit hinaus, um Muscheln zu sammeln

SIGMUND FREUD HATTE als einer der Ersten den aus der Chirurgie stammenden Begriff des Traumas auch für die „psychischen Wunden" benutzt. Seither haben Psychologen und Psychiater viele Auslöser seelischer Traumata dokumentiert – etwa sexuellen Missbrauch, den jähen Verlust eines geliebten Menschen, die Weltkriege und den Holocaust, Terroranschläge und Naturkatastrophen.

Tatsächlich trägt nach schwerwiegenden Ereignissen rund ein Viertel der Betroffenen langfristige seelische Schäden davon, so der Kölner Traumaforscher Gottfried Fischer. Manchmal tauchen sie erst Monate nach der Katastrophe auf oder kehren Jahrzehnte später wieder zurück. „Noch heute wachen manche Menschen nachts schreiend auf, weil sie von Erlebnissen aus dem Zweiten Weltkrieg geträumt haben."

Ein Trauma, sagt Fischer, „ist nach dem auslösenden Ereignis nicht einfach vorbei". Die Erfahrung des Unfasslichen dreht vielmehr die ganze Lebensgeschichte in eine andere Richtung.

ES GIBT Grenzsituationen, da entscheidet man, ob man leben will oder sterben. Es ist keine Entscheidung des Verstandes, sie kommt aus dem Innersten des Körpers. Petra Kegel sieht das so. Sie kann den Moment genau beschreiben, in dem ihr klar wird, dass sie womöglich sterben wird: „Das kann jetzt nicht sein, ich will dableiben!" – Dieser Satz leuchtet wie ein Befehl durch ihren Leib, sie hat keinerlei Orientierung mehr, wo oben und unten ist, aber plötzlich schießt sie, wie ein Fisch, aus dem Wasser hoch. Luft!

Ihr Körper handelt von allein, sie weiß nur, dass sie um ihr Leben kämpft, reißt eine Planke an sich, paddelt verzweifelt, zieht sich an Bäumen entlang aus dem Wasser – raus, raus! Wie rasend rennt sie einen Hang hoch, dort sind Menschen, bloß hinauf in den Dschungel. Kommt doch, ihr Schlangen, ich trete euch den Schädel ein!

Kämpfen, fliehen: Blitzschnell laufen in Lebensgefahr intuitive Reaktionsmuster ab, die durch Gefahrensignale aus den Sinnessystemen ausgelöst werden. Vor allem der Mandelkern, ein Warnzentrum des Gehirns, steuert das Geschehen: Notfallsequenzen der Muskeln werden ausgelöst, Puls und Blutdruck steigen, Stresshormone wie Cortisol und Adrenalin fluten in den Körper und mobilisieren sämtliche Energieressourcen – der Stress durch Todesnähe ist für den Organismus ähnlich belastend wie ein schwerer chirurgischer Eingriff.

Oben, auf dem Hang, erreicht Petra Kegel eine Gruppe schwedischer Touristen. Alle, die hier stehen, konnten sich rechtzeitig in Sicherheit bringen. Keiner ist – wie Petra Kegel – von der Welle erfasst worden und ihr im letzten Augenblick noch entkommen. Die Deutsche spürt, dass dies ihr zweites Leben ist und sie ihre letzte Kraft braucht, um nach Hause zu kommen. Sie hat keine Energie, um Jochen Meier jetzt zu suchen. Es ist gegen zehn Uhr vormittags am 26. Dezember 2004. Unten beruhigt sich das Meer.

Die Thais haben Lastwagen organisiert. Auf eigene Faust zu handeln sei sinnlos, sagt man den Touristen. Petra Kegel bleibt bei den anderen, wird mit ihnen aus dem Katastrophengebiet hinausgefahren. Die Nacht verbringt die Gruppe in einer Schule. Petra Kegel spricht in Gedanken mit Jochen Meier. Bittet ihn, während der Nacht eine Blume rechts oben auf ihr Bett zu legen. Als Zeichen, dass sie richtig handelt.

Schon am nächsten Tag fliegt sie mit dem ersten Flugzeug von Phuket nach Frankfurt. Ein geschenktes Hemd ist das einzige Kleidungsstück zum Wechseln. Vier Stunden hält sie im Sitzen durch. Dann bricht sie zusammen. Fieberschübe schütteln sie. Man behandelt sie im hinteren Teil der Maschine.

Zu Hause lässt sie nichts unversucht. Telefoniert, stellt Vermisstenanzeigen ins Internet, bespricht mit Jochens Bruder, welches Foto man für die Meldungen auswählen soll. Eine Freundin kommt vorbei, einen Blumenstrauß in der Hand, und bindet eine Rose rechts oben an ihr Bett.

KAUM JEMAND, der in Todesnähe war, kehrt daraus unversehrt zurück. Man wird schreckhaft und reizbar, kann nichts essen, schläft schlecht, durchlebt immer wieder die Bedrohung. Bei manchen steigert sich die innere Fluchtbereitschaft zum unstillbaren Bewegungsdrang. Andere erstarren vor Schreck. Es gebe Fälle, schildert Gottfried Fischer, in denen beispielsweise Motorradfahrer nach einem Unfall wie gelähmt aus der Narkose erwachen: Sie verharren in der Haltung, mit der sie sich auf den Aufprall vorbereitet hatten.

Petra Kegel schreit drei Tage lang. Sie heult. Sie begreift. Ein paar Schürfwunden sind ihr nur geblieben, aber der Schmerz steckt in jeder Zelle ihres Körpers. Am 28. Dezember 2004, es ist ihr 40. Geburtstag, liegt sie da wie ein verwundetes Tier.

Manchmal klingt der akute Traumaschock binnen weniger Wochen ohne gravierende Folgen ab – je nach den Umständen der traumatischen Situation. Man weiß, dass das eigene Erleben der Todesnähe schwerwiegendere Auswirkungen besitzt als das Mitansehen einer Katastrophe. Zudem erholen sich jene meist schneller, die nur für einen kurzen Moment bedroht und dabei körperlich nicht schwer verletzt wurden.

Abweisende Reaktionen von Freunden und Bekannten dagegen, negative Erfahrungen mit Behörden und selbst Fernsehbilder, die Erinnerungen wach halten, scheinen ein Trauma eher zu verstärken.

Noch bedeutsamer aber ist, wie der Moment der Gefahr tatsächlich erlebt worden ist: Manche empfinden ihn wie in Zeitlupe und gleich einem Traum. Mitunter haben sie das Gefühl, ihren Körper von außen zu sehen, oder behalten nur zerbröckelte Sinneseindrücke in ihrem Gedächtnis zurück.

Ein derart zersplittertes Erleben – Mediziner sprechen von Dissoziationen – sei der stärkste Indikator für eine lang anhaltende traumatische Schädigung, so der amerikanische Psychiater Bessel van der Kolk. Wenn etwa Kinder durch körperliche oder sexuelle Gewalt traumatisiert würden, blieben dissoziative Erlebnisanteile – die bis hin zu Identitätsstörungen führen können – mitunter über viele Jahre erhalten.

Kaum jemand, der in Todesnähe war, kehrt unversehrt von dort zurück

Langsam beginnen Wissenschaftler zu verstehen, dass traumatische Situationen zu teilweise unterschiedlichen seelischen Schädigungen führen können. Trauma ist nicht gleich Trauma.

Dabei scheint nicht nur das Lebensalter eine Rolle zu spielen – ein vierjähriges Kind nässt möglicherweise wieder ins Bett, während ein neunjähriges unter Albträumen oder Wutausbrüchen leidet. Vielmehr unterscheiden Experten auch zwischen spezifischen Traumatypen. Bei Terrorattentaten etwa werde die traumatische Situation durch die Furcht vor einem Wiederholungsanschlag dramatisch verlängert; zudem stehe hinter dem Attentat der bewusste Wille zu verletzen.

Solche durch Menschen herbeigeführten Traumatisierungen seien langfristig gravierender als die von Naturkatastrophen, sagt Gottfried Fischer. Denn sie zerstörten nicht nur die Illusion der eigenen Unverletzbarkeit, sondern ebenso das Vertrauen in die menschlichen Beziehungen. Deshalb führen Gewaltverbrechen eher zu dramatischen psychischen Schäden, wenn man den Täter persönlich kennt, als wenn man von einem Unbekannten bedroht wird.

Auch kulturelle Einflüsse prägen das Erleben eines Traumas. So gilt in hispanischen Kulturen die *ataque de nervios*, die mit Erregung und Schwindel, Trancezuständen

Zusammensinken, schweigen, allein sein: Was um sie herum geschieht, interessiert diese schwedische Touristin nicht mehr. Sie wartet im Rathaus von Phuket darauf, dass ihr irgendjemand sagt, was mit ihrem Mann und ihren Kindern passiert ist

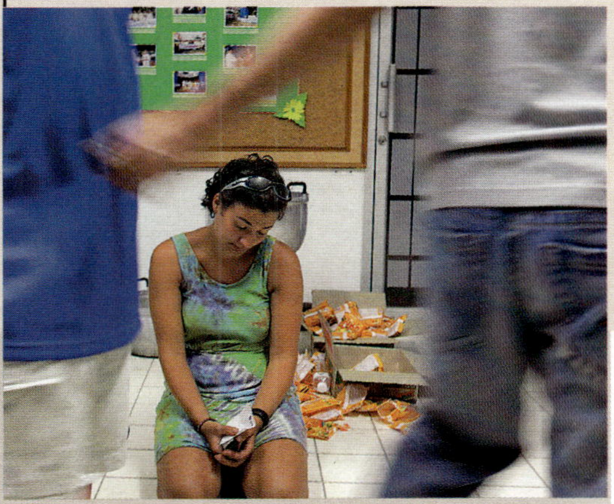

und Gedächtnisausfällen, unkontrolliertem Schreien und Ängstlichkeit einhergehen kann, als typische Reaktion auf eine traumatische Erfahrung. Unter Asiaten dagegen, so argumentieren manche Wissenschaftler, führe traumatischer Stress im Vergleich zu westlichen Ländern oft weniger zu psychischen als vielmehr zu körperlichen Beschwerden (wenngleich diese These umstritten bleibt).

Klar scheint jedoch, dass die Schwere eines Traumas unterschiedlich bewertet werden kann: Nach einer Untersuchung der niederländischen Traumaforscherin Maaike Terheggen, die nach Indien vertriebene tibetische Flüchtlinge interviewt hat, war für diese die Zerstörung religiöser Stätten und Symbole möglicherweise schlimmer als die Gefährdung des eigenen Lebens.

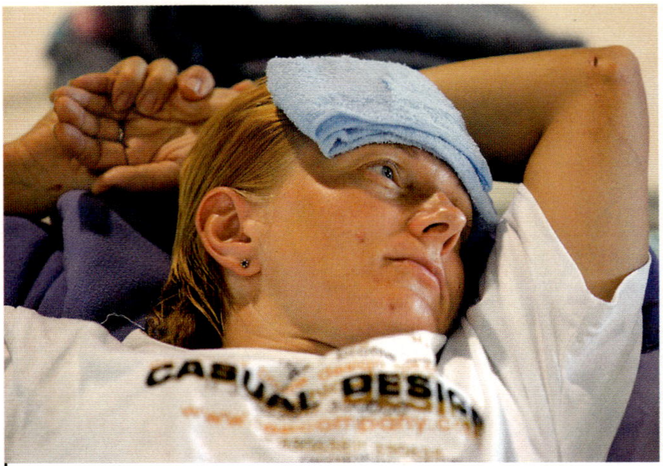

Ihre Augen blicken ins Nirgendwo, aber in der Erinnerung läuft wieder und wieder die Katastrophe ab – wie ein Film. Diese Finnin hat die Flutwelle in Thailand überlebt, aber sie vermisst ihre beiden Kinder; ihr Mann ist schwer verletzt

Überall auf der Welt, sagt Petra Kegel, werden täglich Tausende Menschen traumatisiert. Sie mag nicht den Eindruck erwecken, als sei ihr Schicksal einzigartig.

Das Trauma ist der Schrecken, den man immer wieder durchleben muss

MAN WEISS HEUTE, dass nach verschiedensten Belastungssituationen – trotz aller Unterschiede – bestimmte Traumasymptome immer wieder auftreten. Möglicherweise gibt es einen gemeinsamen Kernmechanismus der Traumaentstehung. Halten die Beschwerden länger als einen Monat an, sprechen Mediziner von einer „posttraumatischen Belastungsstörung“, einem Syndrom, das seit den 1980er Jahren unter amerikanischen und europäischen Psychiatern, inzwischen aber auch unter Ärzten in Asien weithin anerkannt ist und dort bei zahlreichen Patienten nach Naturkatastrophen wie Erdbeben, Vulkanausbrüchen oder Taifunen diagnostiziert wurde.

Charakteristisch für das Syndrom sind die *flashbacks:* Erinnerungsbilder, die oft mit panischer Erregung einhergehen. In der Folge versuchen viele Patienten, Gedanken an das Geschehen zu unterdrücken oder sogar Orte und Menschen zu meiden, die sie daran gemahnen – bis hin zum sozialen Rückzug.

Flashbacks entstehen indes nicht allein durch bewusstes Erinnern des Traumas. Sie können auch durch eigentlich neutrale Sinnesreize – etwa ein lautes Geräusch – ausgelöst werden oder treten ganz ohne ersichtlichen Grund auf. Urplötzlich schießen Erinnerungsfragmente ins Gedächtnis und lösen im Körper eine erneute Alarmreaktion aus – „so, als ob die ursprüngliche traumatische Situation noch bestünde“, wie der amerikanische Psychoanalytiker Abram Kardiner einst schon bei Veteranen aus dem Ersten Weltkrieg beobachtet hat. Das Trauma ist der Schrecken, den man immer wieder durchleben muss.

Bei der Gymnastik auf dem Boden zum Beispiel, wenn Petra Kegel ihren Körper ganz entspannt, spürt sie manchmal, wie ihr das Wasser plötzlich in den Rücken schlägt. Wie glatt die Treppe ist! Diese Bläschen, wie Sprudelwasser.

„Kürzlich“, erzählt sie, „bin ich mit einer Freundin in der Tiefgarage gewesen.“ Das Licht verlosch. „Ich dachte, ich bin wieder im Meer, ich halt das nicht aus.“

Inzwischen haben Neurobiologen ein Modell entwickelt, das die Flashbacks auf eine gestörte Prozessierung von Gedächtnisinformationen zurückführt. Manche Experten sprechen auch von einem „Informationstrauma“. Demnach werden die Sinnesinformationen in der traumatischen Situation zwar im Mandelkern emotional gewertet. Doch unterbleibt die geordnete räumliche und zeitliche Einordnung des Erlebten im Gedächtnisspeicher.

Normalerweise spielt dafür ein anderes Hirngebiet, der so genannte Hippocampus, eine entscheidende Rolle. Aber dessen Funktion scheint durch die exzessiven Stresshormonpegel geschädigt zu werden. Die Folge: Das Erlebte lässt sich nicht in den Erfahrungsstrom integrieren. „Die Kodierung von Erinnerungen klappt nicht, und der Abruf von Erinnerungen klappt auch nicht“, so Gottfried Fischer. In den häufig fast halluzinatorischen Erinnerungsfetzen unterscheide das Gehirn nicht mehr zwischen dem Hier und Jetzt und dem Damals und Dort.

Immerhin schafft es Petra Kegel, im Schwimmbad der Klinik von Radolfzell an der Wassergymnastik teilzunehmen. Sie sieht das Becken. Wagt sich hinein. Ihre Therapeutin hat ihr gesagt, dass sie jetzt unbedingt den Kontakt zur Realität brauche, dass sie hier in Deutschland sei und keine Angst vor Todeswellen haben müsse.

Viele Experten sehen in diesem wiederhergestellten Bezug zur eigenen Lebensgeschichte eines der wichtigsten Ziele der Traumatherapie. Zwar sollte nicht versucht werden, gleich in den ersten Tagen die Geschehnisse klären zu wollen, urteilt Gottfried Fischer. Entscheidend für den Betroffenen sei zunächst das Gefühl von Sicherheit und Schutz. Die Freunde und Verwandten spielen dabei eine herausragende Rolle.

Doch im weiteren Verlauf könne eine professionelle Behandlung gute Dienste leisten. Bereits nach einer zehnstündigen ambulanten Therapie ginge es den meisten besser, so Fischer. Dabei scheinen kognitive und psychotherapeutische Ansätze ebenso hilfreich zu sein wie Imaginations- oder Entspannungstechniken.

Eine Inderin schreit ihr Entsetzen heraus: Auf einer Tafel mit den Bildern der Toten, die noch nicht identifiziert sind, hat sie ihre dreijährige Tochter entdeckt. Nach Tagen in Hoffnung und Angst nun die furchtbare Gewissheit

Viele Experten benutzen auch die so genannte EMDR-Methode (Eye Movement Desensitization and Reprocessing): Während sich der Patient auf seine Erinnerungen konzentriert, bewegt der Therapeut einen Finger vor dessen Augen hin und her oder berührt wechselseitig die Hände des Traumatisierten. Diese zusätzlichen Sinnesreize, so eine Hypothese, normalisieren die Prozessierung der traumatischen Information im Gehirn.

Doch selbst ohne Therapie kommen manche Menschen über ein Trauma hinweg. So litten einen Monat nach den Angriffen auf das World Trade Center mehr als sieben Prozent der Einwohner New Yorks unter einer posttraumatischen Belastungsstörung. Fünf Monate später war dieser Wert auf gut 0,5 Prozent gesunken. Manche Wunden heilt eben tatsächlich die Zeit.

Petra Kegel sagt, sie wäre gern schon ein halbes Jahr weiter. Sie weiß, dass die Welt nicht wartet. Dass niemand wartet. „Man muss wiederaufspringen, Tempo bekommen."

Aber noch ist die Zeit für sie wie angehalten. Als gäbe es kein Danach. Sie ist einsam. Und gleichzeitig wird sie das Gefühl nicht los, Jochen Meier im Stich gelassen zu haben. Mag sein, dass dies immer so ist, wenn der eine stirbt und der andere weiterlebt. „Es ist der Verlust der Unschuld." Eine Vertreibung aus dem Paradies.

In ihrer letzten Vermisstenanzeige, die sie am 6. Januar 2005 ins Internet stellte, beschrieb sie Jochen Meiers Körper: „176 cm, breiter Brustkorb, Tattoo auf dem rechten Schulterblatt in Form eines Schmetterlings, braune Augen, braune/wenige Haare." Das Wort Glatze mochte sie nicht schreiben. Petra Kegel lächelt, als sie jetzt die ausgedruckte Anzeige in der Hand hält.

Im Grunde, sagt sie, gibt es zwei Wege. Man kann verbittern, Angst vor jeder neuen Liebe haben. Das will sie nicht. Und man kann noch sensibler und offener werden für das Leben anderer. Draußen schimmert das Wasser jetzt blau und undurchdringlich im Abendlicht.

Ein paar Tage später ruft sie an: „Sie haben ihn gefunden." Jochen hatte Ausweiskopien in einer umgeschnallten Gürteltasche. Nun hat ihn jemand auf einer Internetliste der thailändischen Behörden entdeckt und Petra Kegel verständigt. Die Bilder des Leichnams mag sie nicht sehen. Aber sie kann Abschied nehmen. □

Der Arzt **Dr. Martin Lindner**, 36, ist Wissenschaftsjournalist in Berlin.

Die Hände gefaltet, die Gedanken bei Gott. Zwei Wochen nachdem der Tsunami die sri-lankische Stadt Batticaloa überrollt hat, beten die Menschen in der St. Mary's Church für die Opfer und Hinterbliebenen. Für viele sind Trauer und Verzweiflung über die Katastrophe im Glauben leichter zu ertragen

Bittere Lektionen

Nach dem Tsunami leistet die Weltgemeinschaft Erste Hilfe – etwa mit Luftkissenbooten der US-Marine, die an Sumatras Küste Güter anliefern. Doch was wird geschehen, wenn der erste Schock vorüber, wenn die ärgste Not gelindert ist? Noch ist längst nicht klar, ob der Tsunami Bürgerkriege verschärft oder entspannt. Ob er der Wirtschaft geschadet hat – oder sie vielleicht gar befördert. Und ob die betroffenen Staaten von dieser Katastrophe lernen werden

Eine US-Hubschrauberbesatzung in der Provinz Aceh, an Bord Reis und Wasser: Hilfe für die Überlebenden, aber auch Machtmittel im Bürgerkrieg auf Sumatra. Denn wer die Weiterverteilung organisiert – indonesisches Militär oder paramilitärische Rebellen –, wird an Ansehen gewinnen in der Region

Amerikanische Pioniere ersetzen bei Banda Aceh eine fortgespülte Brücke durch eine Notkonstruktion. Die wirtschaftlichen Schäden der Welle, obgleich sie für die Betroffenen verheerend sind, erscheinen volkswirtschaftlich marginal. Selbst in Indonesien wird das Wirtschaftswachstum 2005 wohl nur um 0,2 Prozentpunkte geringer ausfallen

In Bürgerkriegsregionen mögen ganze Städte untergegangen sein – der Hass aber bleibt

Über die langfristigen Folgen des Tsunami sprach GEO-Redakteur Jens Schröder mit den Asienexperten Dr. Christian Wagner und Dr. Kay Möller von der Stiftung Wissenschaft und Politik, einem unabhängigen »Think Tank« der Bundesregierung; mit Dr. Karl Wolfgang Menck, der sich am Hamburgischen Welt-Wirtschafts-Archiv mit ökonomischen Krisen befasst; sowie mit Dr. Patrick Lagadec, Forschungsdirektor an der Pariser Ecole Polytechnique und Experte für Krisenstrategien

GEO*EPOCHE*: Herr Möller, Herr Wagner – eine These zu den langfristigen Folgen des Tsunami klingt sehr optimistisch: Sie geht davon aus, dass beispielsweise die Bürgerkriegsparteien in Sri Lanka oder Aceh über ihre Zusammenarbeit bei der humanitären Hilfe wieder zueinander finden – so wie etwa die Türkei und Griechenland 1999 nach Erdstößen in beiden Ländern ihren Konflikt entschärft haben. Könnte die Flutwelle in Asien zu einem Katalysator für den Frieden werden?

Kay Möller: Ich bin da skeptisch – und der Vergleich mit Griechenland und der Türkei hinkt leider, denn der Konflikt zwischen diesen beiden Ländern war kein Bürgerkrieg, sondern ein zwischenstaatlicher Streit. Es gibt eine viel deutlichere historische Parallele zur jetzigen Situation, und die stimmt weniger optimistisch: 1970 hat ein Wirbelsturm das damalige Ostpakistan verwüstet. Die Zerstörungen waren wahrscheinlich ähnlich verheerend wie die des Tsunami. Die betroffene Region war damals ein Bürgerkriegsgebiet – und der Streit um die Verteilung der Hilfsgüter hat den Konflikt zwischen Ost- und Westpakistan weiter verschärft. In Bürgerkriegen muss man leider immer damit rechnen, dass jede Seite versucht, eine solche Katastrophensituation für sich zu instrumentalisieren.

Aber in Sri Lanka gibt es doch zumindest erste Anzeichen von Annäherungen. Die singhalesische Präsidentin des Landes hat nach der Flutwelle demonstrativ angekündigt, ein tamilisches Waisenkind adoptieren zu wollen.

Christian Wagner: Das sind versöhnliche Symbole, aber daraus lässt sich keine politische Entwicklung ableiten. Auch in der Presse Sri Lankas gibt es jetzt viele Kommentare, dass der Wiederaufbau konfliktsensitiv sein müsse – und so weiter. Das ist alles richtig. Es wird auch Gebiete geben, wo die Bevölkerungsgruppen beim Wiederaufbau zusammenarbeiten. Aber ich sehe nicht, dass solche Gesten die Verhandlungsposition der hauptsächlichen Konfliktparteien verändern können. Im Gegenteil: Die Gegner werden versuchen, aus der Situation ihre Vorteile zu ziehen.

Wie könnte das aussehen?

Wagner: Das Gesamtbild ist sehr komplex. Es gab kurz nach dem Tsunami Fernsehbilder, auf denen offenbar Guerillatruppen und Regierungssoldaten bei Rettungsaktionen zusammenarbeiteten. Eine irreführende Botschaft: Es waren nämlich Bilder aus dem Osten des Landes, wo es eine Abspaltung der Rebellenorganisation Liberation Tigers of Tamil Eelam – LTTE – gibt, die kompromissbereiter ist als die Hauptfraktion der Organisation im Norden.

Die Regierung könnte jetzt gezielt diese Gruppe im Osten in den Wiederaufbau mit einbeziehen, um die Spaltung der Rebellen zu vertiefen und den Einfluss der Hardliner auf den Norden zu beschränken. Dort, im Stammland der Tamilen, könnte die Katastrophe die Macht der LTTE-Rebellen aber eher festigen. Wenn es ihnen gelingt, die Verteilung der Hilfsgüter zu übernehmen, dann wird das ihren Anspruch auf eigene staatliche Strukturen stärken.

Für die internationale Gemeinschaft ist das ein Drahtseilakt: Es muss Hilfe auch in diesen Teil des Landes kommen. Die beste Infrastruktur hat in dieser Gegend die LTTE, auch wenn noch nicht ganz klar ist, wie viele ihrer Versorgungsschiffe und Häfen von der Flutwelle zerstört wurden. Das Dilemma ist: Wenn man mit der LTTE zusammenarbeitet, dann werden die Rebellen daraus Kapital schlagen – was sicher nicht der Konfliktlösung dienen würde.

Im Süden des Landes, der von der Flutwelle am stärksten betroffen ist, stellt sich die Lage noch komplizierter

Rebellen der Bewegung Freies Aceh, irgendwo im Norden Sumatras: Die Guerilleros kämpfen seit mehr als 25 Jahren gegen Truppen der Regierung – und müssen sich seit der Flutkatastrophe auch gegen islamistische Gruppen aus Java behaupten, die gekommen sind, um Hilfe zu leisten und ihre Ideologie zu predigen

dar. Dort ist die Hochburg der JVP, einer buddhistisch-nationalistischen Partei, die auch in der Regierungskoalition vertreten ist. Sie versucht seit Jahren jeden Kompromiss mit den Rebellen zu verhindern und lehnt auch jede ausländische Vermittlung in dem Konflikt rigoros ab – und zwar aus ideologischen Gründen: Sri Lanka ist für die JVP das heilige Land des Buddhismus, und jede Art von föderaler Struktur, auf die sich die Singhalesen mit der LTTE möglicherweise einigen könnten, wäre nach diesem Weltbild ein Verrat an der Staatsidee. Ich befürchte, dass die JVP den Wiederaufbau ihrer Region nutzen wird, um ihre Basis zu verbreitern.

Würde sich der Konflikt in Sri Lanka demnach durch eine solche Entwicklung sogar noch verschärfen?

Wagner: Nein, das wohl nicht. Aber eine Lösung würde weiterhin blockiert. Die JVP hat in der Regierung jetzt schon eine Sperrminorität. Wenn sie noch stärker wird, sind Kompromisse kaum noch möglich. Zudem ist schwer vorauszusehen, was geschieht, wenn sich unter den ausländischen Hilfsorganisationen im Süden viele christliche Gruppen tummeln. Es ist durchaus möglich, dass einige dieser christlich-klerikalen Gruppen aus den USA die Waisenkinder in Obhut nehmen, und irgendwann sind das alles Christen.

Das wäre eine Situation, die sich in Sri Lanka sehr stark politisieren ließe. Die JVP könnte etwa vor den fremden Christen warnen, die die Not der Einheimischen für die Mission ausnutzen. Damit könnte sie Ressentiments gegenüber Ausländern verstärken. Und noch wirksamer als bislang schon die internationalen Vermittlungsbemühungen torpedieren.

Gibt es diese Vermittlungsbemühungen denn überhaupt noch?

Wagner: Möglicherweise jetzt erneut. Denn zumindest in diesem Punkt könnte die Flutkatastrophe einen positiven Effekt haben. Vor dem Tsunami war der Friedensprozess mit internationaler Vermittlung quasi am Ende. Im Dezember 2004 haben die norwegischen Unterhändler bekundet, dass sie ihre Bemühungen aufgeben wollen, weil die Gegensätze nicht zu überbrücken seien. Jetzt sind die Dinge wieder in Bewegung geraten, und es sieht so aus, als würden die Vermittler angesichts der Katastrophe doch noch mal einen Versuch starten.

Aber auch dieser Effekt ist verbunden mit der Hoffnung, dass der Wie-

deraufbau zu einer Annäherung führt. Und diese Hoffnung scheint mir verfrüht. Es gibt ein Argument, das gegen eine solche Entwicklung spricht und das oft übersehen wird: Schon im Sommer 2003 hat eine internationale Geberkonferenz 4,5 Milliarden Dollar für den Wiederaufbau der vom Bürgerkrieg zerstörten Gebiete in Aussicht gestellt – das Geld sollte nur fließen, wenn die Parteien Frieden schließen. Dieser große finanzielle Anreiz hat quasi nichts bewirkt.

Warum sollte es dieses Mal anders sein? Ich persönlich wäre schon froh, wenn nach dem Tsunami nur der Status quo gehalten werden könnte, das heißt: wenn der Waffenstillstand Bestand hätte. Die Rückkehr der norwegischen Vermittler im Januar ist schon ein sehr positives Signal.

Sarglager im thailändischen Ferienort Phuket: Weil Zehntausende Touristen betroffen sind, ist die internationale Anteilnahme außergewöhnlich groß. Das könnte Reformen erzwingen – in umkämpften Regionen ebenso wie bei der Kooperation der asiatischen Staaten

In Indonesien ist ja mit der Provinz Aceh fast ausschließlich das langjährige Bürgerkriegsgebiet des Landes von der Katastrophe betroffen. Sind die Aussichten auf einen positiven Effekt durch den Wiederaufbau dort größer?

Möller: Ich glaube, die Entfremdung der Konfliktparteien voneinander ist auch hier so weit fortgeschritten, dass Hoffnungen in dieser Richtung nicht sehr realistisch sind. 2002 gab es einen Waffenstillstand zwischen der GAM, der Bewegung Freies Aceh, und der Regierung. Es war geplant, den Frieden mit einem Autonomiestatut zu regeln.

Das ist gescheitert. Und zwar sowohl an den Rebellen, die den Wunsch nach einer echten Unabhängigkeit nicht aufgeben wollten, als auch am Militär, das den Waffenstillstand sabotiert hat, weil es ganz eigene Interessen verfolgt: Das Militär möchte sich in Jakarta als Garant für die nationale Einheit darstellen. Und es möchte die eigenen wirtschaftlichen Interessen schützen, die erst durch den Aceh-Konflikt zustande kommen, etwa die Einkünfte als Wachschutz für ausländische Ölfirmen in dem umkämpften Gebiet.

Der Konflikt hat also weitergeschwelt und vor allem die Zivilbevölkerung in Mitleidenschaft gezogen – erst unter Kriegsrecht, dann ab 2004 unter einem zivilen Notstandsrecht. Dann kam der Tsunami. Die Regierung hat drei Tage gezögert, bevor sie überhaupt ausländische Helfer in das Gebiet gelassen hat. Dann wurde der durch den Bürgerkrieg bedingte zivile Ausnahmezustand aufgehoben, um die Katastrophenhilfe zu erleichtern. Das Militär hat den Konflikt trotzdem weitergetrieben. Die letzte Verhandlungsrunde Ende Januar in Helsinki ist allerdings an der Forderung der Guerilla gescheitert, in fünf bis zehn Jahren ein Referendum über die Unabhängigkeit abzuhalten.

Die Regierung Indonesiens wurde erst 2004 gewählt. Wäre jetzt nicht eine ideale Gelegenheit für den neuen Präsidenten, die Macht des Militärs in Aceh zu begrenzen, eine zivile Verwaltung aufzubauen und sich damit international zu profilieren?

Möller: Das ist im Prinzip richtig. Aber Präsident Susilo Bambang Yudhoyono ist wie seine Vorgängerin abhängig von der Gunst der Militärs. Nicht nur in Aceh, sondern auch bei Konflikten in anderen Landesteilen, wie etwa in Papua. Zudem ist Yudhoyono ein pensionierter General und hat sich während seiner Militärkarriere in der Aceh-Frage stets zwiespältig verhalten. Von einer anfangs kompromissbereiten Linie ist er irgendwann umgeschwenkt auf einen harten Kurs gegenüber den Separatisten.

Ein nochmaliger Wechsel würde ihm als Schwäche ausgelegt – zumal in Indonesien föderale Modelle genau wie in Sri Lanka nicht mehrheitsfähig sind. Das hat historische Gründe: Die niederländischen Kolonialherren haben noch Anfang der 1950er Jahre mit einigen Provinzen Sonderbeziehungen unterhalten, das Land also quasi föderalisiert, was etwa zum Konflikt auf den Molukken geführt hat.

Seither hat der Föderalismus keine guten Chancen in Indonesien. Wegen solcher innenpolitischer Erwägungen wird der Präsident also nicht viele Zugeständnisse machen können.

Besteht denn die Möglichkeit, dass die Bevölkerung in Aceh im Falle eines guten Krisenmanagements der indonesischen Regierung wieder Vorteile darin sieht, einem großen Land anzugehören?

Möller: Das glaube ich nicht. Die Hilfe des Auslands wird vor Ort als wichtiger wahrgenommen. Gleichzeitig gibt es allerdings islamistische Gruppen aus Java, die jetzt nach Aceh kommen, um ihrerseits Katastrophenhilfe zu leisten – mit dem Ziel, mögliche Imagegewinne des Westens oder auch der Rebellen im Zuge des Wiederaufbaus einzudämmen. Auch hier gibt es also wieder Anzeichen, dass die verschiedenen Lager versuchen, aus der Katastrophe politisches Kapital zu schlagen – die Hilfe zu politisieren. Das findet in solchen Regionen in einem Ausmaß statt, wie wir es uns hier kaum vorstellen können. Die Militärs haben den Rebellen etwa vorgeworfen, Hilfsgüter gestohlen zu haben, was die natürlich dementiert haben.

Die Situation bleibt also unübersichtlich…

Möller: …und nicht sehr hoffnungsvoll. Der einzige positive Effekt des Tsunami, den man sich vorstellen könnte, gründet sich auf die weltweite Aufmerksamkeit, die der vergessene Konflikt jetzt wieder hat. Momentan verhält sich das Militär angesichts der Präsenz von Helfern und Journalisten eher zurückhaltend. Das hat mit dazu geführt, dass viele einheimische Nicht-Regierungs-Organisationen – also etwa private Hilfsgruppen –, die unter dem Kriegsrecht aus Aceh abziehen mussten, jetzt zurückkehren können. Solche Strukturen der Zivilgesellschaft könnten wie schon früher als eine Art dritte, ausgleichende Kraft in dem Konflikt zwischen Militär und Rebellen wirken.

Möglicherweise können ja die internationalen Geldgeber Einfluss darauf nehmen, wie stark die Nicht-Regierungs-Organisationen am Wiederaufbau beteiligt werden. Man könnte sich etwa vorstellen, dass Indonesien ökonomisch unter Druck gesetzt wird. Allerdings gebe ich zu, dass ich nicht weiß, wer diesen Druck ausüben könnte: Der EU fehlen dazu sowohl das Interesse als auch die nötigen Instrumente. Und die USA sind im Rahmen ihrer Anti-Terror-Kampagne bislang vor allem an guten Beziehungen zum indonesischen Militär interessiert. 2004 hat die amerikanische Regierung die Rüstungshilfe für Indonesien wieder aufgenommen. Und jetzt, nach der Katastrophe, hat Washington Transportflugzeuge bereitgestellt, die vermutlich gleich im Land bleiben werden.

Meiner Ansicht nach basiert diese Politik auf einer Fehlinterpretation der Amerikaner, denn das indonesische Militär ist – anders, als man in Washington vermutet – kein Garant für die Einheit des Landes. Und sein Gegner in Aceh, die GAM, ist keine fundamentalistische Terrorpartei, deren Bekämpfung die Amerikaner unterstützen müssten. Meine These ist, dass die Konfliktlinien in Indonesien auch nach dem Tsunami weitgehend unverändert bleiben werden.

Gibt es denn zumindest die Hoffnung, dass in Zukunft wenigstens die Kooperation der betroffenen Länder untereinander vertieft wird?

Wagner: Die südasiatische Regionalkooperation SAARC hat so gut wie gar nicht reagiert. Es gibt daneben auch noch Strukturen wie die Indian Ocean Rim Association for Regional Cooperation, die aber bislang nur Studien über Handelswege betrieben hat. Das wäre natürlich ein geeigneter Rahmen für die Organisation eines Frühwarnsystems.

Möller: In Südostasien hat sich die Regionalorganisation Asean nach dem Tsunami nicht mit Ruhm bekleckert. Am Schluss hat man immerhin die internationale Geberkonferenz in Jakarta organisiert und beschlossen, die staatliche Katastrophenhilfe zu koordinieren. Punkt. Darüber hinaus ist nicht viel zu erwarten. Das liegt zum Teil daran, dass die Mitglieder großen Wert auf nationale Souveränität legen und eine stärkere Kooperation allein schon aus diesem Grund nur mühsam vorankommen wird. Das hat man schon beim Thema Waldbrände versucht und ist nicht weit gekommen. Und auch bei der SARS-Krise hat die regionale Zusammenarbeit nur begrenzt funktioniert, auch wenn es ernsthafte Bemühungen gab. Das regionale Krisenmanagement wird nach dem Tsunami also keine spektakulären Fortschritte machen.

Herr Menck, wäre denn nicht zumindest eine verstärkte Zusammenarbeit bei der Behebung der wirtschaftlichen Schäden infolge der Flutwelle denkbar?

Karl Wolfgang Menck: Das ist schwer zu prognostizieren. Aber aus ökonomischer Sicht muss man feststellen, dass die Flutkatastrophe weit geringere Folgen hatte als etwa die SARS-Epidemien seit dem Jahr 2003. Der Tsunami hat ja vor allem kleine Besitztümer armer Leute zerstört, die nicht versichert waren und deren plötzliche Armut auch die Steuerposition der Staaten kaum verändert: Viele der Betroffenen gehören zu einer Bevölkerungsschicht, die ohnehin kaum Steuern gezahlt hat.

In der SARS-Krise wurden dagegen langjährige Lieferbeziehungen, etwa für Lebensmittelexporte, abgebrochen. Und der Fremdenverkehr ist erheblich geschrumpft, weil die Menschen aus Angst vor Ansteckung ihre Reisen in die ganze Region storniert haben.

Bei der Finanzkrise in Südostasien im vergangenen Jahrzehnt waren die Effekte sogar noch extremer: Da wurden erhebliche Werte vernichtet. Allein Indonesiens Wirtschaft ist damals um 13 Prozent geschrumpft. Nach dem Tsunami sehen wir uns dagegen vor allem mit einer humanitären Katastrophe konfrontiert – die allerdings, anders als das Elend in Afrika, direkt auf uns zurückschlägt.

Eine Hoffnung bleibt: dass der Tsunami den Blick der Welt auf vergessene Konflikte lenkt

Kann man das wirklich jetzt schon absehen – dass die Volkswirtschaften der Region von der Jahrhundertkatastrophe langfristig kaum betroffen sind?

Menck: Es wird – mit Ausnahme der Malediven vielleicht – nur eine kleine Delle im Wachstum geben. Nach einer Prognose der Asiatischen Entwicklungsbank werden die Steigerungsraten der Bruttosozialprodukte um einen Prozentpunkt oder weniger zurückgehen. Dann kommt der Wiederaufbau, der erfahrungsgemäß Wachstum fördert, weil er Nachfrage schafft. Die Börsenindizes der Region waren in den Tagen nach der Welle alle ein bis zwei Prozent im Plus – das macht auch Sinn, denn die Aktienkurse sind eine Spekulation über zukünftige Gewinne.

Wenn man es zynisch formulieren will, könnte man fast sagen: Die Katastrophe wirkt in gewisser Weise wie ein Konjunkturprogramm. Und die Thailänder haben das schon explizit so gesehen, haben ein Notbudget aufgestellt, Steuererleichterungen veranlasst und so weiter. Die nutzen den Wiederaufbau ausdrücklich als positiven konjunkturellen Effekt in einer Phase, wo sie ohnehin schon hohe Wachstumsraten haben.

Jetzt sprechen Sie von Thailand. Aber Länder wie Indonesien oder Sri Lanka sind ja in ihrer Wirtschaftsstruktur eher noch Entwicklungsländer.

Menck: In beiden Fällen wird es zwar mehr darauf ankommen, wie der Wiederaufbau von außen mitfinanziert wird. Aber dass er finanziert wird und dass er auch rasch vorangehen wird, darin sind sich die Experten weitgehend einig.

Und gerade Indonesien hat ja – natürlich nur wirtschaftlich gesehen – eigentlich Glück gehabt: Die Welle hat ein Gebiet getroffen, dass ökonomisch für das gesamte Land nahezu unbedeutend ist. Als Bürgerkriegsregion war Aceh für wirtschaftliche Investitionen ohnehin nicht interessant, weil da geschossen wird. Die Ölquellen der Provinz liegen alle vor der Küste. Die Öltanker sind in den Tagen nach dem Unglück alle planmäßig ausgelaufen – das muss man sich mal vorstellen!

Soll der Wiederaufbau gelingen, müssen lokale Initiativen international finanziert werden

Selbst wenn das extremste Szenario wahr würde, nämlich dass die Regierung in Jakarta die betroffenen Gebiete aus politischen Gründen einfach verfallen ließe, bliebe die indonesische Wirtschaft davon fast unberührt. So schlimm die Probleme für die Menschen auch sein mögen: Für die Volkswirtschaften sind die ökonomischen Probleme gering, für die Weltwirtschaft sind es insulare und vom Umfang her völlig marginale Ereignisse.

Das gilt für den großen Rahmen, aber…

Menck: Natürlich, die betroffenen Menschen stehen vor existenziellen wirtschaftlichen Problemen. Aber auch im Kleinen gibt es für den Wiederaufbau eigentlich ganz gute Bedingungen – vor allem, was die Motivation der Menschen angeht. Die meisten der Betroffenen erwarten ohnehin nicht viel von ihren jeweiligen Regierungen und packen den Aufbau einfach an. Und diese Flexibilität erwächst absurderweise gerade aus dem Staatsversagen in den meisten betroffenen Regionen. Bei uns würden viele Leidtragende erst einmal abwarten, was sie an Hilfe erwarten können.

Ein kritischer Punkt ist allerdings, wie das Geld konkret verwendet wird: Wie viele Mittel aus dem Staatshaushalt sollen beispielsweise für den Aufbau von Randregionen bereitgestellt werden? Soll man Orte etwa in der Provinz Aceh, deren wirtschaftliche Grundlage weggespült und deren Bevölkerung zu einem großen Teil umgekommen ist, an der gleichen Stelle wiederaufbauen – oder das Geld anders investieren? Wie viel Geld soll für ein Tsunami-Warnsystem bereitgestellt werden, das nach aller Wahrscheinlichkeit in den nächsten 100 Jahren nur Geologen und Physikern nützen wird? Das sind alles ökonomische Entscheidungen, die in solchen Ländern sehr stark polarisieren können.

Relevante Einbußen wird es aber sicherlich in der Tourismusbranche der Region geben.

Menck: Der Tourismus ist tatsächlich ein Sonderfall, weil dieser Wirtschaftszweig unmittelbar getroffen wurde. Doch auch hier werden die langfristigen Folgen weit weniger schlimm sein als befürchtet. In Thailand macht der Fremdenverkehr nach vorsichtigen Schätzungen kaum mehr als fünf Prozent des Bruttosozialproduktes aus. In allen anderen betroffenen Ländern – außer den Malediven – noch weitaus weniger. Und die ganze betroffene Re-

Ein tonnenschwerer Kutter auf der Küstenstraße vor Banda Aceh: Schäden dieser Art treffen nicht nur die Fischer, denen die gestrandeten Schiffe und Boote gehören. Sie überfordern auch die örtlichen Banken, denen es an Kapital mangelt, um Ersatz oder aufwendige Reparaturen zu finanzieren

gion hat am Welttourismus gerade mal einen Anteil von drei Prozent.

Viele Reisende haben ihre Buchungen für die Region storniert.

Menck: Zunächst schon, weil das Ausmaß der Zerstörung nicht sofort überschaubar war. Aber Touristen haben ein extremes Kurzzeitgedächtnis für Katastrophen, das wird auch jetzt wieder der Fall sein.

Wichtig nach diesem Tsunami war, dass die europäischen Reiseveranstalter ihre Gäste sehr schnell aus dem Gebiet herausgeholt haben, teilweise mit eigens dafür organisierten Militärmaschinen. Das hat viel Vertrauen geschaffen oder erhalten. Außerdem hat die World Tourism Organization schon analysiert, dass viele Besucher eine Art langfristige Solidarität zu den betroffenen Gebieten haben und dass es eine starke Bindung der Kunden an bestimmte Orte gibt.

Außerdem hatten die Experten für dieses Jahr aufgrund der guten wirtschaftlichen Entwicklung einen Boom des asiatischen Regionaltourismus erwartet – ein Effekt, der ein mögliches Ausbleiben der Gäste aus Europa durchaus wettmachen könnte.

Dazu kommt noch ein letzter Aspekt: Der Zeitpunkt des Tsunami hätte aus Sicht der Tourismusbranche noch viel schlimmer sein können. Die Buchungssaison in Europa läuft erst im Frühjahr richtig an – die betroffenen Regionen hatten gerade noch genügend Zeit, ihren Auftritt auf den Tourismusmessen dieser Katastrophe anzupassen. Nun können sie dort die Fortschritte des Wiederaufbaus präsentieren oder auch die vielen Reiseziele in den Vordergrund stellen, die von der Flut völlig unberührt geblieben sind – etwa Goa, Bali oder die thailändische Ostküste.

Wenn die ökonomischen Effekte langfristig so gering sein werden, ist dann der von europäischen Politikern erwogene Schuldenerlass für die betroffenen Länder überhaupt sinnvoll?

Menck: Schuldenerlass – das ist ein Wort, das immer gut klingt. Bringen würde so etwas meiner Meinung nach überhaupt nichts. Es handelt sich hier um Länder – vor allem Indien, Thailand, Indonesien –, die sehr stark an den internationalen Kapitalmärkten Kredite aufnehmen. Die können sich einen Schuldenerlass gar nicht leisten, weil dann ihre Rankings – ihre Bonitätsbeurteilungen – schlechter und damit ihre Zinszahlungen einschließlich der Risikoprämien

höher würden. Die dortigen Regierungen haben auch schon ganz klar gesagt, dass sie das ablehnen. Die Thailänder haben als Erste ausgesprochen, was sie stattdessen wollen: Handelserleichterungen. Zum Beispiel bei Garnelen, auf deren Import in der EU und den USA sehr restriktive Zölle erhoben werden.

Könnte die Naturkatastrophe dieser Forderung mehr Nachdruck verleihen?

Menck: Ich bin mir sicher, dass wir genau bei dieser alten Streitfrage – Schuldenpolitik versus Handelspolitik – eine langfristige Folge des Tsunami sehen werden: Es wird Bewegung in diese festgefahrene Diskussion kommen.

So eine globale Katastrophe macht ja bestehende Defizite im internationalen System offenbar: Was jetzt, unter Extrembedingungen, schlecht funktioniert, hat schon früher schlecht funktioniert. Wir haben nur nie darüber gesprochen.

Jetzt aber wird intensiv darüber diskutiert, ob und wie Handelserleichterungen diesen Ländern helfen könnten. Die betroffenen Regierungen artikulieren diese Forderungen jetzt erstmals vor dem Hintergrund einer Katastrophe mit globalem Ausmaß und weltweiter Aufmerksamkeit – und zufällig genau im Vorfeld der neuen Verhandlungsrunde der Welthandelsorganisation (WTO). Wenn man so will, dann hatte in dieser Hinsicht das Timing des Tsunami wieder etwas Gutes.

Die Katastrophe und ihre Folgen werden die Gespräche bei der WTO-Konferenz mit Sicherheit beeinflussen – und sei es nur unterschwellig, in den Köpfen der Delegierten. Sozusagen als Verstärker für die alten Argumente der Schwellenländer. Und es wird den Industrieländern kaum möglich sein, sich vor dieser Diskussion zu drücken.

Könnte der Wiederaufbau nach dem Tsunami auch Auswirkungen auf die Entwicklungszusammenarbeit in anderen Weltgegenden haben?

Menck: Damit sollten wir rechnen. Bislang verfolgen wir Europäer ja einen entwicklungspolitischen Ansatz, der sich fast ausschließlich an afrikanischer Armut orientiert. Andere Regionen als die ärmsten afrikanischen Länder kommen seit Jahren im Grunde kaum noch als Empfänger in Betracht.

Der Tsunami und die Erfahrungen mit dem Wiederaufbau der Region werden nun mit Sicherheit die Diskussion darüber vorantreiben, ob ein solcher Ansatz auf Dauer sinnvoll ist. Oder ob wir nicht in Zukunft einen Teil der verfügbaren Mittel von vornherein für neue Aufgabenfelder einplanen sollten, etwa die Katastrophenhilfe. Dann würden plötzlich Länder auf die Empfängerliste gelangen, die dort schon lange nicht mehr standen. Nämlich diejenigen, in denen es gerade zu Taifunen, Überflutungen oder Hungersnöten gekommen ist.

Glauben Sie demnach, dass der Kuchen sozusagen neu aufgeteilt wird?

Menck: Diese Frage werden wir uns stellen müssen. Wenn Sie so wollen, schafft eine solche Naturkatastrophe doch eine neue Klasse von Armen, denen man sehr viel effizienter helfen kann als etwa den Leuten im Südsudan oder im Kongo. In Südasien hat die Welle binnen Sekunden die ökonomische Basis von kleinen Fischern und Kaufleuten zerstört – von Leuten, die vorher zwar nicht im Wohlstand lebten, aber immerhin ganz solide über die Runden kamen.

Wenn man so einem Fischer bei der Finanzierung seines neuen Bootes hilft und wenn man die Straße, auf der er seinen Fang in die Stadt transportiert, schnell repariert, dann braucht er im Idealfall keine weitere Hilfe. Zumindest kann man hoffen, dass diese Hilfe kein Fass ohne Boden ist. Wenn sich diese Erfahrung bewahrheitet, wird das auf viele Entscheidungsträger Eindruck machen.

Sie müssen sich das so vorstellen: Über die Verteilung der Entwicklungsgelder entscheiden ja Politiker. Und die stellen irgendwann bei sich selbst und bei ihren Wählern eine gewisse Ermüdung fest, wenn es darum geht, zum 50. Mal Menschen in einem chronisch

Ein Händler renoviert sein Geschäft im thailändischen Patong: In den vom Tsunami verwüsteten Regionen sind die ermutigenden Folgen internationaler Hilfe schon bald sichtbar – anders als in chronischen Krisengebieten, etwa in Afrika, die jahrzehntelang bedürftig bleiben werden

armen Gebiet in Afrika zu unterstützen. Insbesondere, wenn der Grund des Elends dort ein menschengemachter Konflikt ist, der einfach nie enden will.

Die Motivation, Gelder freizumachen, ist für Parlamentarier bei einer Naturkatastrophe eine ganz andere. Die Ergebnisse sind greifbarer. Es wird ganz offensichtlich Not bekämpft, und das oft mit guter Aussicht auf Erfolg.

Aber würde das nicht in eine Spaltung münden zwischen den Armen und den ganz Armen? Gäbe es damit nicht Bedürftige erster und zweiter Klasse?

Menck: Ich würde das Wort Spaltung nicht gern verwenden. Aber es wäre unrealistisch anzunehmen, dass die Entwicklungshilfegelder sich mittelfristig stark erhöhen. Und daher wird es zu Umverteilungsprozessen kommen. Natürlich muss man darüber nachdenken, dass man die Ärmsten der Armen nicht ohne Hilfe lassen kann.

Es wäre aber auch denkbar, dass sich die Ansprüche der Geber- gegenüber den Nehmerstaaten ändern. Dass beispielsweise Entwicklungshilfe an härtere Forderungen und eigene Anstrengungen geknüpft wird. Dass man mehr sichtbare Erfolge erwartet.

Die Flüchtlinge in der sudanesischen Provinz Darfur, die schuldlos Opfer mörderischer Milizen geworden sind, werden das nicht gerecht finden.

Menck: Ob das gerecht ist oder nicht, will ich gar nicht kommentieren. Möglicherweise ist es ungerecht. Aber der Druck wird sich erhöhen, diese Fragen werden kommen. Die Diskussion ist schon lange im Gang, und jetzt wird sie neuen Anschub bekommen.

Das Szenario lässt sich ja weiterspinnen: Wenn Entwicklungshilfegelder künftig flexibler als bislang verteilt würden – gäbe es da nicht die Gefahr, dass sie nach Interessenlage eingesetzt werden, als Instrument der Außenwirtschaftspolitik?

Menck: Es könnte in der Tat dazu kommen, dass die Entwicklungspolitik einen Teil ihrer Unschuld verliert oder besser gesagt: ihrer vermeintlichen Uneigennützigkeit. Katastrophen wie der Tsunami treffen sowohl arme als auch weniger arme Regionen. Und die Geber könnten ihre jeweilige wirtschaftliche Interessenlage immer wieder neu bewerten.

Wenn man genau hinsieht, tun sie es ja jetzt schon. Nach dem Tsunami haben Regierungen, aber auch private Unternehmen erhebliche Summen bereitgestellt. Der Ex-Siemens-Chef Heinrich von Pierer hat die Industrie persönlich zu Großzügigkeit aufgerufen. Und weshalb? Weil alle genau wissen, dass jede Spende dort peinlich genau registriert wird. Und wehe, sie ist zu klein! Da kann man auf Jahre hinaus raus sein aus dem Markt.

Stellen Sie sich vor, die Katastrophe hätte beispielsweise Nepal getroffen. Oder ein afrikanisches Land ohne große wirtschaftliche Bedeutung. Natürlich hätte es auch dort humanitäre Hilfe gegeben, aber die Dynamik wäre eine ganz andere gewesen. Ein vergleichbar großes Erdbeben in Südamerika hätte dagegen wohl ähnliche Spendenwellen zur Folge gehabt wie jetzt in Südostasien.

Meine These ist, dass die Verbindung zwischen Wirtschaftsinteressen und Hilfsgeldern mit der zunehmenden Bedeutung von Katastrophenhilfe stärker wird. Ob das positiv ist, muss man im Einzelfall sehen. Immerhin würde so eine gewisse Ehrlichkeit geschaffen. Denn die Wirtschaftsinteressen sind ja schon heute vorhanden.

Wie steht es um die Folgen für die innere Struktur der betroffenen Länder?

Menck: Der Wiederaufbau könnte zu einer Revitalisierung des Finanzsektors in der Region beitragen. Viele der betroffenen Menschen sind Fischer, denen man nicht einfach mit ein wenig Saatgut helfen kann. Neue Schiffe, neue Motoren, neue Netze – das sind Investitionen von mehreren zehntausend Dollar pro Person. Die Mikrobanken, die in unterentwickelten Regionen Kleinstkredite vergeben, können diese Finanzierungsaufgaben vermutlich nicht wahrnehmen. Man wird jetzt auch mittelgroße Banken brauchen, um das nötige Kreditvolumen bereitzustellen.

Das Problem ist ja, dass viele Menschen nicht nur ihre Papiere, sondern auch ihre Altersvorsorge verloren haben, die ja in diesen Ländern oft in Schmuck angelegt ist. Das Bankensystem könnte damit einen ganz neuen Stellenwert bekommen. Und das kann im besten Falle stimulierend wirken – vor allem auf eine Schicht, die wir wahrscheinlich Mittelstand nennen würden: kleine Hausbesitzer oder Gewerbetreibende, die damit einen soliden Zugang zu Finanzierungen bekommen würden.

Warum glauben Sie, dass ausgerechnet diese Katastrophe solche strukturellen Veränderungen herbeiführen kann, während sich nach früheren Großereignissen nie etwas geändert hat?

Menck: Die Strukturen in der Zusammenarbeit zwischen armen und reichen Ländern sind ohnehin in Bewegung. Und wenn wir in einigen Jahren zurückblicken, dann werden wir möglicherweise erkennen, dass es die Erfahrungen mit der Katastrophenhilfe nach der Flutwelle waren, die viele Lernprozesse erst wirksam angestoßen haben.

Denn der Tsunami war – das soll jetzt nicht zynisch klingen – eine „saubere" Katastrophe: Es gibt keine Schuldigen, sodass man sich nicht mit einem Fingerzeig auf deren Untaten ablenken könnte von der eigenen Verantwortung für die in Not geratenen Menschen. Deshalb – und natürlich auch wegen

Für Katastrophenhilfe wird mehr Geld zur Verfügung stehen – für Entwicklungshilfe eher weniger

Die wohl wichtigste Lektion des Tsunami: Die Welt braucht eine gemeinsame Alarmanlage

der Dimension der Opferzahlen – ist der Tsunami eine Gelegenheit, unsere Instrumente der Hilfe neu zu überdenken.

Natürlich hätte man das auch ohne Flutwelle längst anpacken können. Aber manchmal braucht man eben den Knüppel auf den Kopf, um etwas neu zu machen.

Herr Lagadec, als Erforscher von Risiken und Krisenstrategien versuchen auch Sie seit Jahren, aus dem Hergang von Katastrophen Ansatzpunkte für eine bessere Vorsorge zu erschließen. Unterscheidet sich der Tsunami in dieser Hinsicht von früheren Unglücksfällen?

Patrick Lagadec: Diese Krise ist durch Art und Ausmaß in gewisser Weise ein Modellfall, um daraus etwas zu lernen. Es war eine reine Naturkatastrophe. Kein technisches Versagen, keine Schuldigen, kaum Vorwarnzeit. Mehrere betroffene Länder, mit völlig unterschiedlichen lokalen Strukturen, auf die sich Helfer flexibel einstellen müssen. Und Gott sei Dank war kein Megazentrum wie Tokio oder Los Angeles betroffen, sodass alle denkbaren Ressourcen zur Verfügung standen, um den Menschen zu helfen. Nach diesem Tsunami sind nun alle Voraussetzungen gegeben, um intelligente Schlüsse für die Zukunft eines weltweiten Krisenmanagements zu ziehen. Wir sollten diese Gelegenheit nutzen.

Was könnten wir denn aus dem Tsunami lernen?

Lagadec: Es wäre zunächst schon mal hilfreich, wenn wir uns anhand dieser Flutwelle endlich ernsthaft mit einem Grundproblem auseinander setzen würden. Wir haben Pläne und Checklisten für alle denkbaren Katastrophen. Bei Wirbelstürmen wissen wir, wer wofür zuständig ist und was zu tun ist. Das Gleiche gilt für Hochwasser oder winterliche Kälteeinbrüche. Das ist alles gut und richtig. Aber wir sind schlecht vorbereitet auf das Unvorstellbare. Für Krisensituationen, die es noch nie gab, die den normalen Rahmen sprengen.

Auf so etwas sind wir weder mental eingestellt noch institutionell – denn unsere Institutionen werden von Menschen geleitet, die besonders gut darin sind, Probleme innerhalb eines konventionellen Umfelds mit festgelegten Kompetenzen zu lösen. Wir müssen uns aber auch darauf vorbereiten, dass Katastrophen unser Vorstellungsvermögen übersteigen. Und dass im Krisenfall plötzlich Menschen miteinander kommunizieren müssen, die noch nie zuvor in Kontakt miteinander gewesen sind. Und dass dabei nicht – wie sonst immer – klar geregelt ist, wer welche Interessen hat, wer wie glaubwürdig ist und wer die Führungsrolle übernimmt. So wie im Fall des Tsunami.

Wir müssen uns darauf einstellen, in überraschenden Situationen die Übersicht nicht zu verlieren.

Was ist denn diesmal falsch gelaufen?

Lagadec: Das sollten wir in einer globalen Auswertung ganz in Ruhe analysieren. Schon jetzt kann man sagen, dass es keine geeigneten Kanäle gab, um Alarm auszulösen. Dann ist das Ausmaß der Katastrophe tagelang von Regierungen auf der ganzen Welt unterschätzt worden. Der UN-Koordinator, der Norweger Jan Egeland, musste die Leute regelrecht wachrütteln. Das war schon etwas grotesk angesichts der Lage.

Genauso wichtig ist es übrigens, dass man im nachhinein sammelt, was alles gut gelaufen ist: Mit Sicherheit gab es vor Ort unzählige Beispiele, wo Menschen einander mit guten Ideen geholfen haben. Ich erinnere mich etwa an diesen Fall, dass ein Schulmädchen die Evakuierung eines ganzen Strandes veranlasst hat, weil ihm die Vorzeichen eines Tsunami aus dem Erdkundeunterricht bekannt waren.

Aus solchen Details müssen wir lernen – etwa, weshalb die Menschen der Warnung in diesem Fall vertraut haben und dem Mädchen gefolgt sind. Das sind wichtige Anhaltspunkte für das Studium menschlichen Verhaltens in Krisen, die wir nur würdigen können, wenn wir jetzt schnell mit einer wissenschaftlichen Analyse der Ereignisse beginnen. In sechs Monaten liegt das alles schon zu weit zurück.

Was müsste denn Ihrer Ansicht nach geschehen, damit die Welt in Zukunft besser gewappnet ist?

Lagadec: Vor allem müssen wir jetzt bei der Nachbereitung der Ereignisse vermeiden, in die üblichen Fallen zu tappen: Ich warne vor zu viel Technikbegeisterung. Ein Tsunami-Frühwarnsystem ist sicherlich wichtig. Aber mit technologischen Vorkehrungen lassen sich vielleicht zehn Prozent des Problems lösen. Wir dürfen nicht einfach nur auf einen Haufen teurer Unterwassersensoren und neuer Faxgeräte mit Notfallnummern vertrauen.

Das Hauptproblem liegt bei den Menschen: Die müssen im Falle einer Katastrophe schneller akzeptieren, dass etwas Ungewöhnliches geschieht – und ihre Warnung an alle potenziell Betroffenen glaubwürdig und kompetent weitergeben.

Warum schaffen die Verantwortlichen das denn bislang nicht schnell genug?

Lagadec: Das hat zum Teil psychologische Gründe: Die meisten Menschen wollen häufig einfach nicht wahrhaben, dass Dinge geschehen, die außerhalb des Vorhersagbaren und Planbaren sind. Deshalb warten sie auf Beweise. Und reagieren möglicherweise zu langsam. Oder sie würden gern handeln, wissen aber nicht, was sie tun können. Das ist eine Erfahrung, über die man jetzt die Mitarbeiter der Erdbebenwarte auf Hawaii oder des thailändischen Meteorologischen Dienstes befragen sollte.

Ähnliche Probleme sind auch bei früheren Ereignissen schon offenbar geworden: Eine Untersuchung des britischen Krisenmanagements im Fall der Rinderseuche BSE hat das gut auf den Punkt gebracht. In deren Abschlussbericht steht sinngemäß: „Die große Mehrheit derjenigen, die mit der nationalen Antwort auf die BSE-Krise befasst waren, war subjektiv der Überzeugung, die Seuche stelle für Menschen keine Bedrohung dar. Sie waren in ihrem Innersten davon überzeugt, dass so etwas unmöglich ist."

Durch solche Hemmnisse geht viel Zeit verloren. Entscheidungsträger sollten psychologisch besser auf das Risiko von scheinbar undenkbaren Ereignissen vorbereitet werden – sodass die Überraschung nicht ihre Fähigkeit beeinträchtigt, schnell die richtigen Fragen zu stellen.

Wie Sterne leuchten die Ballons mit Kerzen am Nachthimmel: Im thailändischen Ort Takua Pa gedenken die Menschen drei Wochen nach der Katastrophe der Opfer. Noch, so die Kritik mancher Experten, bemüht man sich zu wenig darum, aus den Erfahrungen der Überlebenden Lehren zu ziehen

Lag das Hauptproblem beim Tsunami nicht auch an mangelnden Kommunikationskanälen, über die ein Alarm hätte laufen können?

Lagadec: Das ist der nächste Punkt. Die Amerikaner haben ja während der ersten Stunden versucht, in den gefährdeten Ländern jemanden zu erreichen – sie haben nur nicht gewusst, wen sie ansprechen sollten. Man kann natürlich nicht für jedes Ereignis einen Alarmplan aufstellen. Aber man kann generell Schnittstellen zwischen den verschiedenen Ebenen schaffen.

Denn Krisenmanagement erfordert eine vernünftige Arbeitsteilung: Die Staaten etwa haben die Möglichkeit, Finanzierung und internationale Logistik bereitzustellen, Schiffe mit Rettungshubschraubern zum Beispiel. Vor Ort aber, mit den betroffenen Menschen, arbeiten die privaten Hilfsorganisationen oft viel effizienter. Sie kennen die sozialen Verflechtungen einer Region, haben Kontakte zu Schlüsselpositionen der örtlichen Zivilgesellschaft, wissen, wo welche Ressourcen zu bekommen sind und welche Konflikte bei der Hilfe bedacht werden müssen.

Diese beiden Kompetenzen – die machtvolle staatliche und die flexible, ortsangepasste der Nicht-Regierungs-Organisationen – müssen besser vernetzt werden. Die Uno hat das schon erkannt und angekündigt, genau diese Schnittstellen zu fördern. Auch das hat viel mit effizienter Kommunikation auf einer Basis des Vertrauens zu tun.

So etwas kann man trainieren: Die Schlüsselfiguren im Katastrophenmanagement müssen kulturell fähig sein, ad hoc mit einem Staatsoberhaupt, einem Mann vom Roten Kreuz, dem Bürgermeister eines kleinen Dorfes oder dem Chef einer gerade erst gegründeten Hilfsorganisation zu reden.

Vergangene Katastrophen haben selten zu fundamentalen Lernprozessen geführt. Einer ihrer Kollegen hat die Katastrophenhelfer kürzlich mit einem schlechten Fußballteam verglichen, das vor jedem Spiel auf dem Rasen erst mal die Regeln wieder ganz neu lernen muss. Wie kann man das verbessern?

Lagadec: Entscheidungsträger aus verschiedenen Ländern sollten in grundlegenden Schulungen zur Katastrophenhilfe zusammengeführt werden: Leute mit Schlüsselpositionen in großen Netzwerken, Versorgungsunternehmen, Fluggesellschaften, Medien, Gesundheitsbehörden, weit vernetzten Firmen. Wenn man denen das Problem verdeutlicht, wäre schon viel gewonnen.

Eine andere Möglichkeit ist, dass wir versuchen, Parallelen zu ziehen, vielleicht auch ungewöhnliche, um von früheren Erfahrungen zu profitieren.

Tsunamis, Seuchen, Wirtschaftskrisen – aus Desastern müssen global handelnde Helfer lernen

Warum sollte man nicht mal einen Workshop mit den Opfern der argentinischen Wirtschaftskrise von 2001 veranstalten? Das war zwar keine Naturkatastrophe, aber deren Folgen waren in einem Punkt mit der Tsunami-Katastrophe vergleichbar: In einem modernen, relativ wohlhabenden Land brach ganz plötzlich alles zusammen. Wie haben die Leute da im Detail reagiert? Welche Ideen haben sie gehabt, und welche haben funktioniert und welche nicht? Und so weiter.

Das sind natürlich recht spezifische Erkenntnisse, die sich möglicherweise schlecht auf einen anderen Fall übertragen lassen.

Lagadec: Aber man kann aus der Reaktion der Argentinier möglicherweise doch gewisse Lehren ziehen auf die grundlegende Grammatik menschlichen Krisenverhaltens. Wir können ja nicht warten, bis wir einen Plan für alle Eventualitäten der nächsten 200 Jahre haben. Wir leben nun mal in einer Welt, in der das Katastrophenpotenzial stark gestiegen ist.

Nehmen Sie nur mal das Szenario eines abrupten Klimawechsels, das Meteorologen durchaus für möglich halten. Sind wir auf so etwas bestmöglich vorbereitet? Natürlich gab es schon immer Katastrophen. Aber heute sind wir abhängiger denn je von Netzwerken wie der Stromversorgung oder Signalsystemen im Luftverkehr und der Schifffahrt. Solche Netze sind anfällig für Naturkatastrophen, technische Fehler oder auch terroristische Anschläge. Mit unserer Abhängigkeit von Netzen wächst auch das Risiko.

Das klingt sehr pessimistisch.

Lagadec: Ist es aber nicht. Das chinesische Wort für Katastrophe heißt frei übersetzt „gefährliche Chance". Und da ist viel Wahres dran. Wir müssen uns der Gefahr einer Krise bewusst werden. Aber wenn sie eintritt, müssen wir sie so schnell wie möglich auch als Gelegenheit begreifen, unsere Abwehr zu verbessern. □

FOTOVERMERKE NACH SEITEN

Anordnung im Layout: l. = links, r. = rechts, o. = oben, m. = Mitte, u. = unten;

TITEL: Hellmut Issels/Icon Images

VORSATZ VORN: Paolo Pellegrin/Magnum/Agentur Focus

INHALT: John Russell/AFP/Getty Images: 4; Benjamin Lowy für The New Yorker/Corbis: 5 o.; Luis Enrique Ascui/Reuters/Corbis: 5 m.; Romeo Ranoco/Reuters/Corbis: 5 u.

ALS DAS LAND IM MEER VERSANK: Paolo Pellegrin/Magnum/Agentur Focus: 10/11, 30/31; Bolch und Dukland/Anzenberger: 12/13; Hellmut Issels/Icon Images: 14/15; Joanne Davis/AFP/Getty Images: 16/17; Bedu Saini/Serambi Indonesia/AP: 18/19; STR/AFP/Getty Images: 20/21; Eugene Hoshiko/AP: 22/23; Punit Paranjpe/Reuters/Corbis: 24/25; Dermot Tatlow/laif: 26/27; Beawiharta/Reuters/Corbis: 28/29; Shaul Schwarz/Getty Images: 32/33; Luis Enrique Ascui/Reuters/Corbis: 34/35; Dimas Ardian/Getty Images: 36 o.; Paula Bronstein/Getty Images: 36 u.; Barbara Walton/epa/picture-alliance: 37 o.; Johannes Simon/ddp: 37 u.; Patrick Aventurier/Gamma: 38/39; Gurinader Osan/AP: 40/41; Andrew Wong/Getty Images: 42/43; Emmanuel Dunand/AFP/Getty Images: 44/45

DER WEG DER WELLE: GFZ Potsdam: 46/47; Cory Lum: The New York Times: 50; www.asiantsunamivideos.com: 54; Frans Dellian/AP: 55 o.; Bedu Saini/Serambi Indonesia/AP: 55 u.; AFP/Getty Images: 56 o.; Benjamin Lowy/Corbis: 56 u.; John Stanmeyer/VII: 57; Essdras M. Suarez/The Boston Globe: 58/59; Namas Bhojani/OnAsia.com: 62 o.; Indian Coast Guard/Reuters/Corbis: 62 u.; Aijaz Rahi/AP: 63 o.; Manish Swarup/AP: 63 u.; Hellmut Issels/Icon Images: 64; Abaca/dpa/picture-alliance: 65; AFP/Getty Images: 66 l.; J.T. und Caroline Malatesta/www.waveofdestruction.org: 66 r.; AP/APTN: 68; John Russell/AFP/Getty Images: 69; James Robert Fuller/Corbis: 70; Ernest Rodriguez/www.waveofdestruction.org: 71 o.; Patrick Aventurier/Gamma: 71 u.; Doppelseite 72/73: 1. Reihe von links nacht rechts: Kin Cheung/Reuters/Corbis; Adrees Latif/Reuters/Corbis; Patrick Aventurier/Gamma; Gamma; 2. Reihe von links nacht rechts: Paul Hahn/laif; Patrick Aventurier/Gamma; Barbara Walton/epa/picture-alliance; Adrees Latif/Reuters/Corbis; 3. Reihe von links nacht rechts: Rex Features; Paula Bronstein/Getty Images; Surapan Boontharom/Gamma; Luis Enrique Ascui/Reuters/Corbis; 4. Reihe von links nacht rechts: Paul Hahn/laif; Luis Enrique Ascui/Reuters/Corbis; Patrick Aventurier/Gamma; Adrees Latif/Reuters/Corbis; Gautam Singh/AP: 74/75; www.asiantsunamivideos.com: 76; Eranga Jayawardena/AP: 77 o.; Thomas White/Reuters/Corbis: 77 u.; Kieran Doherty/Reuters/Corbis: 78 o.; Yves Herman/Reuters/Corbis: 78 u.; Sriyantha Walpola/The New York Times: 79 o.; Tom Pietrasik/Corbis: 79 u.; Ezequiel Scagnetti/laif: 80/81; privat: 84; Francesco Broli/WFP/AP: 85; Arko Datta/Reuters/Corbis: 86/87

NACH DER FLUT: John Stanmeyer/VII: 88/89; Nick Moir/Fairfax Photos: 90/91; Romeo Ranoco/Reuters/Corbis: 92/93; Kieran Doherty/Reuters/Corbis: 94/95, 100/101; Romeo Gacad/AFP/Getty Images: 96/97, 107; Kin Cheung/Reuters/Corbis: 98/99; Unicef/Sipa Press: 102 l.; Yuriko Nakao/Reuters/Corbis: 102/103; Eugene Hoshiko/AP: 104 o.; Darren Whiteside/Reuters/Corbis: 104 u., 114; James Nachtwey/VII: 106; Palani Mohan/Getty Images: 106/107; Kazuhiro Nogi/AFP/Getty Images: 108; Koji Sasahara/AP: 110 o.; John Smock/Sipa Press: 110 u.; Arnaud Brunet/Gamma: 113; Steffen Schmidt/Keystone CH/dpa: 115

DER SCHRECKEN, DER NIE ENDET: Paula Bronstein/Getty Images: 116/117, 120, 121 u.; Arko Datta/Reuters/Corbis: 118; Luis Enrique Ascui/Reuters/Corbis: 119; Emmanuel Dunand/AFP/Getty Images: 121 o.

BITTERE LEKTIONEN: Benjamin Lowy für The New Yorker/Corbis: 122/123, 124/125; Seth E. Peterson/www.news.navy.mil: 126/127; Tyler Hicks/The New York Times: 129; Lana Slivar/Reuters/Corbis: 130; Benjamin Lowy/Corbis: 133; Chris McGrath/Getty Images: 134; Bazuki Mohammad/Reuters/Corbis: 138

DOSSIER: AKG: 149; QuickBird/DigitalGlobe: 150 o., 152; Ikonos/Space Imaging/CRISP Singapore: 150 u.; Ikonos/DLR: 151 o., 155; AFP/Getty Images: 151 u.; Ikonos/Space Imaging: 156; CRISP Singapore: 156/157; NRSA: 157

VORSCHAU: SV-Bilderdienst

VORSATZ HINTEN: Arko Datta/Reuters/Corbis

KARTEN UND ILLUSTRATIONEN: Stefanie Peters und Thomas Wachter: 51, 52 ; Rainer Droste und Thomas Wachter: 140/141; Thomas Wachter: 141 o., 144 u., 153, 154 r.; infographic.de/Jan Schwochow: 142/143, 144/145; Rainer Droste: 150 l. o., 151, 152 l. o., 154 l. o., 156 l. o., 157; Jochen Stuhrmann: 146

Einem Teil unserer Auflage liegen folgende Beilagen bei: Verlag für die Deutsche Wirtschaft, World Vision und GEO*EPOCHE*.

GEO EPOCHE

DAS MAGAZIN FÜR GESCHICHTE

Gruner + Jahr AG & Co KG, Druck- und Verlagshaus, Am Baumwall 11, 20459 Hamburg. Postanschrift für Verlag und Redaktion: 20444 Hamburg, Telefon 040 / 37 03-0, Telefax 040 / 37 03 56 48, Telex 21 95 20. E-Mail (Redaktion): briefe@geo.de; Internet: www.GEO.de

HERAUSGEBER
Peter-Matthias Gaede

CHEFREDAKTEUR
Michael Schaper

GESCHÄFTSFÜHRENDE REDAKTEURE
Cay Rademacher (Text), Jutta Krüger (Art Direction)

BILDREDAKTION: Christian Gargerle
Freie Mitarbeit: Susanne Döttling, Roman Rahmacher

ART DIRECTOR: Johannes Dönges

LAYOUT Freie Mitarbeit: Melanie Wolter

TEXTREDAKTION: Dr. Anja Herold

DOKUMENTATION: Olaf Mischer;
Dr. Arno Nehlsen; freie Mitarbeit: Dr. Susmita Arp, Jens-Rainer Berg, Gürsoy Dogtas, Kirsten Pörschke, Dr. Ulrike Schimming, Andreas Sedlmair, Petra Wiechmann

MITARBEITER DIESER AUSGABE
Susanne Krieg, Jens Schröder
Freie Mitarbeit: Nele Banser, Dr. Christine Beil, Helge Bendl, Ralf Beste, Jürgen Bischoff, Andrea Böhm, Patrick Hollstein, Dr. Patrick Lagadec, Dr. Erwin Lausch, Franz Lenze, Dr. Martin Lindner, Philipp Maußhardt, Dr. Karl Wolfgang Menck, Juliane von Mittelstaedt, Dr. Kay Möller, Alex Rühle, Andreas Sanders, Dorothee Schwarz, Jochen Stuhrmann, Dr. Christian Wagner, Tilman Wörtz

KARTOGRAPHIE: Rainer Droste, Stefanie Peters
Freie Mitarbeit: Thomas Wachter

SCHLUSSREDAKTION: Dirk Krömer; Hinnerk Seelhoff
Freie Mitarbeit: Jan Pust; Assistenz: Hannelore Koehl

HONORARE: Petra Schmidt

REDAKTIONSASSISTENZ: Ursula Arens

GEO-BILDARCHIV
Bettina Behrens, Gunda Lerche, Gudrun Lüdemann, Peter Müller

REDAKTIONSBÜRO NEW YORK:
Nadja Masri (Leitung), Brigitte Barkley, Wilma Simon, Anuschka Tomat (Sekretariat), 375 Lexington Avenue, New York, NY 10017-5514, Tel. 001-212-499-8100, Fax 001-212-499-8105, E-Mail: geo@geo-ny.com

Verantwortlich für den redaktionellen Inhalt:
Michael Schaper

VERLAGSLEITUNG: Dr. Gerd Brüne, Ove Saffe

ANZEIGENLEITUNG: Anke Wiegel

VERTRIEBSLEITER: Markus Böhler

MARKETINGLEITER: Florian Wagner

HERSTELLER: Peter Grimm

ANZEIGENABTEILUNG Anzeigenverkauf: Thorsten Treppe, Tel. 040 / 37 03 29 32, Fax: 040 / 37 03 57 73
Anzeigendisposition: Wolfgang Rüders, Tel. 040 / 37 03 38 24, Fax: 040 / 37 03 57 73

Es gilt die GEO-Anzeigenpreisliste Nr. 1/2005
HEFTPREIS: 8,00 Euro • ISBN-Nr. 3-570-19663-1 • © 2005 Gruner + Jahr, Hamburg. Bankverbindung: Deutsche Bank AG Hamburg, Konto 0322800, BLZ 200 700 00

DRUCK: MOHN Media, Gütersloh
Printed in Germany

GEO-LESERSERVICE

FRAGEN AN DIE REDAKTION
Telefon: 040 / 37 03 20 73, Telefax: 040 / 37 03 56 48
E-Mail: briefe@geo.de

ABONNEMENT- UND EINZELHEFTBESTELLUNG

ABONNEMENT DEUTSCHLAND Jahres-Abonnement: 27,60 €

BESTELLUNGEN:
Gruner + Jahr AG & Co KG
GEO-Kundenservice
20080 Hamburg
Telefon: 01805 / 861 80 03
(12 Cent / Min.)

KUNDENSERVICE ALLGEMEIN:
Mo – Fr 7.30 bis 20.00 Uhr
Sa 9.00 bis 14.00 Uhr
Telefon: 01805 / 861 80 03
(12 Cent / Min.)
Telefax: 01805 / 861 80 02
(12 Cent / Min.)
E-Mail: geo-service@guj.de

ABONNEMENT ÖSTERREICH
GEO-Kundenservice
Postfach 5, A-6960 Wolfurt
Telefon: 0820 / 00 10 85
Telefax: 0820 / 00 10 86
E-Mail: geo@abo-service.at

ABONNEMENT SCHWEIZ
GEO-Kundenservice
Postfach, CH-6002 Luzern
Telefon: 041 / 329 22 20
Telefax: 041 / 329 22 04
E-Mail: geo@leserservice.ch

ABONNEMENT ÜBRIGES AUSLAND
GEO-Kundenservice, Postfach, CH-6002 Luzern;
Telefon: 0041-41 / 329 22 20, Telefax: 0041-41 / 329 22 04
E-Mail: geo@leserservice.ch

BESTELLADRESSE FÜR GEO-BÜCHER, GEO-KALENDER, SCHUBER ETC.

DEUTSCHLAND
GEO-Versand-Service
Werner-Haas-Straße 5
74172 Neckarsulm
Telefon: 01805 / 06 20 00
(12 Cent / Min.)
Telefax: 01805 / 08 20 00
(12 Cent / Min.)
E-Mail: service@guj.com

SCHWEIZ
GEO-Versand-Service 50/001
Postfach 1002
CH-1240 Genf 42

ÖSTERREICH
GEO-Versand-Service 50/001
Postfach 5000
A-1150 Wien

BESTELLUNGEN PER TELEFON UND FAX FÜR ALLE LÄNDER
Telefon: 0049-1805 / 06 20 00, Telefax: 0049-1805 / 08 20 00
E-Mail: service@guj.com

DIE BILANZ

VON ERWIN LAUSCH

Tsunamis: Wie Riesenwellen entstehen

Im Gegensatz zu Erdbeben, die urplötzlich, ohne Vorwarnung einsetzen, brechen Tsunami-Wellen nur scheinbar unvermittelt über Küsten herein: Die Erdstöße, von denen sie ausgelöst wurden, gehen ihnen ja voraus. Die Zeit zwischen beiden kann, dank moderner Technik und Kommunikationswege, zur Warnung vor den Wogen genutzt werden.

Unheimlich und oft furchterregend sind Erdbeben und Tsunamis gewiss, aber rätselhaft dank der Erkenntnisse, die Geowissenschaftler gewonnen haben, längst nicht mehr. Die Ursache für die Erschütterungen und damit auch für die Tsunamis liegt tief im Erdinneren, wo fortwährend Wärmeenergie freigesetzt und nach außen abgeleitet wird.

Die Wärme stammt teils aus dem eisernen Erdkern – der vom Mittelpunkt der Erde in durchschnittlich 6371 Kilometer Tiefe bis 2900 Kilometer unter die Oberfläche reicht –, teils aus dem steinernen Erdmantel, der den Kern umgibt (siehe dazu auch die Erstausgabe des neuen Magazins GEOkompakt mit dem Thema „Die Geburt der Erde").

Im Erdkern schwimmt ein festes Zentrum in einer Schmelze, aus der sich ständig Eisenteilchen an den festen Kern anlagern – und beim Übergang vom flüssigen in den festen Zustand wird Wärme freigesetzt.

Im Erdmantel (und in der Kruste, deren Wärmeproduktion für die Entstehung von Erdbeben jedoch keine Rolle spielt) entsteht Wärme durch den radioaktiven Zerfall vor allem bestimmter Isotope der Elemente Uran, Thorium und Kalium.

Die Wärme gelangt durch die so genannte Konvektion (eine Strömung, die durch Temperaturdifferenzen verursacht wird: Heißeres Material steigt wegen seiner geringeren Dichte auf, während kühleres und damit schwereres absinkt) nach außen. Das Gestein des Erdmantels ist zwar fest, aber unter dem ungeheuren Druck und der Hitze im Erdinneren reagiert es wie eine leicht plastische Masse. Besonders kräftig erhitztes Mantelgestein dehnt sich stärker aus und wird dadurch leichter als die Umgebung. In Jahrmillionen währenden Kreisläufen steigt es langsam auf und sinkt, kühler und schwerer geworden, wieder ab.

Während des Aufstiegs nimmt der Druck ständig ab, und die Schmelztemperaturen der Minerale sinken. In etwa 70 bis 200 Kilometer Tiefe „erweicht" der Erdmantel: Weil einige Minerale zu schmelzen beginnen, reagiert das Gestein der „Asthenosphäre" (schwachen Hülle) plastischer als zuvor. Ein Teil der Schmelze steigt bis zur Erdoberfläche auf – und fließt dort als Lava aus.

Die Wogen sind längst vorhersagbar

Das übrige erweichte Gestein der Asthenosphäre aber gleitet langsam seitwärts und nimmt, was noch darüber liegt, huckepack mit. Das ist der in Platten zerbrochene oberste Teil

BEDROHLICHES BECKEN

Der Grund des Indischen Ozeans ist eine zerklüftete Gebirgslandschaft – Zeugnis der bewegten Erdgeschichte seit dem Auseinanderdriften des Urkontinents Gondwana. Manche ozeanische Rücken und Gräben sind noch immer seismisch aktiv

KARTE: RAINER DROSTE
ILLUSTRATIONEN: JAN SCHWOCHOW, JOCHEN STUHRMANN
ERLÄUTERUNGEN: SUSANNE KRIEG, ANDREAS SANDERS

BEBEN AUS DER TIEFE
Unter dem Ozean, am Zentralindischen Rücken, reißt die Erdkruste auf. Die Indische und die Australische Platte drängen mit sechs Zentimetern pro Jahr nach Nordosten, sinken am Sunda-Graben ab und machen die dortige Region zu einer der bebenreichsten der Erde. In einigen Millionen Jahren wird der vulkanische »Neunzig-Ost-Rücken« mit dem asiatischen Kontinent kollidieren

TREIBEN UND KRACHEN

Die Hülle der Erde ist ein Mosaik aus Platten, die zu unterschiedlichen Anteilen aus schwerer ozeanischer Kruste und leichterem kontinentalen Gestein bestehen. Der plastische Erdmantel darunter zieht die Platten mit. An den Mittelozeanischen Rücken (rot) – Gebirgen am Meeresgrund – treiben sie auseinander. Rund um den Pazifik und am Ostrand des Indischen Ozeans schiebt sich ozeanische unter kontinentale Kruste (blau)

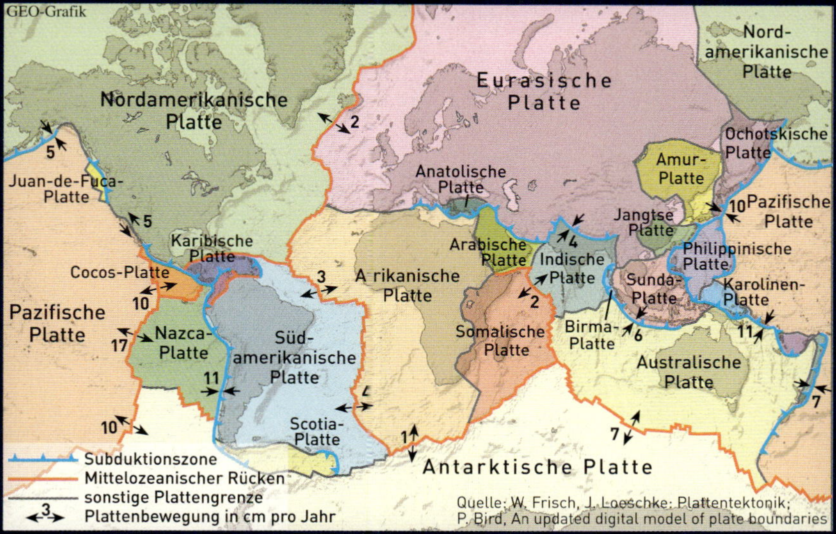

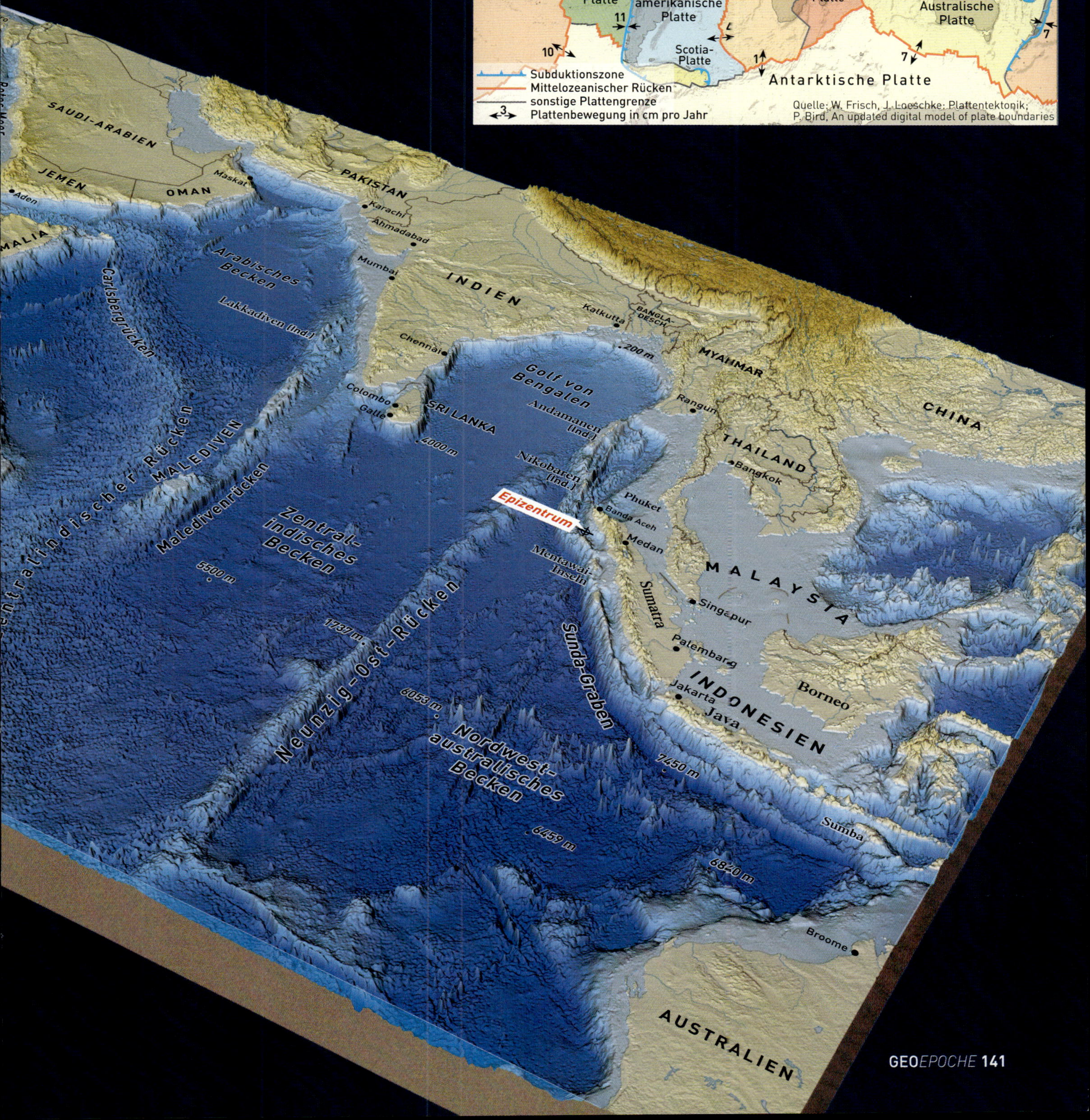

Die ozeanische Lithosphäre taucht vor Sumatra in einem Winkel von elf Grad unter die kontinentale Kruste. In dem unten dargestellten Profil wurde der Erdaufbau an dieser Stelle etwa fünffach überhöht

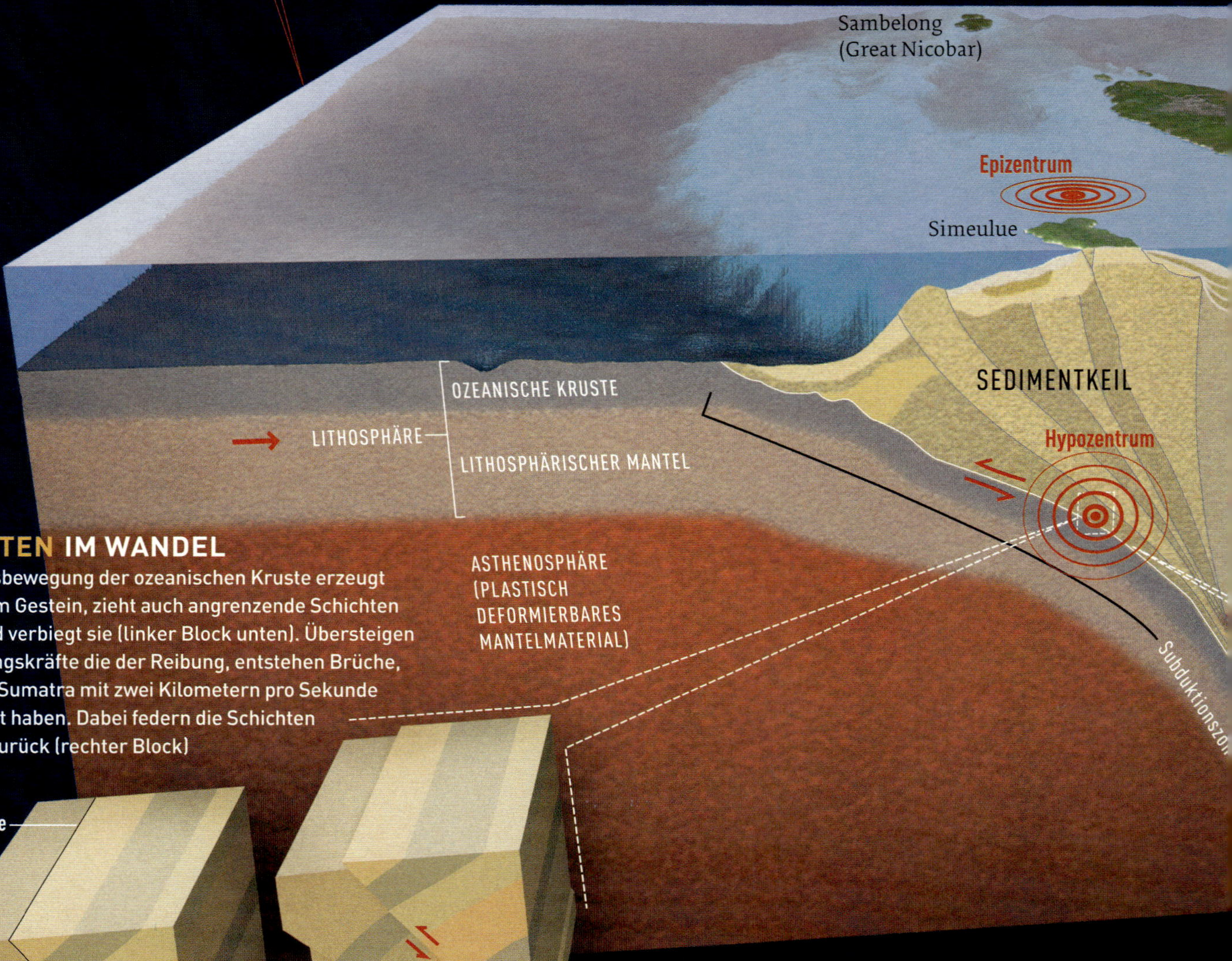

SCHICHTEN IM WANDEL

Die Abwärtsbewegung der ozeanischen Kruste erzeugt Spannung im Gestein, zieht auch angrenzende Schichten abwärts und verbiegt sie (linker Block unten). Übersteigen die Spannungskräfte die der Reibung, entstehen Brüche, die sich vor Sumatra mit zwei Kilometern pro Sekunde ausgebreitet haben. Dabei federn die Schichten nach oben zurück (rechter Block)

Die Lithosphäre drängt beständig abwärts (roter Pfeil). Die Bruchstücke federn unterschiedlich stark zurück und verändern damit ihre Position zueinander (rote Halbpfeile)

infographic.de/Jan Schwochow

DIE GEWALT AUS DEM ERDINNEREN

Der Ort des eigentlichen Bebens heißt Hypozentrum. Er lag am 26. Dezember 2004 wahrscheinlich mehr als zehn Kilometer unter dem Meeresspiegel. Um das Hypozentrum auf Landkarten lokalisieren zu können, projiziert man es an die Oberfläche (Epizentrum). Der schematisch dargestellte Ausschnitt (rechts) deutet die durch das Beben verursachte Aufwärtsbewegung unterschiedlich dichten Gesteins an. Diese hat sich auf den Meeresgrund übertragen, der wie ein Kolben nach oben geschnellt ist – Auslöser für den Tsunami

URSPRUNG DES UNGLÜCKS

Als westlich von Sumatra die Erde erzitterte, wurde Energie mit der Wucht von 32 000 Hiroshima-Bomben freigesetzt. Sie hob den Meeresgrund ruckartig um bis zu fünf Meter an und drückte den Ozean empor

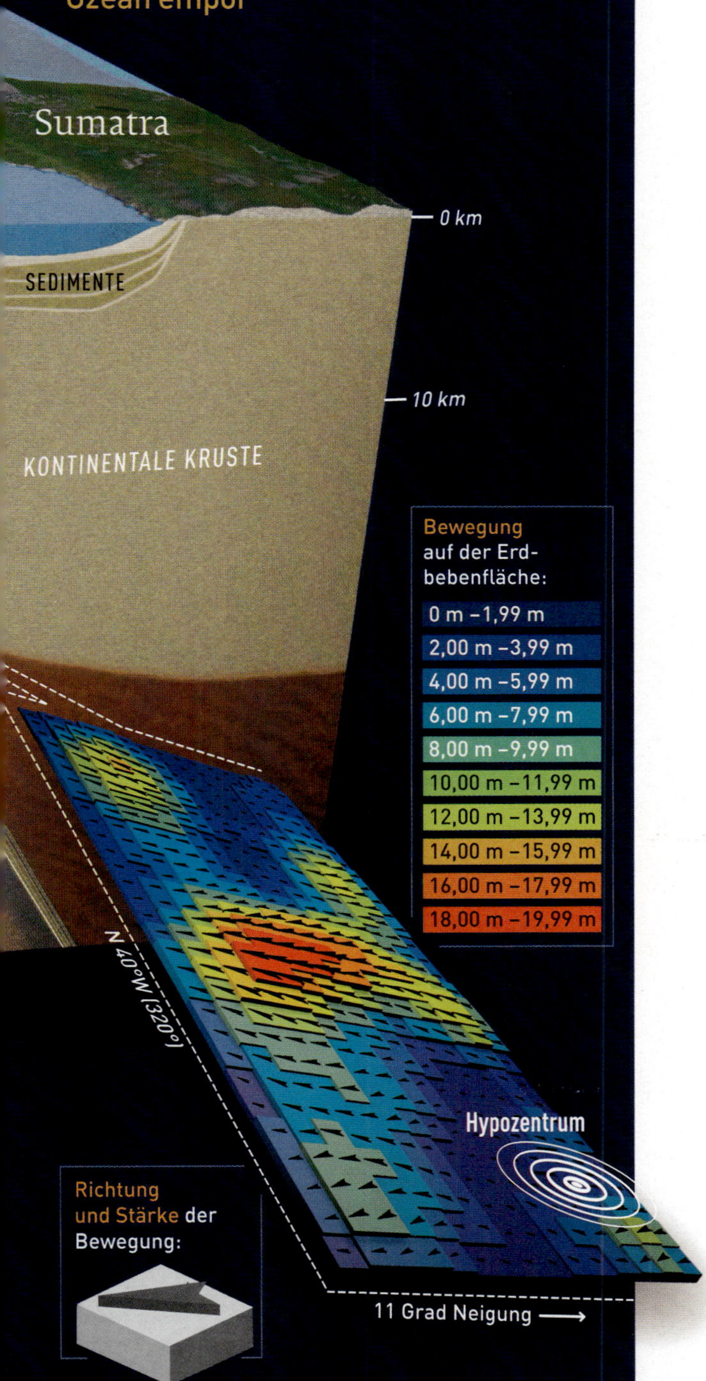

Der Ozeanboden ist in Bewegung

des Erdmantels sowie die Erdkruste, zusammen als „Lithosphäre" (Steinhülle) bezeichnet.

So treibt aus dem tiefen Erdinneren aufsteigende Hitze die mächtigen Lithosphären-Platten an, durch deren Bewegungen es immer wieder zu Erdbeben kommt. Die Platten driften mit einer Geschwindigkeit von wenigen Zentimetern pro Jahr um die Erde. Sie wachsen an den Mittelozeanischen Rücken, wo große Magmamassen aufsteigen und die nach beiden Seiten davontreibende Lithosphäre ergänzen. Dementsprechend verschwindet anderswo Plattenmaterial wieder im Erdinneren, vor allem in den „Subduktionszonen", wo eine Platte unter eine andere schräg abwärts in die Erde abtaucht (siehe nebenstehende Grafik). Dabei bildet sich an der Erdoberfläche häufig ein Tiefseegraben.

Erdbeben entstehen weit überwiegend an den Grenzen der Lithosphären-Platten. Wo Platten auseinander weichen, vor allem aber, wo sie miteinander kollidieren, eine unter eine andere gleitet oder zwei Platten seitlich in entgegengesetzter Richtung aneinander entlangschrammen, kommt es immer wieder zu schweren Erschütterungen. Verhaken sich nämlich Platten ineinander, staut sich Energie auf, bis das Gestein bricht. Dann verschieben sich die bis dahin verkeilten Blöcke schlagartig, und nach allen Richtungen breiten sich Erdbebenwellen aus. Sie lassen den Boden über dem Herd des Bebens erzittern und können von Seismographen noch in großer Entfernung registriert werden.

Aus den Aufzeichnungen bestimmen Seismologen die Stärke des Bebens als Magnitude oder als „Wert auf der Richter-Skala" – benannt nach dem US-amerikanischen Geophysiker Charles Richter, der die Stärke-Skala 1935 entwickelte. „Nach oben offen", wie Nachrichtensprecher zuweilen noch betonen, ist die Richter-Skala, weil sie durch keinen festgelegten Höchstwert begrenzt ist. Bis dahin galt nämlich eine zwölfstufige Skala, bei der die Stärke eines Bebens aus den angerichteten Schäden abgeleitet wurde. Tatsächlich aber dürfte bei der Richter-Skala Magnitude 10 nicht überschritten werden, weil das Gestein höherer Belastung nicht mehr standhält.

Die Magnitude wird aus der größten Schwingungshöhe der aufgezeichneten Erdbebenwellen, der Entfernung zum Herd des Bebens und anderen Faktoren errechnet. Ein jeweils um eine Stufe stärkeres Beben erzeugt unter sonst gleichen Bedingungen auf dem Seismogramm einen zehnmal so hohen maximalen Ausschlag der aufgezeichneten Kurve.

Die freigesetzte Energie nimmt von Stufe zu Stufe noch mehr zu: Bei einem Erdbeben der Magnitude 9,0 wie jetzt vor Sumatra ist 33-mal mehr Energie im Spiel als bei einem Beben der Magnitude 8,0 und gut 1000-mal mehr als bei einem Beben der auch schon beachtlichen Magnitude 7,0. In der physikalischen Einheit der Energie ausgedrückt, wirkten vor Sumatra zwei Trillionen Joule. Das entspricht der Energie von 32 000 Atombomben des Typs Hiroshima.

Schon Erdbeben ab Magnitude 6,0 und manchmal noch darunter können sich katastrophal auswirken. Über 100 solcher Beben erschüttern durchschnittlich pro Jahr die Erde.

ANATOMIE DER WELLE

Die Woge, die sich vor Sumatra kaum wahrnehmbar auf den Weg machte, traf in nur wenigen Stunden auf die Küsten rund um den Indischen Ozean – oft als meterhoher Brecher, doch manchmal auch als harmloser Schwall

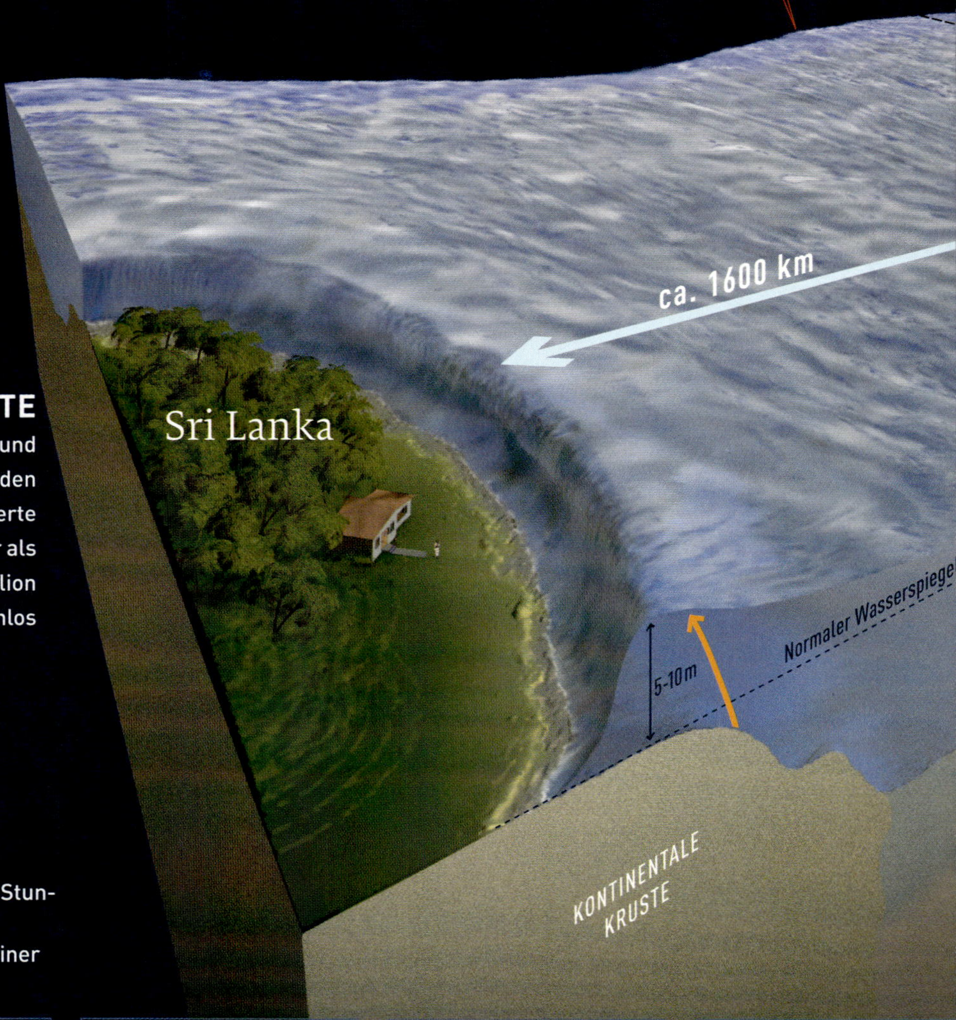

WAS SIE ANRICHTETE

In Sri Lanka starben rund 36 000 Menschen, viele wurden verletzt. Der Tsunami zertrümmerte und beschädigte mehr als 100 000 Häuser, eine halbe Million Menschen wurden obdachlos

WIE SIE SICH VERBREITETE

Kein Winkel blieb verschont. Auch die abgewandten Vestküsten wurden vom Tsunami erfasst. In wenigen Stunlen wurde der ganze Indische Ozean durchpflügt. Die ier Momentaufnahmen (unten rechts) entstammen einer Computersimulation von US-Wissenschaftlern

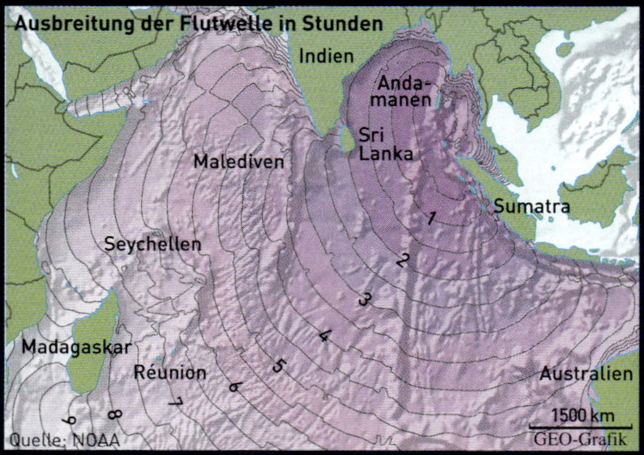

Die Linien zeigen die Ausbreitung des Tsunami in halbstündigen Schritten. Je weiter die Linien auseinander liegen, desto schneller war die Welle. Nach knapp zwei Stunden hatte die Woge Sri Lanka erreicht, nach drei Stunden die Malediven, nach acht Stunden Madagaskar

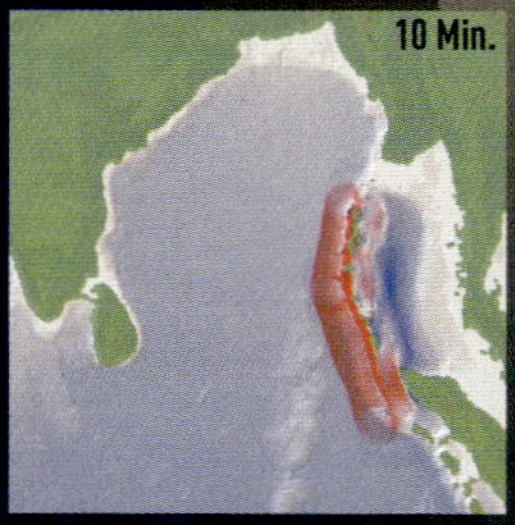

Das große Beben vor Sumatra und die unmittelbaren Nachbeben erzeugten eine über 1000 Kilometer lange Tsunami-Front (rot). Östlich der Andamanen und Nikobaren fiel der Meeresspiegel zunächst (blau), da dort die Kruste vorübergehend sank – ausgleichend zum Hochfedern des Plattenrandes im Westen

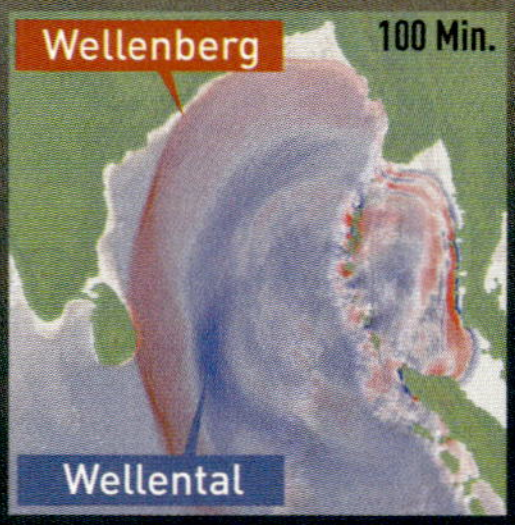

Nach gut 100 Minuten traf die erste Wellenfront auf die Ostküste Sri Lankas. Im flacheren Wasser vor der thailändischen und der malaysischen Küste trafen Wellenberge und -täler in kurzen Abständen ein. Im Golf von Bengalen minderte der schräg ansteigende Meeresgrund die Energie der Welle

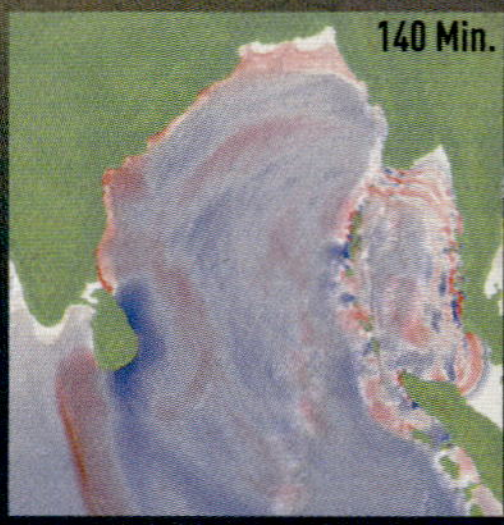

Der Tsunami wurde um den Süden Sri Lankas herum gebeugt, während die Reflexion der ersten Welle zurück nach Osten wanderte, wodurch vor Sri Lankas Küste ein riesiges Wellental entstand. Nur noch langsam näherte sich die geschwächte Wasserfront der Küste von Bangladesch

WIE SIE DURCHS MEER WANDERTE

Die Wellenbewegung von Tsunamis reicht bis auf den Meeresboden. Auf Schiffen im offenen Meer ist sie jedoch kaum spürbar. Dort sind die Wogen flach, aber von gigantischer Länge – und mit 800 Kilometern pro Stunde so schnell wie ein Düsenflugzeug

WOHER SIE KAM

Das Epizentrum markiert den Ursprung des Tsunami vor Sumatra. Von dort begann die Welle ihre zerstörerische Reise durch den Indischen Ozean. Allein bis Sri Lanka legte sie rund 1600 Kilometer zurück

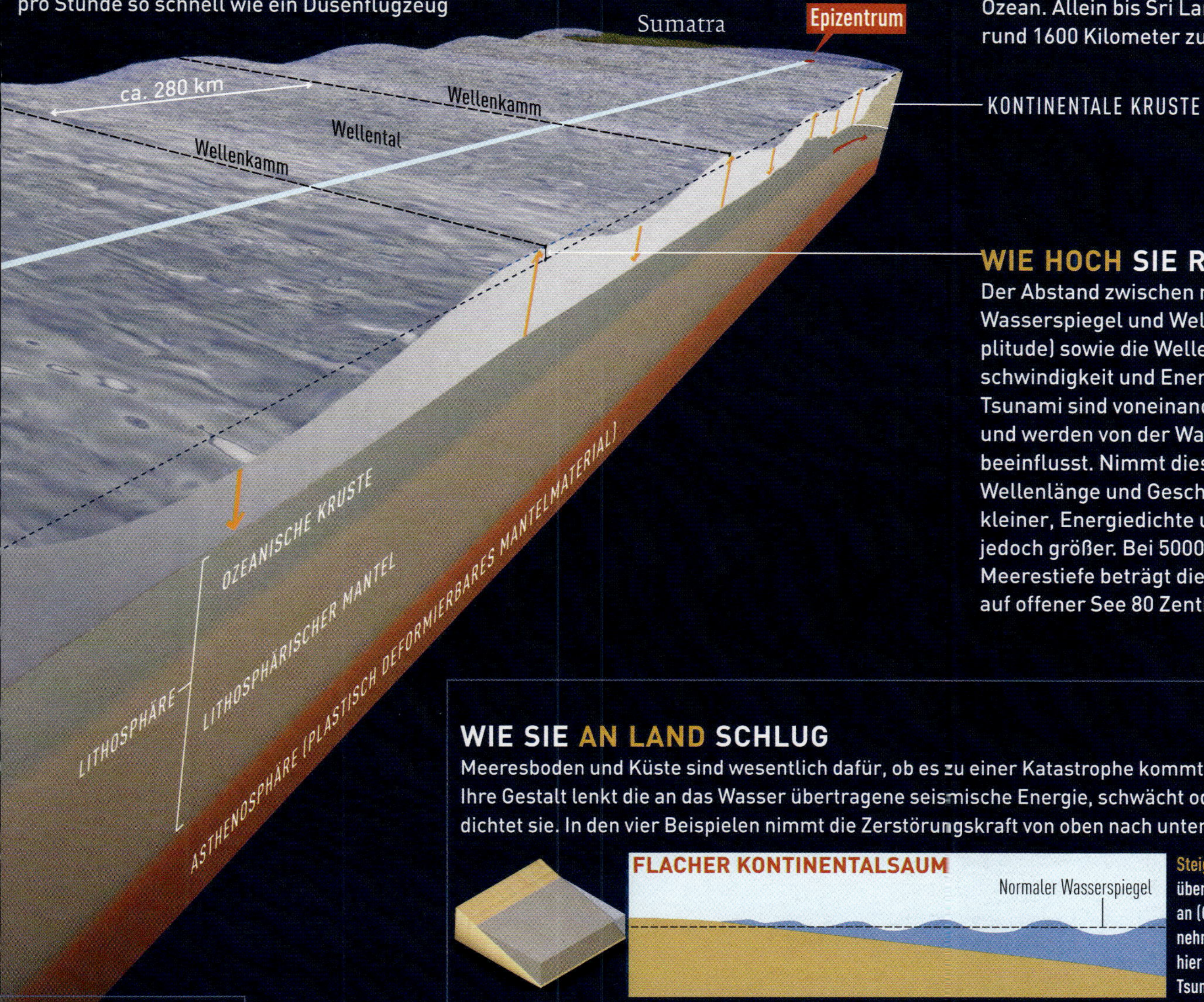

WIE HOCH SIE REICHTE

Der Abstand zwischen normalem Wasserspiegel und Wellenkamm (Amplitude) sowie die Wellenlänge, Geschwindigkeit und Energiedichte eines Tsunami sind voneinander abhängig und werden von der Wassertiefe beeinflusst. Nimmt diese ab, werden Wellenlänge und Geschwindigkeit kleiner, Energiedichte und Amplitude jedoch größer. Bei 5000 Meter Meerestiefe beträgt die Amplitude auf offener See 80 Zentimeter

Die Front wanderte entlang der Westküste Sri Lankas zur Südspitze Indiens. Weiter östlich kreuzten sich spätere Wogen mit reflektierten Wellen. Wo sich **Wellenberge trafen**, verschmolzen sie zu höheren Wellen (dunkelrot). Traf Wellenberg auf Wellental, beruhigte sich die See (hellrot)

WIE SIE AN LAND SCHLUG

Meeresboden und Küste sind wesentlich dafür, ob es zu einer Katastrophe kommt. Ihre Gestalt lenkt die an das Wasser übertragene seismische Energie, schwächt oder verdichtet sie. In den vier Beispielen nimmt die Zerstörungskraft von oben nach unten zu

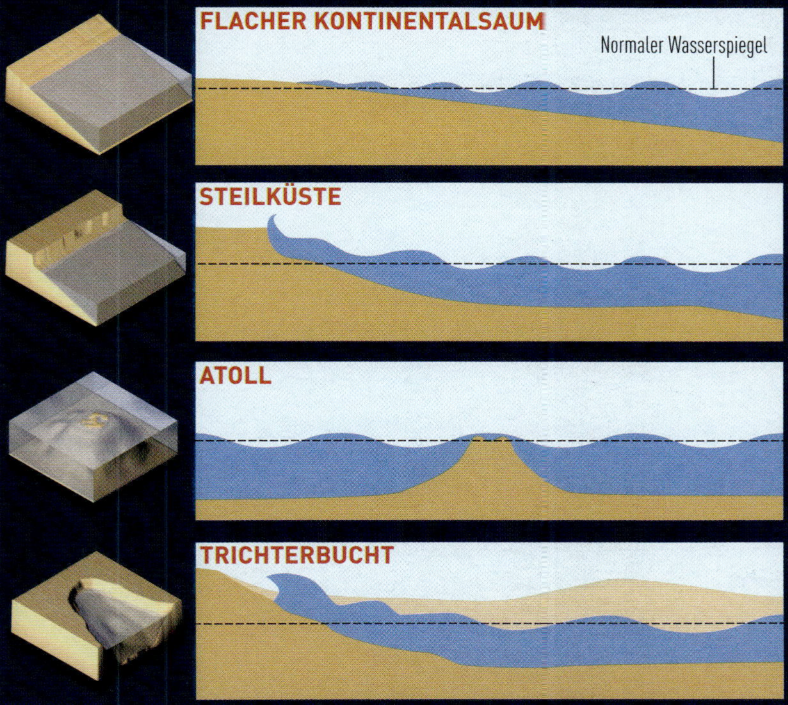

Steigt der Meeresboden über eine große Strecke an (Golf von Bengalen), nehmen Wellenlänge und hier auch Amplitude des Tsunami ab

Beim Aufschlag eines Tsunami auf eine steile Küste verbraucht sich die Energie der Welle. Der Weg aufs Land bleibt ihr versperrt

An den steilen Flanken eines Atolls (Malediven) wächst die Welle kaum an. Schlimmstenfalls übersteigt der Wellenberg das Eiland

Eine spitz zulaufende, flacher werdende Bucht zwingt die Wassermassen in die Höhe. Haushohe Wellen stürzen über das Land

Welche Verheerungen ein Beben tatsächlich anrichtet, wie viele Menschen ihm zum Opfer fallen, hängt jedoch nicht allein von seiner Stärke, sondern von vielerlei Umständen ab. Dazu zählen die Tiefe des Hypozentrums, die Art des Untergrundes, die Bevölkerungsdichte, die Bauweise, der Zeitpunkt des Bebens.

Ein enormes Beben der Magnitude 8,0 kann in einem menschenleeren Gebiet ohne gravierende Folgen bleiben. Hingegen werden immer wieder durch weitaus schwächere Beben zahlreiche Menschen getötet, so 1960 in Agadir in Marokko (Magnitude 5,9: 12 000 Tote), 1963 in Skopje in Mazedonien (Magnitude 6,0: 1070 Tote), 1972 in Managua in Nicaragua (Magnitude

Drei Zonen sind hoch gefährdet

6,2: 5000 Tote), 1986 in San Salvador in El Salvador (Magnitude 5,4: 1000 Tote).

Den Grenzen der Lithosphären-Platten folgend, konzentrieren sich starke Beben vor allem auf drei lang gestreckte Zonen:

- auf Küstenstreifen, Inselketten und die nahe gelegenen Meeresgebiete rund um den Pazifik – die „zirkumpazifische Zone";
- auf eine breite Region, die sich durch das Mittelmeer über den Balkan, die Türkei, den Iran, Zentralasien und von dort südwärts über Sumatra, Java und die Kleinen Sunda-Inseln bis zum Pazifik zieht – die „mediterran-transasiatische Zone";
- auf die Mittelozeanischen Gebirgsrücken.

Außerhalb der großen Gürtel sind, ebenfalls an Subduktionszonen gebunden, die Karibik und im Südatlantik ein Gebiet bei den Süd-Sandwich-Inseln erdbebenträchtig. Abseits der Plattengrenzen, auf dem weitaus größten Teil der Kontinente und der Meeresflächen, kommt es nur selten zu schweren Beben. Eine Ausnahme ist China, wo die große Eurasische Platte in verschiedene Blöcke zerlegt ist, die sich in komplizierter und noch nicht hinlänglich geklärter Weise gegeneinander bewegen.

JEDES STARKE ERDBEBEN im Ozean, jedes starke Seebeben also, kann, wenn am Meeresboden größere Schollen plötzlich gehoben oder gesenkt werden, einen Tsunami auslösen – gewaltige Wellen auch ohne Wind, scheinbar aus dem Nichts.

Nach einer einfachen Definition ist ein Tsunami „eine Serie großer Wellen mit extrem langer Wellenlänge und -periode als Resultat einer großräumigen Störung des Meeresbodens innerhalb kurzer Zeit". Die dürren Worte lassen kaum ahnen, dass es sich um ein ozeanographisches Phänomen voller Superlative handelt.

Aber was genau ist eigentlich eine Wasserwelle? Einfach ausgedrückt: ein Energietransport durch eine sich periodisch fortpflanzende Störung, erzeugt zum Beispiel durch einen ins Wasser geworfenen Stein.

Im Inneren der Welle bewegen sich die einzelnen Wasserpartikel auf senkrechten, in sich geschlossenen Kreisbahnen. Am Ende jeder Kreisbewegung kommen sie wieder an ihren Ausgangspunkt zurück. Am größten sind diese Orbitalbahnen direkt unter der Wasseroberfläche, nach unten hin werden sie immer kleiner.

Diese Bewegungen führen im Idealfall zu einer völlig regelmäßigen Welle in Form einer Sinuskurve, bei der nur Energie, aber nicht das Wasser transportiert wird. Einen Auf- und Ab-Zyklus bezeichnen Physiker als

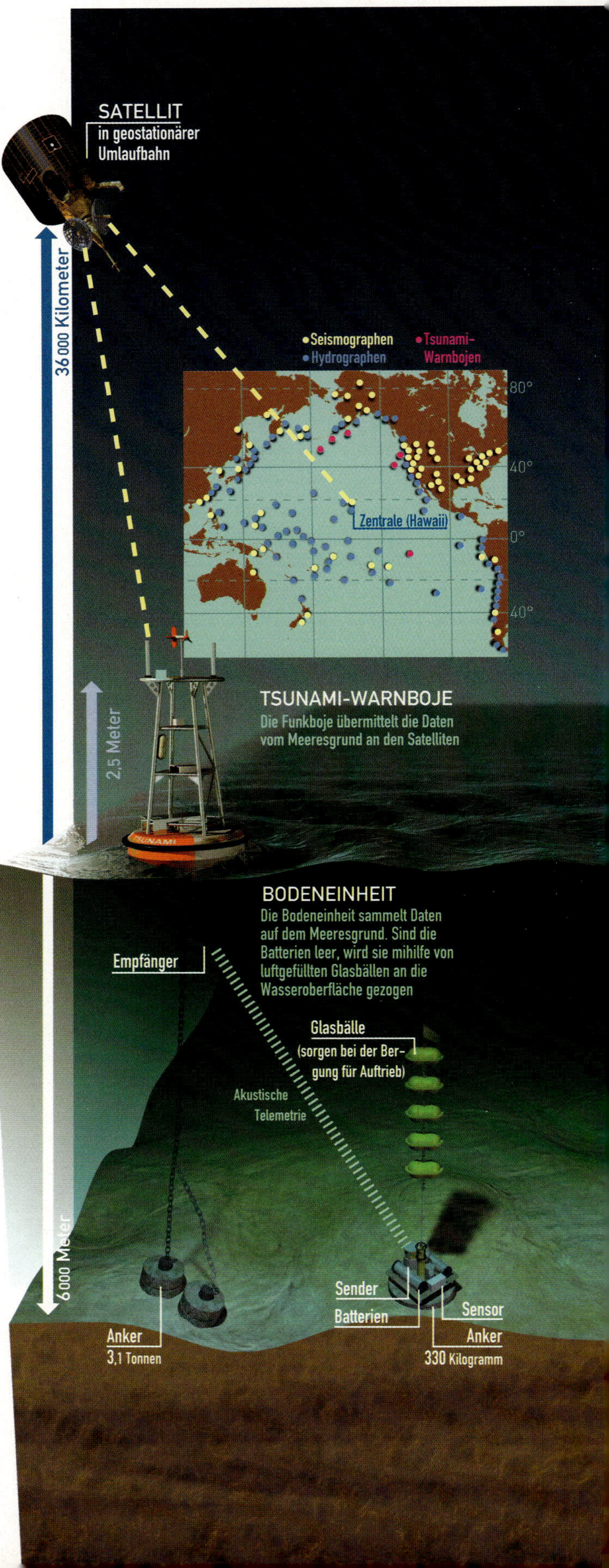

eine „Periode". Ihr Kehrwert – die Frequenz – gibt an, wie oft pro Sekunde eine Welle schwingt. Den Abstand von einem Wellenberg zum nächsten bezeichnet man als „Wellenlänge".

„Normale", vom Wind erzeugte Wogen sind selbst in sturmgepeitschter See selten länger als ein paar hundert Meter. Eine Riesenwelle von 400 Meter Länge wird über zwölf Meter hoch und erreicht in tiefem Wasser eine Geschwindigkeit von 90 km/h. Ihre Periode, also die Zeit, in der zwei aufeinander folgende Wellenkämme einen festen Punkt passieren, beträgt 16 Sekunden.

Die Wellenlänge eines Tsunami hingegen kann weit über 500 Kilometer betragen. Mit Geschwindigkeiten von 500 bis 900 km/h rasen sie dahin. Dabei ist die Wellenhöhe auf offener See nur sehr gering. Bei dem Tsunami, der jetzt in Südostasien wütete, betrug die Höhe der Wellen nach Berechnungen von Geowissenschaftlern etwa 80 Zentimeter. An Bord eines Schiffes, unter dem der Tsunami dahinjagte, hätte niemand diese winzigen Wellen bemerken können, die im Abstand von 280 Kilometern aufeinander folgten.

Die Wirkung des Windes bleibt, wie stark er auch bläst, auf die obersten Meeresschichten beschränkt: Die Wellen reichen immer nur bis in eine Tiefe, die etwa der halben Wellenlänge entspricht. Darunter wird keine vom Wind ans Wasser abgegebene Energie mehr transportiert.

Ozeanographen sprechen von Oberflächen- oder Tiefwasserwellen – im Gegensatz zu Flachwasserwellen mit Bodenberührung vor den Küsten.

Tsunamis entstehen jedes Jahr

Auch Tsunami-Wogen folgen dem Prinzip „Tiefgang gleich halbe Wellenlänge". Das bedeutet bei den enormen Längen: Sie reichen bis zum tiefsten Meeresgrund hinab. Wellenenergie wird von ihnen nicht nur nahe der Oberfläche, sondern von der ganzen Wassersäule der Ozeane weitergeleitet.

Weil Tsunamis stets Bodenkontakt haben, verhalten sie sich wie Flachwasserwellen. Bei allem Tempo schwingen sie ständig gebremst dahin und erreichen nie ihre theoretische Höchstgeschwindigkeit. Ihre tatsächliche Geschwindigkeit ist von der Tiefe des Wassers abhängig, das sie durchlaufen.

Vom Wind erzeugte Wellen bauen sich nur allmählich auf. Um riesige Wellenberge aufzutürmen, braucht selbst ein Orkan viele Stunden und eine lange Strecke, über die er das Wasser treibt. Ein Tsunami hingegen entsteht auf einen Schlag, ähnlich wie in einem Tümpel, in den ein Stein platscht.

Der Schlag kommt bei Tsunamis freilich meist von unten, wenn sich bei einem starken Seebeben der Meeresboden plötzlich hebt. Wie von einem riesigen Kolben wird das Wasser emporgedrückt und zu einem Flutberg aufgebeult, von dem es dann in einer Serie von Wellen zu den Seiten hin abfließt. Ähnlich wie ein Aufwärtsstoß bringt eine weiträumige abrupte Senkung des Meeresbodens das Wasser in Wallung. Auch untermeerische Rutschungen und vulkanische Explosionen können Tsunamis auslösen.

ES WAR EIN GIGANTISCHER Schlag aus der Tiefe, der den Indischen Ozean am 26. Dezember 2004 in Aufruhr versetzte. Westlich des Erdbebengebietes gleitet eine Lithosphären-Platte, die große Indische Platte, mit einer durchschnittlichen Geschwindigkeit von sechs Zentimetern pro Jahr unter die östlich benachbarte relativ kleine Birma-Platte. Die Platten waren ineinander verkeilt, und Spannungen hatten sich an einem ungewöhnlich langen Abschnitt über 1200 bis 1300 Kilometer hin aufgebaut, bis die Blockade schließlich gebrochen wurde.

Dieser breite Abschnitt der abtauchenden Platte, schätzen die Forscher, hat einen bis 20 Meter weiten Satz abwärts gemacht und dadurch das starke Erdbeben ausgelöst. Gleichzeitig dürften Teile der oberen Platte um etwa fünf Meter in die Höhe geschnellt und dabei mehrere Meter angehoben worden sein.

Die überwiegend durch Erdbeben erzeugten Tsunami-Wellen breiten sich unauffällig aus, bis das Wasser vor der Küste flacher wird. Durch die Bremswirkung des ansteigenden Meeresbodens verringert sich die Geschwindigkeit. Dadurch nimmt die Wellenlänge ab, aber die Höhe dramatisch zu. Augenzeugen des jüngsten katastrophalen Tsunami in Südostasien berichteten von bis zu 20 Meter hohen Wellen.

Noch weitaus größere Höhen sind nicht selten. Eine 31 Meter hohe Tsunami-Woge traf 1993 die japanische Insel Okushiri. Und am 9. Juli 1958 baute sich in der schmalen, von Bergen gesäumten Lituya-Bucht in Alaska eine 500 Meter hohe Woge auf; zwei Fischer starben.

Nach der ersten Attacke auf eine Küste dauert es zehn bis 45 Minuten, bis die nächste Welle folgt. Zwischen den Kämmen, in den noch immer weiten Wellentälern, fließt das Wasser mit einem ungeheuren Sog ab, der Dutzende von Kilometern weit ins Meer hinausreicht. Selbst Meeresboden, der gewöhnlich auch bei tiefster Ebbe von Wasser bedeckt ist, fällt trocken, Hafenbecken entleeren sich bis auf den Grund.

Häufig ist ein ungewöhnlich niedriger Wasserstand sogar das erste Anzeichen für einen Tsunami. Dann trifft nicht ein Wellenkamm, sondern ein Wellental zuerst auf die Küste – eine tückische Versuchung für Ahnungslose, die das ungewöhnliche Schauspiel fasziniert betrachten, anstatt zu fliehen.

Vor der Megakatastrophe in Südostasien gab es regelmäßig Tsunamis, die Todesopfer forderten und erhebliche Sachschäden anrichteten. Ausgelöst von Erdbeben der Magnituden 7,0 bis 8,3 brandeten sie in den vergangenen zwölf Jahren an Küsten Indonesiens, Papua-Neuguineas, der Philippinen, Japans, Russlands, Mexikos, Nicaraguas und Perus. Über 2200 Menschen starben in Papua-Neuguinea, mehr

PAZIFISCHE ALARMANLAGE

Nur im Pazifik existiert ein Tsunami-Warnsystem: Erdbebenwerte, die Hunderte von Seismographen (kleine Karte, gelb) aufzeichnen, sowie die Wellenhöhen an der Meeresoberfläche, die über 100 Wasserstandsmesser (kleine Karte, blau) registrieren, werden an die Zentrale auf Hawaii übermittelt. Sechs auf dem Ozeanboden verankerte Sensoren (Tsunameter), die mithilfe von Sendebojen und Satelliten die Zentrale alarmieren (kleine Karte, rot, und große Grafik) erfassen Stärke und Richtung von Tsunamis. Auf Hawaii werden alle Daten ausgewertet und die gefährdeten Küstenabschnitte des Stillen Ozeans binnen Minuten gewarnt

als 1000 auf Flores, insgesamt in dieser Zeit über 4000.

DIE MEISTEN TSUNAMIS entstehen im Pazifik und seinen Randmeeren. Das erklärt sich aus der Größe des Ozeans und den Erdbebenzonen rundum an den Rändern. Das Tsunami-Laboratorium in Nowosibirsk hat Berichte über Tsunamis im Pazifik gesammelt. Demnach wurden dort von 1900 bis 2001 genau 796 Tsunamis beobachtet. Die meisten hatten nur geringe Wellenhöhen, doch 117 Tsunamis forderten Opfer und richteten nahe dem Epizentrum des Bebens Schäden an. Mindestens neun Tsunamis breiteten sich von den Epizentren pazifikweit aus, wogten von der Kamtschatka-Halbinsel bis Chile und Neuseeland, von Nicaragua bis Japan, von den Aleuten bis Kalifornien und den Marquesas-Inseln.

Alle Opferzahlen früherer Zeiten scheinen zu verblassen angesichts des jüngsten Tsunami. So kamen 1933 vor der japanischen Insel Honshu 3000 Menschen ums Leben, 27 000 an der gleichen Küste im Jahr 1896. 1703 sollen über 100 000 Menschen in Japan durch einen Tsunami ertrunken sein.

Zu der bis 2004 schlimmsten Tsunami-Katastrophe im Indischen Ozean kam es 1883 beim Ausbruch des Vulkans Krakatau zwischen Sumatra und Java. Als auf dem Höhepunkt der Explosionen die riesige entleerte Magmakammer einbrach und Wassermassen in den Kessel stürzten, wurden Tsunami-Wellen entfesselt, die auf Java 40 Meter und auf Sumatra 36 Meter hoch reichten. Die Wellen spülten Dörfer und Städte von den umliegenden Küsten. Die meisten der über 36 000 Menschen, die beim Krakatau-Ausbruch ums Leben kamen, wurden vom Wasser getötet.

Auch Europa ist gefährdet

Im Atlantik löste das Erdbeben, das 1755 Lissabon zerstörte, haushohe Wogen aus, die in den Mündungstrichter des Tejo fluteten. Viele der auf 30 000 bis 60 000 geschätzten Opfer der Katastrophe ertranken. Unter dem Tsunami litt nicht nur die portugiesische, sondern auch die spanische und die marokkanische Küste. Eine zehn Meter hohe Woge überrollte den spanischen Atlantikhafen Cádiz. Kleinere Wogen wurden in Holland, England und Irland, auf Madeira und den Azoren und auch jenseits des Atlantiks auf den Kleinen Antillen beobachtet.

Für Aufregung sorgte vor kurzem die These einer Forschergruppe, dass auf der Kanaren-Insel La Palma die Flanke eines Vulkans als riesiger Felsbrocken ins Meer stürzen könnte – nicht schon demnächst, aber irgendwann: „Ob in 50 oder 500 oder 5000 Jahren, wissen wir nicht." Die Forscher errechneten für diesen Fall Tsunami-Wellen mit weitaus größeren Höhen als jetzt in Südostasien an den Küsten Nord- und Südamerikas, Westafrikas, Westeuropas und der Karibik.

Rückblick

Chronik großer Naturkatastrophen

1628 v. Chr.: Eine Vulkanexplosion auf der Mittelmeerinsel Santorin verheert Paläste und Städte der minoischen Welt. Die als „Minoischer Ausbruch" bekannte Eruption zählt zu den größten Vulkanausbrüchen der vergangenen 10 000 Jahre. Etwa 40 Kubikkilometer Magma treten aus, ein großer Teil der feinen Asche steigt dabei bis zu 36 Kilometer hoch in die Stratosphäre. Wie viele Menschen dem Vulkan zum Opfer fallen, ist unbekannt.

24. August 79 n. Chr.: Der Ausbruch des Vesuv nahe Neapel zerstört Pompeji und Herculaneum. Eine Wolke aus Asche und Gas schießt kilometerhoch; es hagelt Lava; Glutaschewolken, bis zu 500 Grad Celsius heiß und 100 km/h schnell, rasen die Berghänge hinab. Die Luft ist so heiß, dass die Menschen beim Atemholen innerlich verbrennen. Gleichzeitig verdampfen in der Hitze enorme Mengen Meerwasser. Forscher vergleichen die Kraft der Zerstörung mit der Detonation Tausender Atombomben des Typs von Hiroshima. Mindestens 2000 Menschen sterben.

1. November 1755: Eines der heftigsten Beben der Neuzeit macht Portugals Hauptstadt Lissabon dem Erdboden gleich. Das Epizentrum des Bebens der Stärke 9,0 liegt im Atlantik, einige hundert Kilometer südwestlich vor der Küste. Zehn Minuten lang wird die Stadt erschüttert, zwei Nachbeben folgen. Die Kirchtürme der Stadt, schreibt ein Augenzeuge, wiegen sich „wie ein Getreidefeld im Winde". Die Wucht des Bebens ist so groß, dass das Wasser aus dem Hafenbecken gesogen wird. Die Einwohner, die sich ans Ufer des Tejo retten, werden von einem 15 Meter hohen Tsunami überrascht und fortgespült. 30 000 bis 60 000 Menschen sterben.

8. Juni 1783: Mehrere kleine Beben erschüttern das Gebiet rund um den Vulkan Laki auf Island. Lava quillt aus einer 25 Kilometer langen Spalte. So beginnt einer der größten Vulkanausbrüche aller Zeiten. Riesige Lavaströme schieben sich ins Meer. Sie fließen durch die Betten zweier Flüsse, die vollständig verdampfen. Gewaltige Mengen Asche und mehr als zwölf Kubikkilometer Lava schießen mehrere hundert Meter hoch in den Himmel, 40 Millionen Tonnen Kohlendioxid und schweflige Säure verpesten die Luft. Über der Insel liegt ein bläulicher Dunst; kein Sonnenlicht dringt hindurch. Die Weiden sind durch die Asche verbrannt, die Tiere verenden, das Trinkwasser ist größtenteils vergiftet. 10 000 Isländer sterben, ein Fünftel der Bevölkerung.

27. August 1883: Die Explosion des Vulkans Krakatau in der Sunda-Straße ist weithin zu hören – in Manila und Bangkok, im australischen Perth, sogar auf der Insel Rodriguez vor der afrikanischen Ostküste, 4500 Kilometer entfernt. Der Ausbruch ist die erste Katastrophe, die weltweit Beachtung findet: Im Ärmelkanal steigt der Pegelstand, rund um den Globus fallen die Temperaturen. Ein Tsunami verheert Teile der Küsten Javas und Sumatras. In der 40 Meter hohen Welle sterben fast 36 000 Menschen.

28. Dezember 1908: Ein Erdbeben der Stärke 7,5 vernichtet die Hafenstadt Messina auf Sizilien. Der Meeresspiegel fällt um etwa 60 Zentimeter, dann wälzt sich ein Tsunami übers Land. Etwa 83 000 Menschen kommen ums Leben, mehr als eine Million werden in der Region obdachlos.

1. September 1923: Das Große Kanto-Erdbeben erschüttert mit einer Stärke von 7,9 Tokio und Yokohama. Häuser stürzen ein, umkippende Herde verwandeln beide Städte in eine Feuerhölle. In Tokio versuchen viele Menschen, sich durch einen Sprung in den Fluss Sumida zu retten, doch das Wasser ist so heiß, dass sie gekocht werden. Etwa 200 000 Menschen sterben.

22. Mai 1960: Ungefähr 700 Kilometer südlich der chilenischen Hauptstadt Santiago erschüttert das stärkste bis dahin aufgezeichnete Beben die Erde (Stärke 9,5). Es tötet 5000 Menschen, löst Vulkanausbrüche, Erdrutsche sowie einen Tsunami aus. Der rollt über den ganzen Pazifik, verwüstet das 10 000 Kilometer entfernte Hilo auf Hawaii und

Andere Experten halten diese Befürchtungen jedoch für aufgebauscht und unbegründet. Ihr Hauptargument: Die Bergflanke wird nicht als gesamter Block, sondern in kleineren Stücken abrutschen und dabei lediglich örtliche Tsunamis erzeugen.

An der Nordsee ist mit einem Tsunami allenfalls bei einer untermeerischen Rutschung vor der norwegischen Küste zu rechnen, an der Ostsee überhaupt nicht. Das Mittelmeer jedoch ist, da als Erdbebengebiet bekannt, prinzipiell Tsunami-gefährdet. Schon Autoren in der Antike haben das Phänomen genau beschrieben. So berichtete der römische Geschichtsschreiber Ammianus Marcellinus eingehend, wie nach einem starken Beben im Jahr 365 ein Tsunami die ägyptische Küste traf und die heranrasenden Wassermassen „viele tausend Menschen" töteten. Auch in neuerer Zeit gab es immer wieder Tsunamis. So erreichten im Jahr 1956 Flutwellen bei der griechischen Insel Amorgos 25 Meter Höhe.

SO EINDRUCKSVOLL die geisterhaften Wellen sind, die sich unbemerkt über Tausende von Kilometern fortpflanzen und dann unerwartet aus dem Wasser wachsen, so besteht doch die mit Abstand größte Gefahr jeweils an jenen Küsten, die dem Herd des Bebens am nächsten liegen. Dort toben sich die Fluten am stärksten aus, wird am meisten zerstört, sterben die meisten Menschen. Auch diesmal: Mehr als 240 000 der insgesamt über 300 000 Opfer wurden auf Sumatra getötet.

Als 1993 im Japanischen Meer nur 15 bis 30 Kilometer vor der Insel Okushiri die Erde bebte, wurde bereits fünf Minuten später über Rundfunk und Fernsehen vor einem Tsunami gewarnt. Die Warnung kam zu spät, die erste Welle war schneller. 239 Menschen ertranken. Doch ein Großteil der Bevölkerung war schon bei den ersten Erdstößen auf eine Anhöhe geflohen, sodass die Zahl der Opfer trotz extremer Wellenhöhe von 31 Metern vergleichsweise niedrig blieb.

An den meisten Küsten wird nicht gewarnt, und Tsunamis sind ja auch selten. Dennoch sollte man sich daran erinnern, was im Ernstfall ratsam ist:

- Wenn in einem Küstengebiet die Erde bebt, sofort das höchste Gebiet in der Umgebung aufsuchen;
- wenn es keine Anhöhe gibt, vom Wasser möglichst weit wegrennen;
- wenn der Meeresboden ungewöhnlich weit trockenfällt, die Neugier zügeln und sich unverzüglich in Sicherheit bringen.

Drei einfache Regeln, die zu beherzigen über Leben oder Tod entscheiden kann. □

Dr. Erwin Lausch, 75, war 15 Jahre lang GEO-Redakteur.

Ein Erdbeben der Stärke 9,0 im Atlantik erschüttert 1755 Lissabon. Kurz darauf trifft ein 15 Meter hoher Tsunami Portugals Hauptstadt. 30 000 bis 60 000 Menschen sterben

erreicht auch Japan, wo 119 Menschen sterben.

27. März 1964: Das stärkste jemals in Nordamerika gemessene Erdbeben (9,2 auf der Richter-Skala) vernichtet fast alle Küstenorte im Süden Zentralalaskas, auch die nördliche Pazifikküste wird schwer heimgesucht. Das Epizentrum liegt etwa 60 Kilometer westlich von Valdez am Prince William Sound. Valdez wird von einem Tsunami ausgelöscht; die riesige Wasserwand zertrümmert sogar die Hafenanlage. In Anchorage sacken Straßenzüge bis zu sechs Meter tief ab, Fahrbahnen brechen ein. 115 Menschen sterben in Alaska.

28. Juli 1976: Das Erdbeben der Stärke 8,2 überrascht mehr als eine Million Einwohner der chinesischen Industriestadt Tangshan im Schlaf. Nur 16 Sekunden lang zittert die Erde – danach existiert die Stadt nicht mehr. Die meisten Opfer sind verschüttet, Rettung ist in der Dunkelheit kaum möglich. 125 Nachbeben werden registriert. China meldet offiziell 250 000 Tote, im Ausland traut man den Zahlen nicht. Inoffizielle Schätzungen geben 800 000 Tote an.

19. September 1985: Stärke 7,8 auf der Richter-Skala erreicht das Beben, das Mexico-City und den Süden Mexikos erschüttert. Der erste Erdstoß dauert eine Minute, mindestens 20 Nachbeben folgen. Ein großer Teil der Stadt wird zerstört, zerborstene Gasleitungen lösen Brände aus, die oberen Stockwerke der Wolkenkratzer stürzen ein. Hunderttausende macht das Beben obdachlos, mehr als 10 000 Menschen kommen ums Leben.

1. Mai 1991: Acht Stunden lang wütet ein Wirbelsturm im Südosten Bangladeschs. Eine 20 Meter hohe Flutwelle rollt über das Land. Ein Fünftel Bangladeschs wird überschwemmt, auf dem 800 Kilometer langen Küstenabschnitt im Süden und Osten steht kein Stein mehr auf dem anderen, von 2000 Dörfern und zwölf Provinzstädten bleiben nur Ruinen. Etwa 138 000 Menschen sterben. Die Sturmflut ist ähnlich schlimm wie die von 1988, die drei Viertel des Landes überschwemmt und 30 Millionen Menschen obdachlos zurückgelassen hat.

16. Januar 1995: 20 Sekunden dauert das Beben der Stärke 7,2 – dann ist Kobe, Japans fünftgrößte Stadt, erheblich zerstört. Mit 6400 Toten, 415 000 Verletzten, 300 000 Obdachlosen und mehr als 150 000 eingestürzten Gebäuden ist es die schlimmste Naturkatastrophe, die Japan seit 72 Jahren getroffen hat. In Kobe, dessen Häuser und Brücken als erdbebensicher galten, wird der Sachschaden auf rund 100 Milliarden Euro beziffert.

17. Juli 1998: Zwei Beben der Stärke 7,1 lassen die Strände vor der Sissano-Lagune an der Nordküste von Papua-Neuguinea erzittern. Nur eine halbe Stunde, nachdem Seismographen das Beben registriert haben, rast ein Tsunami auf die Küste zu. Für eine Warnung oder gar Evakuierung der bis zu 10 000 Küstenbewohner ist es zu spät. In wenigen Sekunden walzen bis zu zehn Meter hohe Flutwellen die Dörfer nieder und reißen mindestens 3000 Menschen in den Tod.

17. August 1999: Das Hypozentrum des Erdbebens liegt zwölf Kilometer unter der Erde, südlich von Izmit im Nordwesten der Türkei. 45 Sekunden lang dauern die Erschütterungen an, dann kollabieren Häuser, werden Strom- und Telefonleitungen durchtrennt. Die Erdölraffinerie von Izmit brennt. Um eine Explosion zu vermeiden, werfen Flugzeuge chemische Flammenhemmstoffe ab. Etwa 17 000 Menschen sterben.

26. Dezember 2003: Um 5.28 Uhr in der Früh erschüttert ein Erdbeben der Stärke 6,3 die Oasenstadt Bam im Südosten Irans. Die meisten Bewohner werden im Schlaf überrascht. Viele können nicht mehr ins Freie fliehen und werden in ihren Betten erschlagen. Das Beben zerstört zwei Drittel der 2000 Jahre alten Stadt sowie die Zitadelle, den größten bis dahin erhaltenen Lehmbau der Welt. 40 000 Menschen sterben. *Franz Lenze*

VON SUSMITA ARP, PATRICK HOLLSTEIN, FRANZ LENZE
KARTEN: RAINER DROSTE, THOMAS WACHTER

BILANZ DES SCHRECKENS

In 13 Ländern hinterlässt der Tsunami ein Bild der Zerstörung. Ganze Küstenabschnitte werden überrollt, oft wälzen sich die Flutwellen bis weit ins Hinterland. Täglich korrigieren Regierungen und Hilfsorganisationen in den Wochen nach der Katastrophe die Schadensstatistiken. Auf den Bildern der Satelliten Quickbird, Ikonos und IRS-P6 lässt sich das Ausmaß der Katastrophe erkennen

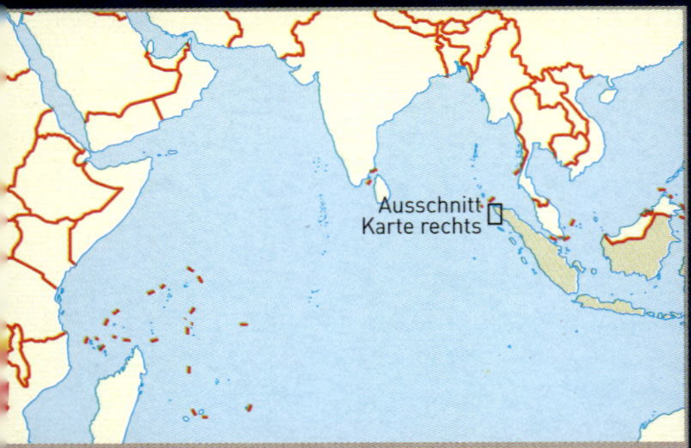

INDONESIEN

„An der Westküste gibt es fast keine Kinder mehr", sagt ein Mitarbeiter der Hilfsorganisation „Ärzte ohne Grenzen". Seine Worte beschreiben das ganze Ausmaß der Katastrophe, die der Tsunami im Nordwesten Sumatras, etwa 150 Kilometer vom Zentrum des Bebens entfernt, verursacht hat. Mehr als 240 000 Menschen sind tot oder werden vermisst*, bis zu 400 000 Flüchtlinge leben in Lagern oder sind bei Verwandten im Landesinneren untergeschlüpft. Trotz des Schadens in einer Höhe von geschätzt 4,5 Milliarden Dollar sind die Auswirkungen auf die nationale Wirtschaft gering – zumal die Erdöl- und Erdgasförderung in der Region kaum betroffen ist. Mehr als drei Viertel der Verluste trägt die private Wirtschaft: Fischfang, Landwirtschaft und Handel haben praktisch aufgehört zu existieren.

Erste Wiederaufbauprogramme sind bereits angelaufen. So zahlt die Hilfsorganisation „Mercy Corps" Menschen, die an ihren alten Wohnort zurückkehren, umgerechnet 3,50 Dollar am Tag. Allerdings benötigen Fischer und Landarbeiter, die ihre Familien verloren haben und nun am Sinn eines Neuanfangs zweifeln, dauerhafte Unterstützung; genauso wie die Witwen und die etwa 7700 Waisen.

Auch die ökologischen Folgen sind verheerend: Mehr als 25 000 Hektar Mangrovenwälder, 32 000 Hektar Korallenriffe sowie 120 Hektar Seegraswiesen wurden zerstört.

Rebellen und Regierung, die sich seit 1976 bekämpfen, verhandeln wieder. Doch birgt der Konflikt um die Unabhängigkeit der Provinz Aceh noch immer Sprengstoff: Selbst die gerechte Verteilung von Hilfsgütern ist in einem der korruptesten Länder der Welt – wie Indonesiens Präsident Susilo Bambang Yudhoyono über seinen Heimatstaat urteilt – ein Problem.

* Die Weltgesundheitsorganisation (WHO) gibt die Zahl der Toten mit 114 700, die der Vermissten mit über 127 000 Menschen an. Doch zwei Monate nach der Katastrophe muss davon ausgegangen werden, dass auch die Vermissten nicht mehr leben.

1. In Banda Aceh auf Sumatra schiebt die Flutwelle Schutt und Trümmer durch die Stadt. Fast zwei Drittel der Gebäude werden zerstört
2. Von der Ortschaft Lhoknga lässt der Tsunami kaum etwas übrig. Fast alle Häuser und Bäume werden fortgespült. Tiefer gelegene Felder im Landesinneren stehen noch Tage nach der Katastrophe unter Wasser

Uleelheue, einem Vorort von Banda Aceh, lässt der Tsunami kaum etwas unversehrt: Alle Gebäude werden zerstört, ele Straßen verschüttet, großen Flächen überschwemmt. Das Hafenbecken ist zu 60 Prozent unbenutzbar, alle Haus- sowie hlreiche Fischerboote sinken. Das Fundament der Autobrücke scheint beschädigt, die Eisenbahnbrücke ist eingestürzt

Als wäre eine Bombe eingeschlagen: Das Mündungsgebiet des Flusses Krueng Unga wird von der Flutwelle regelrecht niedergewalzt. Die Fischerdörfer Cucuh (Mitte) und Mendangghon (rechts) existieren nicht mehr

IE ERSTEN OPFER

ie Küstengebiete im Nordwesten umatras werden 15 Minuten ach dem Erdbeben von dem fast 0 Meter hohen Tsunami verwüstet. m die Provinzhauptstadt Banda ceh dringt die Flutwelle mehr ls drei Kilometer ins Land und hinterisst eine Spur der Zerstörung

VON OLAF MISCHER

Der »Schwarze Sonntag« und die Wochen danach

Sonntag, 26. Dezember 2004

1.58.53 Uhr (alle Angaben in mitteleuropäischer Zeit). Im Indischen Ozean, etwa 150 Kilometer vor der indonesischen Insel Sumatra, stößt ein Erdbeben den Meeresgrund um bis zu fünf Meter empor; gleichzeitig senkt sich in unmittelbarer Nähe der Boden ab. Dadurch entsteht ein so genannter Tsunami (japanisch: „Hafenwelle"): eine Folge von seismischen Meereswogen, die sich mit einer Geschwindigkeit von bis zu 900 km/h ausdehnen. Auf dem offenen Meer sind sie maximal einen Meter hoch. Doch anders als die vom Wind erzeugten Wellen, die im Indischen Ozean bis zu zehn Meter hoch werden können, beginnen sie bereits am Meeresboden. Deshalb hat ein Tsunami eine wesentlich größere Zerstörungskraft.

Das Beben erreicht eine Stärke von 9,0 auf der Richter-Skala* und ist damit das viertstärkste jemals registrierte. Das gewaltigste mit der Stärke 9,5 auf der Richter-Skala erzeugte 1960 einen Tsunami vor Chile. Das Seebeben vor Sumatra ist auch in Indonesiens Nachbarstaaten Thailand, Malaysia und Singapur spürbar. Noch in einer Entfernung von rund 1500 Kilometern, etwa in der thailändischen Hauptstadt Bangkok, geraten Gebäude ins Wanken. In den folgenden Wochen kommt es im Indischen Ozean zu zahlreichen Seebeben. Das stärkste mit einem Ausschlag von 7,1 auf der Richter-Skala hätte theoretisch einen weiteren Tsunami auslösen können. Solche Nachbeben treten nach einem schweren Erdstoß regelmäßig auf.

1.59 Uhr, Jakarta, Indonesien Um 7.59 Uhr Ortszeit registriert das Institut für Wetterkunde und Geophysik in der indonesischen Hauptstadt Jakarta das Seebeben. Doch niemand ahnt, dass eine der größten Naturkatastrophen aller Zeiten ihren Anfang nimmt. Die dortigen Seismographen zeigen nur die Stärke 6,4 an, weil die hoch empfindlichen Messinstrumente in der Nähe des Epizentrums die gewaltigen Bodenbewegungen nicht mehr genau erfassen können.

2.07 Uhr, Ewa Beach, Hawaii (15.07 Uhr Ortszeit). Das Pacific Tsunami Warning Center (PTWC) in Ewa Beach auf Hawaii empfängt seismische Signale des Seebebens, die von einer Messstation in Australien aufgezeichnet wurden. Eingerichtet, nachdem ein Tsunami das Hawaii-Archipel 1946 heimgesucht hatte, ist es heute die Zentrale eines pazifikweiten

* Die Richter-Skala ist eine von dem amerikanischen Seismologen Charles Richter 1935 definierte Einteilung zur Messung der Erdbebenstärke. Beben bis zu einer Stärke von etwa 2,0 werden von Menschen nicht wahrgenommen; ab etwa Stärke 4,5 verursachen sie leichte Schäden, ab 6,0 werden Gebäude erheblich beschädigt. Da die Richter-Skala nicht linear, sondern logarithmisch zur Basis 10 ansteigt, ist ein Beben der Stärke 3,0 per Definition zehnmal stärker als eines der Stufe 2,0 und 100-mal stärker als eines der Stärke 1,0. Die freigesetzte Energie steigt von Stufe zu Stufe sogar um den Faktor 33.

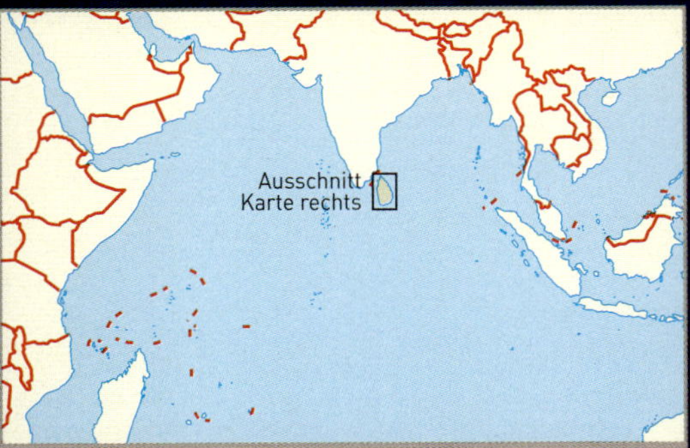

SRI LANKA

Zwei Drittel der gesamten Küste Sri Lankas sind durch den Tsunami in Mitleidenschaft gezogen worden. Im Nordosten ist das Wasser bis zu drei Kilometer weit ins Land vorgedrungen. Mehr als 36 000 Menschen sind in den Fluten umgekommen. 15 000 Verletzte müssen ärztlich behandelt werden.

Etwa 13 Prozent der oft einfachen Unterkünfte in der Nähe der Küsten sind fortgespült worden – 69 000 Häuser wurden komplett zerstört, 43 000 beschädigt. Die Zahl der Obdachlosen wird auf mehr als 500 000 geschätzt; jeder zwölfte Einwohner des Inselstaates braucht Unterstützung. Auf eine Milliarde Dollar beziffern Experten den Gesamtschaden – fast fünf Prozent des Bruttoinlandsprodukts. Fast 20 000 Fischerboote sind zerstört worden, 14 000 Menschen haben ihren Arbeitsplatz im Tourismus verloren – und damit ihre Lebensgrundlage. Viele private Betriebe in den Bereichen Tourismus, Fischfang und Baumwollindustrie stehen vor dem Aus.

Die erste Flutwelle hat die Küste bei Kalutara im Südwesten Sri Lankas überspült. Jetzt zieht sich das Wasser um 350 Meter zurück. Aus den gefluteten Gebieten strömen Schlammmassen ins Meer. Landeinwärts gelegene Grundstücke hat der Tsunami noch nicht erreicht. Auf dem küstennahen Ozean übersteht ein Boot die erste Flut

Kurze Zeit später rast die nächste Welle auf die Küste zu. Deutlich zu erkennen sind die Schäden, die die Flut an Land bereits angerichtet hat. Der Strand des Ortes ist verschwunden, Häuser wurden fortgespült, Straßen überschwemmt. Gebiete mit dichtem Baumbestand scheinen weniger getroffen

Um 10.20 Uhr Ortszeit – rund eine Stunde, nachdem die ersten Ausläufer des Tsunami die Küste erreicht haben – gerät das Meer erneut in Bewegung. Zurückströmendes Wasser und von Südwesten heranziehende neue Flutwellen bilden wirbelnde Ströme, die alles mitreißen, was in ihren Sog gelangt

Das Mündungsgebiet eines Flusses bei Kalutara: Über den Flusslauf ist die Welle weit ins Land vorgedrungen und hat noch einen Kilometer von der Küste entfernt Schäden angerichtet. Das zurückfließende Wasser reißt das Erdreich mit sich – gewaltige Schlammmassen verfärben Flusslauf, Strand und Meer

AN ALLEN FRONTEN

In Sri Lanka werden auch Regionen betroffen, die der Welle abgekehrt sind: Die Ostküste trifft der Tsunami frontal. Entlang des gerundeten Südendes der Insel wird die Wasserwand gebeugt. So überschwemmt die zerstörerische Woge auch fast die Hälfte der Westküste

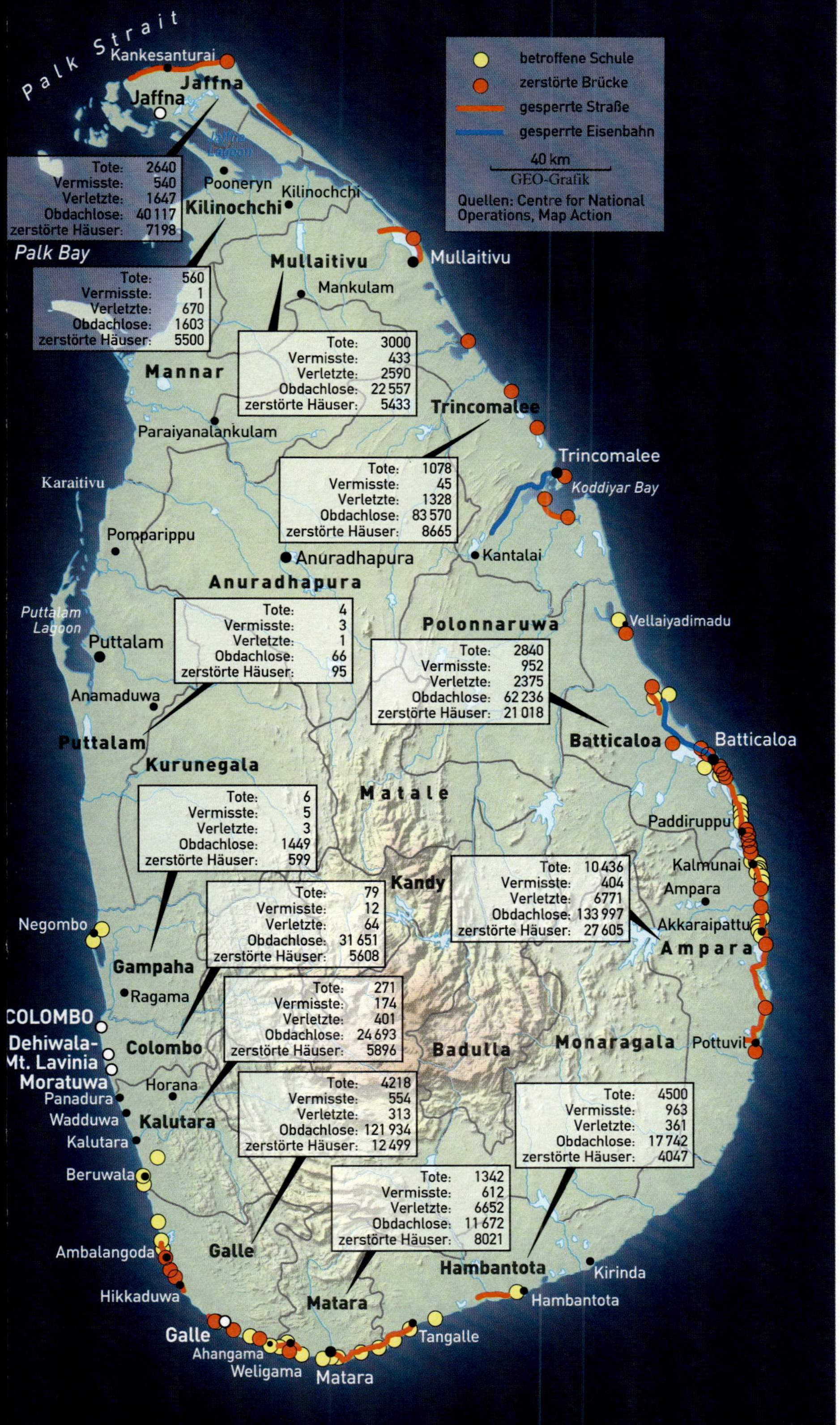

Tsunami-Warnsystems, dem 26 Staaten angeschlossen sind. Das PTWC registriert mit Seismographen Seebeben und überwacht mit Sensoren Wasserstand und Strömungen im Pazifischen Ozean. Im Indischen Ozean gibt es kein Warnsystem, das die Millionen von Menschen in den flachen Küstenregionen jetzt warnen könnte.

2.12 Uhr, Potsdam Über seismische Stationen in Indonesien, Israel, Afrika und in der Türkei registriert das Geo-Forschungszentrum Potsdam das Seebeben. Die Wissenschaftler können den Tsunami zwar nicht prognostizieren, unterrichten aber dennoch das Auswärtige Amt und Hilfsorganisationen wie das Technische Hilfswerk (THW).

2.14 Uhr, Ewa Beach Das „Tsunami Information Bulletin Number 001" des Pazifik-Warnzentrums informiert die Mitgliedsstaaten, darunter Thailand und Indonesien, und gibt Entwarnung für den Pazifik.

2.14 Uhr, Jakarta** Der Tsunami bricht über die indonesische Stadt Banda Aceh im Norden der Insel Sumatra herein. Die Welle bäumt sich in Küstennähe auf, erreicht eine Höhe von mehreren Metern und überflutet die Stadt. Die Gewalt des Wassers reißt Autos und Wohnhäuser mit. Über 30 000 der 150 000 Einwohner sterben. Bald sind weite Teile der Provinz Aceh verwüstet, Gebiete für Wochen von der Außenwelt abgeschnitten. Doch aus der Bürgerkriegsregion dringen zunächst keine Nachrichten nach außen. Dort kämpft die Bewegung Freies Aceh (GAM) seit mehr als einem Vierteljahrhundert für die Unabhängigkeit der Provinz. Angesichts der Katastrophe lassen jedoch sowohl Rebellen als auch Regierungstruppen vorerst die Waffen ruhen. In Indonesien kommen mehr als 240 000 Menschen durch den Tsunami ums Leben, Hunderttausende verlieren ihr Zuhause.

2.59 Uhr, Paris Die Nachrichtenagentur Agence France-Presse (AFP) meldet das Seebeben. Dass es einen Tsunami ausgelöst hat, wissen die Journalisten jedoch noch nicht.

Gegen 3.00 Uhr, Neu-Delhi, Indien (7.30 Uhr Ortszeit). Funker der indischen Luftwaffe erfahren vom Stützpunkt Car Nicobar, dass die Inselgruppe der Nikobaren von einem schweren Erdbeben erschüttert worden ist und der Stützpunkt überflutet wird. Erst eine Dreiviertelstunde später wird das Verteidigungsministerium benachrichtigt.
Die Nikobaren, eine Inselgruppe im Golf von Bengalen reichen bis 150 Kilometer an die Nordspitze Sumatras heran, sind aber rund 1500 Kilometer vom indischen Festland entfernt. Gemeinsam mit den weiter nördlich gelegenen Andamanen bilden sie ein indisches Unions-Territorium.
Die Inseln der Andamanen werden vom Tsunami weit weniger zerstört als die der Nikobaren. Manche der Eilande werden nicht einmal 150 Meter weit überflutet. Unter den 350 000 Einwohnern beider Inselgruppen gibt es mehr als 7500 Todesopfer.

3.04 Uhr, Ewa Beach Das PTWC gibt im Bulletin Nummer 2 bekannt, dass „die Möglichkeit eines Tsunami nahe dem Epizentrum" bestehe.

3.27 Uhr, Hamburg Die Deutsche Presse-Agentur (DPA) meldet: „Die indonesische Insel Sumatra ist am Sonntagmorgen von einem Erdbeben der Stärke 6,4 auf der Richter-Skala erschüttert worden."

3.45 Uhr, Colombo, Sri Lanka (8.45 Uhr Ortszeit). Die Welle erreicht den Ort Mirissa im Süden der In-

** Die Angaben, wann der Tsunami an den einzelnen Orten eingetroffen ist, beruhen auf Augenzeugenberichten und sind nur Näherungswerte.

THAILAND

Die Flutwelle kam in der Hochsaison: Unter den 8500 Menschen, die in Thailand starben oder vermisst werden, befinden sich mehr als 2400 Ausländer aus über 30 Nationen. Nirgendwo riss der Tsunami mehr Touristen in den Tod als in den Ferienparadiesen des Königreichs.

490 Fischerdörfer in sechs Provinzen wurden von der Flutwelle überrollt, 3600 Wohnhäuser ganz oder teilweise zerstört. Etwa 7000 Menschen verloren ihr Zuhause. Die Zahl der verwaisten Kinder wird auf 500 geschätzt.

Obwohl der Wiederaufbau schnell angelaufen ist, wird es wohl ein Jahr dauern, bis die Hotels, Resorts und Bungalowdörfer wieder vollständig in Betrieb genommen werden können. 20 Prozent der Hotelanlagen im Süden des Landes – mit mehr als 10 400 Betten – sind zerstört worden. 54 000 Menschen haben offiziell ihren Arbeitsplatz verloren. Die zahlreichen in den Urlaubergebieten oft illegal beschäftigten Gastarbeiter aus dem benachbarten Myanmar tauchen dagegen in keiner Statistik auf.

URLAUBERKÜSTE IN TRÜMMERN

Im Südwesten Thailands werden zahlreiche vorgelagerte Inseln sowie ein Küstenstreifen von mehr als 150 Kilometer Länge von der Woge verwüstet. Am stärksten betroffen ist die Provinz Phang Nga – dort kommen insgesamt fast 6000 Menschen ums Leben oder werden vermisst

Am »Korallen-Kap« bei Khao Lak dringt die Flut bis zu zwei Kilometer weit vor. Zwei Ortschaften, Hotels sowie Obstgärten und Fischteiche werden zerstört. Die blaue Linie gibt den ursprünglichen Küstenverlauf wieder, die üb schwemmten Gebiete werden durch die rote Linie markier

sel. Insgesamt werden etwa zwei Drittel der Küste Sri Lankas von der Welle erfasst, darunter Urlaubsgebiete, in denen sich Touristen aus der ganzen Welt aufhalten. Mehr als 36 000 Menschen kommen ums Leben. Die Krankenhäuser sind bald nicht mehr in der Lage, alle der beinahe 15 000 Verletzten zu versorgen.

Bevölkerung und Katastrophenhelfer sind nach der Überschwemmung in Teilen Sri Lankas durch Antipersonenminen gefährdet, die im Bürgerkrieg zwischen der Regierung und der nach Autonomie strebenden Tamilenbewegung „Liberation Tigers of Tamil Eelam" (LTTE) erst vergraben und nun durch die Wassermassen zum Teil herausgespült worden sind. Doch vermutlich nirgendwo im Katastrophengebiet ist so schnell Hilfe organisiert wie in dem von Tamilen beherrschten Norden Sri Lankas. Unmittelbar nach der Überflutung evakuieren die Rebellen Überlebende und bergen Leichen, fotografieren sie, um die spätere Identifizierung zu ermöglichen, und bestatten oder verbrennen die Toten. Bereits nach wenigen Stunden werden Notunterkünfte gebaut. Für kurze Zeit scheint es fast, als habe es den Bürgerkrieg zwischen Tamilen und der Bevölkerungsmehrheit der Singhalesen nie gegeben. Angeblich sollen Regierungssoldaten sogar Rebellen gerettet haben.

3.50 Uhr, Phuket, Thailand (9.50 Uhr Ortszeit). Obwohl Thailand rund 800 Kilometer näher am Epizentrum liegt als Sri Lanka, baut sich die Welle dort später auf. Denn vor Thailand und anderen östlichen Anrainern des Indischen Ozeans ist das Meer sehr viel flacher als westlich des Epizentrums, sodass die Woge gebremst wird. Der Tsunami bäumt sich vor der thailändischen Ferieninsel Phuket auf. Manche Urlauber beobachten die herannahende Welle fasziniert vom Strand aus und bringen sich nicht schnell genug in Sicherheit, so dass sie von ihr überrollt werden. Zurück bleiben Trümmerfelder: Viele Hotels und Wohnhäuser sind völlig zerstört, Bäume entwurzelt und Strommasten umgeknickt, Geröll und Trümmer türmen sich meterhoch auf. 700 Menschen kommen allein auf Phuket um – sie liegen am Strand, zwischen Betonblöcken und auf Palmen.

Besonders schwer ist auch die thailändische Küstenprovinz Phang Nga betroffen. Dort sterben fast 6000 Menschen, darunter ein Enkel des thailändischen Königs. In Thailand kommen insgesamt 8500 Menschen ums Leben. Obwohl thailändische Behörden das schwere Beben registriert haben und vom PTWC auf Hawaii vor einem möglichen Tsunami gewarnt worden sind, haben sie keine Katastrophenmeldung herausgegeben.

4.30 Uhr, Ewa Beach Die Mitarbeiter des PTWC entdecken im Internet eine Meldung über die Verheerungen, die der Tsunami in Sri Lanka angerichtet hat. Erst jetzt versuchen sie, eine Warnung an alle zuständigen Behörden in der Region herauszugeben. Doch die Wissenschaftler scheitern, weil sie die Telefonnummern nicht herausfinden.

4.32 Uhr, Jakarta Indonesische Geophysiker bestätigen, dass das Seebeben einen Tsunami ausgelöst hat.

4.40 bis 9.00 Uhr Nachrichtenagenturen bringen die ersten Todesmeldungen aus dem Krisengebiet: 17 Todesopfer auf Sumatra; mehr als 400 Tote und 3000 Vermisste in Sri Lanka, 21 Tote auf Phuket, mindestens 142 an der südindischen Küste. In den folgenden Stunden und Tagen wird die Zahl der Toten immer weiter nach oben korrigiert.

4.44 Uhr, Neu-Delhi Das indische Wetteramt informiert Vertreter des Innenministeriums über das

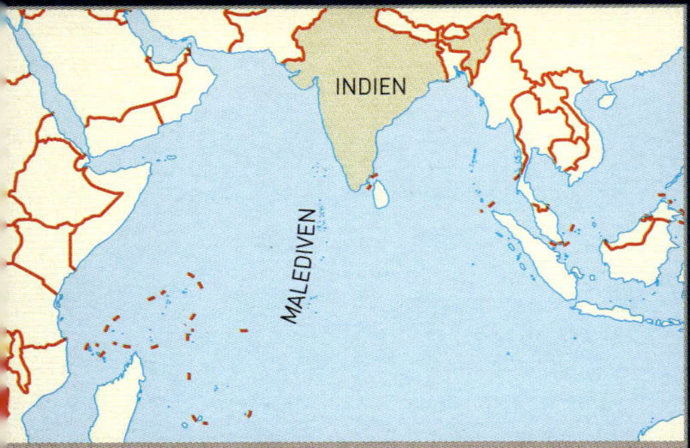

INDIEN

Mehr als 16 000 Menschen kommen in Indien ums Leben; fast die Hälfte von ihnen auf den Andamanen und Nikobaren – die Flutwelle hatte kleine und flache Eilande regelrecht überrollt. Die sechs Naturvölker auf dieser Inselkette sind dem Tod entkommen. Ob sie je zu ihrer traditionellen Lebensweise zurückkehren, ist unklar: Ihre Lebens- und Jagdräume wurden stark zerstört.

Insgesamt verwüstet der Tsunami in Indien mehr als 2200 Küstenkilometer. Zwölf Inseln verschwinden möglicherweise für immer unter der Wasseroberfläche, andere verschieben sich. Korallenriffe und Mangrovenwälder werden zerstört.

Auch die indische Landwirtschaft erleidet Schaden: 12 000 Hektar Nutzfläche gehen verloren, 10 000 Rinder ertrinken. 74 000 Fischerboote sollen beschädigt worden sein. In 900 Dörfern fehlen nun 160 000 Behausungen, 650 000 Menschen werden evakuiert.

MALEDIVEN

Auf das Doppelte des jährlichen Bruttosozialprodukts wird der Schaden geschätzt, den die Flutwelle auf den Malediven angerichtet hat. Sämtliche volkswirtschaftlich wichtigen Bereiche des Inselreichs sind betroffen: Zahlreiche Felder können wegen des Salzwassers nicht bestellt werden, auf vielen Inseln wurden die Trinkwasseranlagen zerstört. 19 der knapp 90 Luxushotels wurden verwüstet, 14 weitere stark beschädigt. Die Hauptinsel Male war zeitweise überflutet, der internationale Flughafen musste vorübergehend geschlossen werden. Es wird vermutet, dass große Mengen Öl und Asbest aus den zerstörten Häusern die Umwelt verschmutzt haben. Zehn Prozent der 199 bewohnten Inseln sollen vollständig zerstört, weitere 53 Eilande schwer beschädigt sein. 100 Menschen starben in den Fluten.

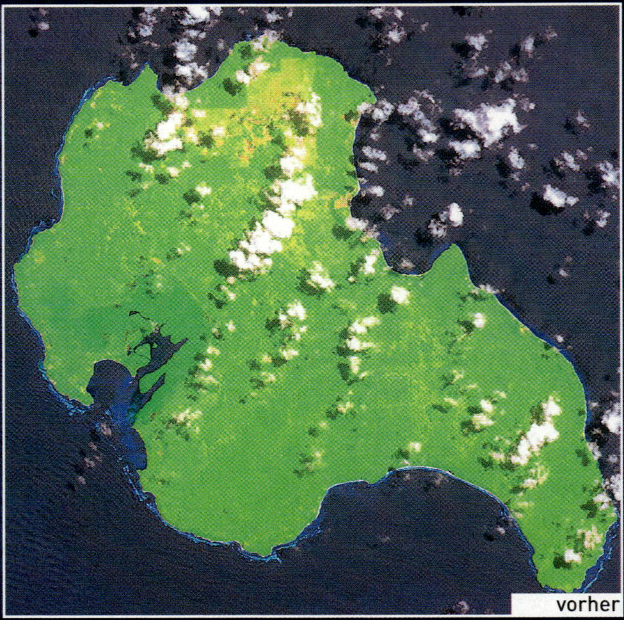

Etwa sechs Kilometer weit gräbt sich das Wasser auf der zu Indien gehörenden Nikobaren-Insel Katchall ins Hinterland. Die Orte Oknange, Oltivile, Hitlat und Yum Yumkui werden überflutet. Möglicherweise stirbt dort mehr als die Hälfte der 5300 Inselbewohner

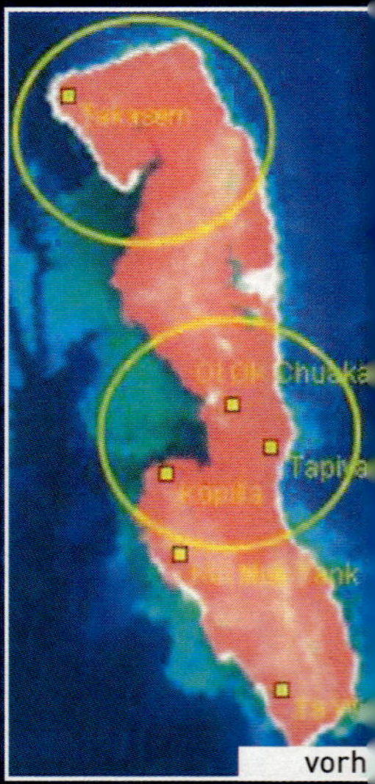

VERLORENES LAND
Im Südwesten Indiens, im Distrikt Nagapattinam, bricht die Flutwelle mit voller Kraft herein und zerstört die Küste bis zur roten Linie. 6000 Menschen sterben hier. 40 00 Häuser werden beschädigt. An der Mündung des Flusses Kaduvayar werden die Boote gegeneinander geworfen

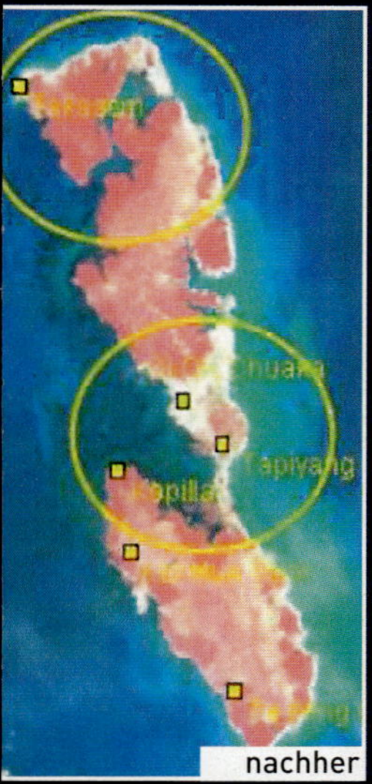

Die Nikobaren-Insel Trinkat wird von der Woge in drei Teile geteilt. Die Dörfer Ol Ok Chuaka und Tapiyang werden fast völlig zerstört, drei weitere Ortschaften schwer beschädigt. 35 Prozent der Mangrovenwälder im Norden der Insel gehen verloren. Wahrscheinlich kommt ein Viertel der 430 Inselbewohner ums Leben

ANDERE LÄNDER

Wegen seiner geographischen Lage wird **Malaysia** nicht von der ganzen Wucht des Tsunami getroffen – dennoch verwüstet die Welle Teile der Küste, 74 Menschen sterben, fast 8000 werden obdachlos.

Über die Schäden, die der Tsunami in **Myanmar** anrichtet, wird durch die Regierung nur wenig bekannt. Weil der Golf von Bengalen nach Norden langsam flacher wird, ist der Aufprall der Welle auf die Küstengebiete Myanmars schwächer als in den benachbarten Ländern. Die herrschende Militärjunta bestätigt 60 Todesopfer; 2600 Menschen sollen ohne Obdach sein. Hilfsorganisationen schätzen, dass 30 000 Betroffene professioneller Fürsorge bedürfen.

Bangladesch hat Glück: Der Tsunami ist zu schwach, um größere Schäden anzurichten. Zwei Menschen sterben.

Auf der anderen Seite des Indischen Ozeans, 4500 Kilometer vom Epizentrum entfernt, bricht die Flutwelle sechseinhalb Stunden nach dem Beben über die **Seychellen** herein. Und zerstört Teile der Inseln Mahé und Praslin. Drei Menschen sterben. In **Madagaskar** wird ein Teil der Ostküste verwüstet. Opfer sind nicht zu beklagen.

Im östlichsten Land des afrikanischen Kontinents dagegen, in **Somalia**, warnt niemand. In der vom Bürgerkrieg zersplitterten Republik erwirtschaften die Fischer gerade ihr gesamtes Einkommen für die nächsten Monate. Auf einem Küstenstreifen von 650 Kilometer Länge zerstört der Tsunami mehr als 2600 Fischerboote und beraubt rund 54 000 Menschen ihrer Lebensgrundlage. Etwa 4000 Personen werden obdachlos. 150 Menschen kommen WHO-Angaben zufolge ums Leben.

Und selbst weiter südlich fordert der Tsunami Opfer: In **Kenia** stirbt ein Mensch, in **Tansania** kommen zehn Personen ums Leben.

Erdbeben vor Sumatra. Zu diesem Zeitpunkt hat der Tsunami bereits Teile der Küste Indiens erreicht. Minuten später bricht er mit solcher Gewalt über den südindischen Bundesstaat Tamil Nadu herein, dass selbst ein Leuchtturm einstürzt. Hütten werden zerstört, Boote vernichtet, zahllose Fischer verlieren ihre berufliche Existenz. Indien gehört neben Sri Lanka und Indonesien zu den am schwersten durch den Tsunami betroffenen Ländern. Auf dem indischen Festland kommen etwa 9000 Menschen in den Fluten um, knapp 7000 werden verletzt.
Unterdessen sind auch die Küsten von Indiens östlichem Anrainerstaat Bangladesch und dessen Nachbarn Myanmar (Birma) von der Welle heimgesucht worden. In Myanmar verwüstet sie 17 Ortschaften. Dort kommen 64 Menschen ums Leben. Es gibt jedoch nur wenige Meldungen aus dem Land, da das Militärregime alle Nachrichten zensiert. In Bangladesch, an dessen Küste der Tsunami nur wenig Schaden angerichtet hat, sind zwei Kinder ertrunken. Weitere Todesopfer aus diesem Land sind nicht bekannt.

Ab 5 00 Uhr, Male, Malediven Die Flut rollt über die nur rund anderthalb Meter über dem Meeresspiegel liegende Inselgruppe hinweg. Zwei Drittel der Hauptinsel Male werden überflutet, der internationale Flughafen muss vorübergehend geschlossen werden. Andere Eilande sind vollständig überschwemmt, zahlreiche Gebäude vom Tsunami ins Meer gespült worden. Die Infrastruktur ist mancherorts völlig zerstört. Insgesamt kommen 109 Menschen ums Leben, 1300 werden verletzt.

5.45 Uhr, Kuala Lumpur, Malaysia (12.45 Uhr Ortszeit). Die Ferieninseln Pinang und Langkawi werden überflutet. Zwar schlägt der Tsunami dort nur noch mit einer Geschwindigkeit von etwa 160 km/h auf den Strand, doch macht die Welle ein so gewaltiges Geräusch, „wie ich es nie gehört habe und mir nie vorstellen konnte", sagt ein Augenzeuge später. Insgesamt kommen in Malaysia 74 Menschen ums Leben, 8000 werden obdachlos.

Gegen 6.30 Uhr, Berlin Das Auswärtige Amt erbittet von den deutschen Botschaften in Bangkok, Dhaka (Bangladesch), Jakarta und Colombo Lageberichte. Am Vormittag werden Krisenstäbe in den Botschaften und in Berlin eingerichtet und die Sicherheitshinweise für die betroffenen Regionen aktualisiert.

6.40 Uhr, Bangkok (12.40 Uhr Ortszeit). In Thailand beginnt die Evakuierung der vom Tsunami verwüsteter Gebiete.

8.00 Uhr, Berlin Das Technische Hilfswerk (THW) fordert seine Mitarbeiter auf, sich zum Einsatz im Krisengebiet bereitzuhalten.

Gegen 8.30 Uhr, Victoria, Seychellen (11.30 Uhr Ortszeit). Auf der Inselgruppe werden die strandnahen Wohnviertel überschwemmt. Die Stromversorgung wird durch die Wassermassen unterbrochen. Drei Menschen verlieren ihr Leben.

Gegen 9.00 Uhr, Ostafrika (11 Uhr Ortszeit). Der Tsunami erreicht die Küste Afrikas. Er richtet vor allem im von Dürre und Bürgerkrieg gezeichneten Somalia großen Schaden an. Nach Angaben der Vereinten Nationen (UN) benötigen 30 000 bis 50 000 Somalier in der küstennahen Region Puntland dringend Hilfe. Insgesamt sterben dort etwa 150 Menschen. Die Regierungen in Kenia und Tansania sind rechtzeitig gewarnt worden und haben ihre Strände gesperrt. Dort kommen insgesamt elf Menschen ums Leben.

10.30 Uhr, Atlanta/London/Berlin Die Fernsehsender CNN und BBC World berichten in Sondersendungen über die Zerstörungen durch den Tsunami. Der deutsche Nachrichtensender N24 informiert seine Zuschauer mit einem Laufband am unteren Bildschirmrand. ZDF, n-tv und ARD bringen die ersten Nachrichten über die epochale Katastrophe erst zwischen 11.30 und 12.45 Uhr.

12.30 Uhr, Rom Papst Johannes Paul II. fordert in einer Predigt Hilfe für die Flutopfer.

13.00 Uhr, Bangkok/Neu-Delhi 1000 Katastrophenhelfer aus Bangkok landen auf Phuket. Auch in anderen Teilen des Katastrophengebiets sind bereits Helfer eingetroffen. Indische Marinesoldaten helfen an der Süd- und Ostküste Sri Lankas. Auf den Nikobaren dagegen wird es noch anderthalb Tage dauern, bis die Hilfskräfte ihren Einsatz beginnen können. Mancherorts sind bereits Mitglieder des Arbeiter-Samariter-Bundes (ASB), von Care, World Vision und anderen Hilfsorganisationen im Einsatz. Lokale Partner der Organisationen haben mit der Verteilung von Hilfsgütern begonnen.

New York/Colombo Jan Egeland, Koordinator der UN-Katastrophenhilfe, wird um 7.00 Uhr New Yorker Ortszeit über die Katastrophe informiert. Er schickt sofort Rettungsteams auf die Malediven, nach Sri Lanka und Indonesien. Bis zum Nachmittag stellt das Flüchtlingshilfswerk UNHCR den Tsunami-Opfern in Sri Lanka 18 000 Schutzplanen, 17 000 Plastikmatten, Kochutensilien, Wasserkanister und Kleidung zur Verfügung. Das Welternährungsprogramm (WFP) lässt 4000 Tonnen eingelagerter Lebensmittel – Reis, Weizenmehl, Linsen und Zucker – nach Sri Lanka bringen. Mit diesem Vorrat können 500 000 Menschen zwei Wochen lang mit Notrationen versorgt werden. Bereits vom nächsten Tag an werden die Hilfsgüter an die Obdachlosen im zerstörten Küstenstreifen des Landes verteilt.

Montag, 27. Dezember 2004

Washington/Manila Die Weltbank schätzt den Hilfsbedarf der durch den Tsunami zerstörten Regionen auf 3,7 Milliarden Euro (der tatsächliche Betrag, der wohl erst im Mai 2005 ermittelt sein dürfte, wird vermutlich erheblich höher liegen). Das meiste Geld muss in den Wiederaufbau der zerstörten Infrastruktur investiert werden. Nach Angaben der Asiatischen Entwicklungsbank (ADB) leben durch die Naturkatastrophe nun mehr als zwei Millionen Menschen zusätzlich unter der Armutsgrenze.

Frankfurt am Main/Mumbai (Bombay) Die internationalen Börsen reagieren kaum auf die Katastrophe. Der Deutsche Aktienindex (Dax) erreicht sogar den höchsten Stand seit Juli 2002. Und der indische Index Sensex steigt mit 6617,15 Punkten auf einen historischen Höchststand (weil gemeldet wurde, dass der Export des Landes in den vergangenen acht Monaten um 24 Prozent gestiegen ist). Lediglich Tourismuswerte und die Aktien der Rückversicherer geben moderat nach. Doch rasch geben die Analysten Entwarnung: Betroffen seien „die Ärmsten der Armen", die zumeist keine Versicherung abgeschlossen hätten. Und anders als nach dem 11. September 2001 werde die Flutkatastrophe „keinen signifikanten Einfluss" auf die Reiselust der Deutschen haben, so der Geschäftsführer des Bundesverbandes der Deutschen Tourismuswirtschaft.

Genf Das Internationale Rote Kreuz hat bereits rund 10 000 freiwillige einheimische Helfer im Katastrophengebiet mobilisiert.

Frankfurt am Main Um 7.54 Uhr landen die ersten deutschen Touristen aus der Krisenregion auf dem Frankfurter Flughafen, unter ihnen auch Verletzte.

Berlin Bis Mittag hat der Krisenstab im Auswärtigen Amt 5000 telefonische Anfragen zur Tsunami-Katastrophe entgegengenommen. Ob auch deutsche Touristen ums Leben gekommen sind, kann niemand sagen. Etwa 6000 Urlauber aus Deutschland halten sich in der betroffenen Region auf.

Bangkok Die deutsche Botschaft in Thailand sieht sich außerstande, Urlaubern ausreichend zu helfen: Sie bittet die Touristen um gegenseitige Unterstützung.

Colombo Die Regierung Sri Lankas will nahen Angehörigen eine Entschädigung von 70 Euro für jedes Familienmitglied zahlen, das durch den Tsunami ums Leben gekommen ist. Das entspricht dem halben Monatsverdienst eines Fischers. Die ersten Fachleute des THW treffen in Colombo ein. Sie sollen erkunden, welche Maßnahmen notwendig sind. Einen Tag später landen die ersten THW-Helfer in Thailand und Sri Lanka.

Washington Die USA schicken erste Experten zur Lagebeurteilung in die Krisengebiete.

Utapao, Thailand Die Luftwaffenbasis in Utapao bei Bangkok wird zum Umschlagplatz für die Hilfsaktion der USA. 350 US-Beamte koordinieren die Transporte und deren Verteilung gemeinsam mit den thailändischen Behörden.

Dienstag, 28. Dezember 2004

Jakarta Die Asien-Meisterschaft im Fußball wird fortgesetzt. Malaysia schlägt Indonesien 2:1.

Neu-Delhi Wegen Brennholzmangels können in den Küstenregionen Indiens die Toten nicht mehr gemäß der hinduistischen Tradition verbrannt werden. Die Menschen verscharren ihre verstorbenen Angehörigen in Massengräbern.

Kolkata (Kalkutta) Nachdem die USA nur rund 11,5 Millionen Euro für den Wiederaufbau der zerstörten Regionen zugesagt haben, bezeichnet Jan Egeland die wohlhabenden Nationen als „knauserig". Anfang 2005 stocken die USA ihre Unterstützung nach und nach auf 740 Millionen Euro auf. Auch andere Staaten erhöhen ihre Hilfszusagen drastisch. Die Bundesregierung etwa will die vom Tsunami heimgesuchten Länder mit bis zu 500 Millionen Euro unterstützen, ursprünglich hatte sie nur 20 Millionen zugesagt. Das Geld soll über einen Zeitraum von etwa fünf Jahren vor allem für Projekte in Sri Lanka und Aceh bereitgestellt werden.

Male Wegen der Flutwelle wird die für Freitag vorgesehene Parlamentswahl auf den Malediven auf den 22. Januar verschoben.

Berlin Bundesinnenminister Otto Schily schickt 27 Erkennungsdienst-Spezialisten nach Asien, die dort die Leichen deutscher Touristen identifizieren sollen. Doch nach Einschätzung des THW ist es unmöglich, die Identität aller verstorbenen Urlauber herauszufinden.

Köln/Bonn Das Lazarettflugzeug „Medevac" der deutschen Luftwaffe startet nach Phuket. Der Airbus A310 bringt 14 Rettungsexperten deutscher Feuerwehren auf die Insel. In den folgenden Tagen pendelt die Maschine mehrfach zwischen Deutschland und Thailand, um verletzte Touristen auszufliegen. In zerstörten Regionen hilft die Bundeswehr unter anderem mit mobilen Lazaretten und Trinkwasseraufbereitungsanlagen.

Mittwoch, 29. Dezember 2004

Khao Lak Die ersten Leichen, die vor dem Tempel von Lom Kaen liegen, werden verbrannt.

Colombo Die Telefongesellschaften Sri Lankas haben 71 vermisste Touristen geortet, indem sie die Signale aller Mobiltelefone ausländischer Anbieter überwacht und so den Standort der Handy-Besitzer ermittelt haben.

Ausländische Opfer

500 getötete und 2500 vermisste Ausländer: Neben den 13 betroffenen Ländern an den Küsten des Indischen Ozeans haben fast 50 weitere Staaten Opfer der Flutwelle zu beklagen

Land	Tote	Vermisste	Land	Tote	Vermisste
Australien	23	18	Niederlande	9	30
China	3	15	Norwegen	26	58
Dänemark	15	32	Österreich	15	99
Deutschland	60	559	Philippinen	5	10
Finnland	15	174	Polen	1	10
Frankreich	67	29	Schweden	52	523
Großbritannien	54	194	Schweiz	23	134
Hongkong	12	28	Südafrika	11	4
Italien	21	189	Südkorea	12	8
Japan	25	68	Ukraine	–	17
Kanada	6	30	USA	34	135
Neuseeland	2	207	Sonstige	38	72

Auf der Insel kommt es immer öfter zu Plünderungen von Hilfslieferungen. Transporte ohne Begleitschutz sind kaum mehr möglich. Mitarbeiter von Hilfsorganisationen berichten über zahlreiche Spenden armer Familien aus dem Norden Sri Lankas.

Neu-Delhi Der indische Premier Manmohan Singh lehnt Hilfsangebote der internationalen Staatengemeinschaft ab und bietet seinerseits den Nachbarländern Unterstützung an. Neu-Delhi will als Führungsmacht im südlichen Asien Stärke zeigen und damit auch seinen Anspruch auf einen ständigen Sitz im Uno-Sicherheitsrat unterstreichen.

Donnerstag, 30. Dezember 2004

Dhaka, Bangladesch Die Regierung schickt zwei Hubschrauber und Medikamente als Soforthilfe nach Sri Lanka und auf die Malediven.

Neu-Delhi Ein falscher Tsunami-Alarm löst an den Küsten Indiens, Sri Lankas und auf den Inseln im Golf von Bengalen eine Panik aus.

Freitag, 31. Dezember 2004

Colombo/Berlin Als Zeichen der Trauer bleiben in Sri Lanka zu Silvester und Neujahr alle Bars geschlossen; in Restaurants wird kein Alkohol ausgeschenkt. Auf Phuket versammeln sich mehrere Hundert Menschen mit weißen Rosen und Kerzen, um der Toten zu gedenken. Mancherorts herrscht dort jedoch ausgelassene Partystimmung. Mit Ausnahme von Chennai (Madras) finden in den meisten indischen Großstädten die öffentlichen Silvesterfeiern wie geplant statt. Bundesaußenminister Joschka Fischer hat dazu aufgefordert, das für Raketen und Böller vorgesehene Geld für die Tsunami-Opfer zu spenden. Zwar verzichten die Deutschen nicht auf das Silvesterfeuerwerk, spenden aber dennoch.

Sonntag, 2. Januar 2005

Kopenhagen Das UN-Flüchtlingshilfswerk UNHCR hat eine dreitägige Luftbrücke für Nothilfe in die indonesische Provinz Aceh organisiert. Insgesamt sollen 400 Tonnen Hilfsgüter aus den Materiallagern des UNHCR in Kopenhagen und Dubai nach Indonesien gebracht werden.

Washington US-Außenminister Colin Powell besucht das Katastrophengebiet. Er erklärt die Provinz Aceh zu einem Schwerpunkt der US-Unterstützung. Durch reibungslose Hilfsaktionen erhofft sich Washington einen Imagegewinn. Vor allem bei Muslimen solle das Ansehen der USA, so Powell, verbessert werden. Nach dem Willen von Präsident George W. Bush soll die Hilfe der Vereinigten Staaten nicht von der Uno, sondern von einer amerikanisch geführten „Kerngruppe" (mit Australien, Japan und Indien) koordiniert werden. Das Verhältnis zwischen der Uno und den USA ist nicht zuletzt wegen der Differenzen während des Irak-Krieges stark belastet.

Neu-Delhi Besuche von Prominenten und Politikern behindern bisweilen die Rettungsarbeiten. So hält der Konvoi von Sonia Gandhi, der Präsidentin der Kongresspartei, während eines Besuchs auf Car Nicobar mehrere Krankentransporte auf.

Montag, 3. Januar 2005

Berlin Bei einer Spendengala des TV-Senders Sat 1 unter dem Titel „Deutschland hilft" kommen mehr als zehn Millionen Euro Hilfsgelder zusammen. Laut einer Forsa-Umfrage will jeder zweite Deutsche etwas geben. Insgesamt werden mehr als 400 Millionen Euro an privaten Spenden in Deutschland gesammelt. Ähnlich groß ist die Hilfsbereitschaft in anderen Ländern. Mittlerweile können einige humanitäre Organisationen die Zuwendungen nicht mehr im vollen Umfang für die Tsunami-Hilfe ausgeben. Sie bitten daher um nicht zweckgebundene Spenden, mit denen sie die Not in anderen Teilen der Welt lindern können – im Kongo oder Sudan etwa. Aber auch in einigen vom Tsunami zerstörten Regionen sind noch keine oder nur wenige Hilfslieferungen angekommen. In Somalia zum Beispiel wird die Arbeit der Hilfsorganisationen erschwert, weil es dort keine Ansprechpartner für die Helfer gibt.

Dienstag, 4. Januar 2005

Hannover Der Touristikkonzern TUI will ab Februar wieder Urlauber nach Sri Lanka und Phuket bringen. Die Malediven werden bereits jetzt wieder angeflogen.

Bangkok Nachdem die Zeitung „The Nation" berichtet hat, dass der thailändische Meteorologische Dienst eine Tsunami-Warnug zurückgehalten habe, wird der Direktor des Dienstes ins Büro des Premierministers strafversetzt. Er soll sich nun an der Entwicklung eines Frühwarnsystems beteiligen.

Mittwoch, 5. Januar 2005

Neu-Delhi Nach dem Seebeben müssen die Landkarten der Inseln im Golf von Bengalen wahrscheinlich neu gezeichnet werden. Am nachhaltigsten dürften die Andamanen und Nikobaren verändert worden sein: Ganze Eilande sind zerbrochen oder wurden verschoben.

Donnerstag, 6. Januar 2005

Jakarta Vertreter von mehr als 20 Ländern und internationalen Organisationen beraten in der indonesischen Hauptstadt über die Koordination der Aufbauhilfe in Asien. Die Konferenz beschließt unter anderem, dass Hilfsaktionen für die Tsunami-Opfer fortan von der Uno geleitet werden. Die von den USA geführte „Kerngruppe" wird aufgelöst. Angesichts der Not in Asien bemühen sich die USA und die Uno um die Verbesserung ihrer Beziehungen.

Freitag, 7. Januar 2005

Kuala Lumpur Seit dem 26. Dezember hat es keine Piratenüberfälle vor der Küste Banda Acehs mehr gegeben. Bislang zählten die Gewässer zu den weltweit gefährlichsten Schiffspassagen. Nach Angaben des Piraterie-Meldezentrums im malaysischen Kuala Lumpur ist unklar, ob die Piraten durch den Tsunami ums Leben gekommen sind.

Samstag, 8. Januar 2005

Bangkok Bundesaußenminister Fischer ist in Thailand eingetroffen. Er führt unter anderem Gespräche über langfristige Hilfsmaßnahmen. Vor seiner Rückreise besucht er auch Sri Lanka.

Sonntag, 9. Januar 2005

Colombo Unter den politischen Führern von Singhalesen und Tamilen ist ein offener Streit darüber entbrannt, wer über die Verwendung von Spenden und Hilfslieferungen zu bestimmen hat. Die Rebellen werfen der Regierung vor, zu wenige Güter in den tamilischen Norden und Osten weiterzuleiten. Tatsächlich ist die Task-Force, die den Wiederaufbau koordinieren soll, fast ausnahmslos mit Singhalesen besetzt.

Montag, 10. Januar 2005

Bangkok In Thailand müssen 600 Leichen exhumiert werden, weil deren Identität vor der Bestattung nicht festgestellt wurde.

Riad, Saudi-Arabien In den Staaten am Arabischen Golf, die kurz nach der Tsunami-Katastrophe wegen allzu kleiner Spenden in die Kritik geraten waren, haben Sondersendungen im Fernsehen die Hilfsbereitschaft der Menschen immens gesteigert. Das zunächst geringe Spendenaufkommen in diesen Ländern geht auch auf das Konto von Islamisten, die in der Naturkatastrophe eine Strafe Gottes sehen: „Hurenböcke, Wüstlinge und korrupte Menschen aus der ganzen Welt" hätten sich um die Weihnachtszeit in der Region versammelt, so ein saudischer Professor.

Mittwoch, 12. Januar 2005

Jakarta Der indonesische Vizepräsident Jusuf Kalla kündigt an, dass ausländische Soldaten Banda Aceh bis Ende März verlassen müssen. Wie sein Land ohne die täglichen Versorgungsflüge der Luftwaffen Australiens und der USA auskommen will, sagt er nicht. Am folgenden Tag schränkt Außenminister Hassan Wirajuda ein: Wie lange die Soldaten benötigt würden, hänge von den Fortschritten beim Aufbau ab. Ihre Anwesenheit sei jedoch eine sensible Angelegenheit.

Paris Der „Pariser Club" der Gläubigerstaaten will den von der Tsunami-Katastrophe betroffenen Ländern die Zinsen für das Jahr 2005 erlassen. Dabei handelt es sich um einen Betrag von 4,7 Milliarden Euro. Einen kompletten Schuldenerlass aber lehnt das Gremium ab. Doch Indonesien und Thailand wollen selbst die Stundung nicht annehmen, weil sie um ihre Kreditwürdigkeit fürchten. Indonesien hofft in den kommenden Jahren auf Infrastruktur-Investitionen in Höhe von 70 Milliarden Euro durch private Anleger, die durch Gebühren refinanziert werden sollen.

Washington/Berlin Präsident Bush und Kanzler Schröder sind in den Tagen nach dem Tsunami als erfolgreiche Krisenmanager wahrgenommen worden. Die Folge: 52 Prozent der US-Bürger finden, Bush mache seine Arbeit gut (im Dezember waren es nur 49 Prozent), und die SPD steigt in der Wählergunst um einen Prozentpunkt.

Dienstag, 18. Januar 2005

Kobe Auf einer Uno-Konferenz zum Katastrophenschutz im japanischen Kobe fordert Bundesforschungsministerin Edelgard Bulmahn, die Entwicklung eines Frühwarnsystems für Seebeben und Tsunamis im Indischen Ozean unter die Aufsicht der Vereinten Nationen zu stellen. Derzeit konkurrieren Europa, die USA und Japan um die Installierung eines solchen Systems.

Donnerstag, 20. Januar 2005

Berlin Führende deutsche Politiker, Vertreter von Hilfsorganisationen und Angehörige von Opfern trauern in einem Staatsakt im Reichstagsgebäude um die Toten der Tsunami-Katastrophe. Mehr als 300 000 Menschen sind in Südostasien ums Leben gekommen, darunter wohl auch mehr als 600 Deutsche (von denen bis dahin nur 60 zweifelsfrei identifiziert werden konnten). □

Olaf Mischer, 46, ist der verantwortliche Dokumentar von GEO*EPOCHE*.

VORSCHAU

DIE NÄCHSTE AUSGABE VON GEO**EPOCHE** ERSCHEINT AM 6. APRIL 2005

KRIEGSENDE 1945

DAS FINALE DES WELTENBRANDES

Im KZ Dachau jubeln einige der rund 67 000 überlebenden Häftlinge nach der Befreiung – mindestens 30 000 Menschen aber sind in dem Lager bereits ermordet worden. Die Alliierten befreien nicht nur die Opfer der Nationalsozialisten, ihnen ergeben sich auch Kindersoldaten: das letzte Aufgebot des Deutschen Reiches

Frühjahr 1945: In den Ruinen eines Hauses ruft ein General der Wehrmacht seine Soldaten zusammen. Die Männer stimmen darüber ab, ob sie weiterkämpfen sollen. Niemand ist dafür. So endet, mit einer Abstimmung, der Kampf um Berlin. Der 8. Mai, der Tag des Kriegsendes in Europa, ist der Tag der gerechter- und der ungerechterweise Davongekommenen. Für viele Einwohner in Deutschland und in den anderen verwüsteten europäischen Ländern, für die Lagerhäftlinge, die Exilanten bedeutet der 8. Mai das Ende der Angst. Für andere, die Verblendeten und Kollaborateure im NS-Regime, bricht eine Welt zusammen. Doch beendet dieser Tag nicht überall den Schrecken: Denn der Zweite Weltkrieg ist wahrhaft global – in China, in Südostasien und im Nahen Osten glimmt unter den Verwerfungen des einen bereits der nächste Krieg. Und Japan kämpft zu diesem Zeitpunkt noch immer gegen die Alliierten. Bis eine neue, schreckliche Waffe den Weltenbrand auch im Fernen Osten beendet: die Atombombe. GEO*EPOCHE* beschreibt die „Stunde null“, die Ende, Neuanfang und Fortsetzung war – und manchmal auch bloß Atempause vor dem nächsten Drama.

Zuletzt erschienene Ausgaben (siehe auch Seite 161):

Die folgenden Ausgaben:

- London – Geschichte einer Weltstadt (22. Juni)
- Die Renaissance (7. September)
- Das Judentum (30. November)
- Das kaiserliche Japan (15. Februar 2006)

GEO EPOCHE
IM REICH DER ZAREN

GEO EPOCHE
DAS ALTE CHINA

GEO EPOCHE
DEUTSCHLAND NACH DEM KRIEG 1945–1955

GEO EPOCHE
DIE MACHT DER PÄPSTE
Leider vergriffen!

GEO EPOCHE
AMERIKAS WEG ZUR WELTMACHT
1498–1898

GEO EPOCHE
Deutschland um 1900

GEO EPOCHE
Das antike Griechenland

GEO EPOCHE
Der Erste Weltkrieg

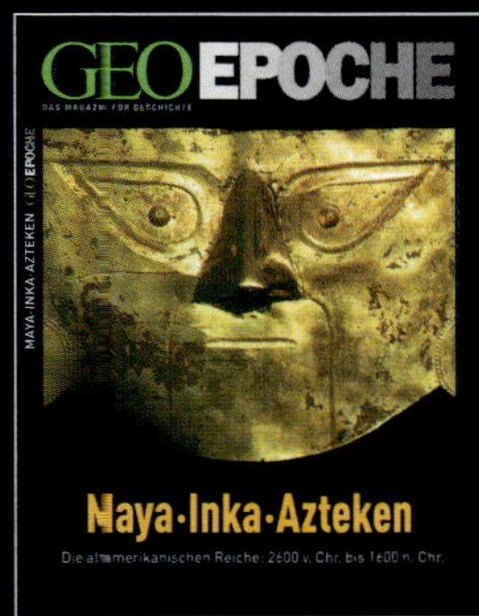
GEO EPOCHE
Naya·Inka·Azteken